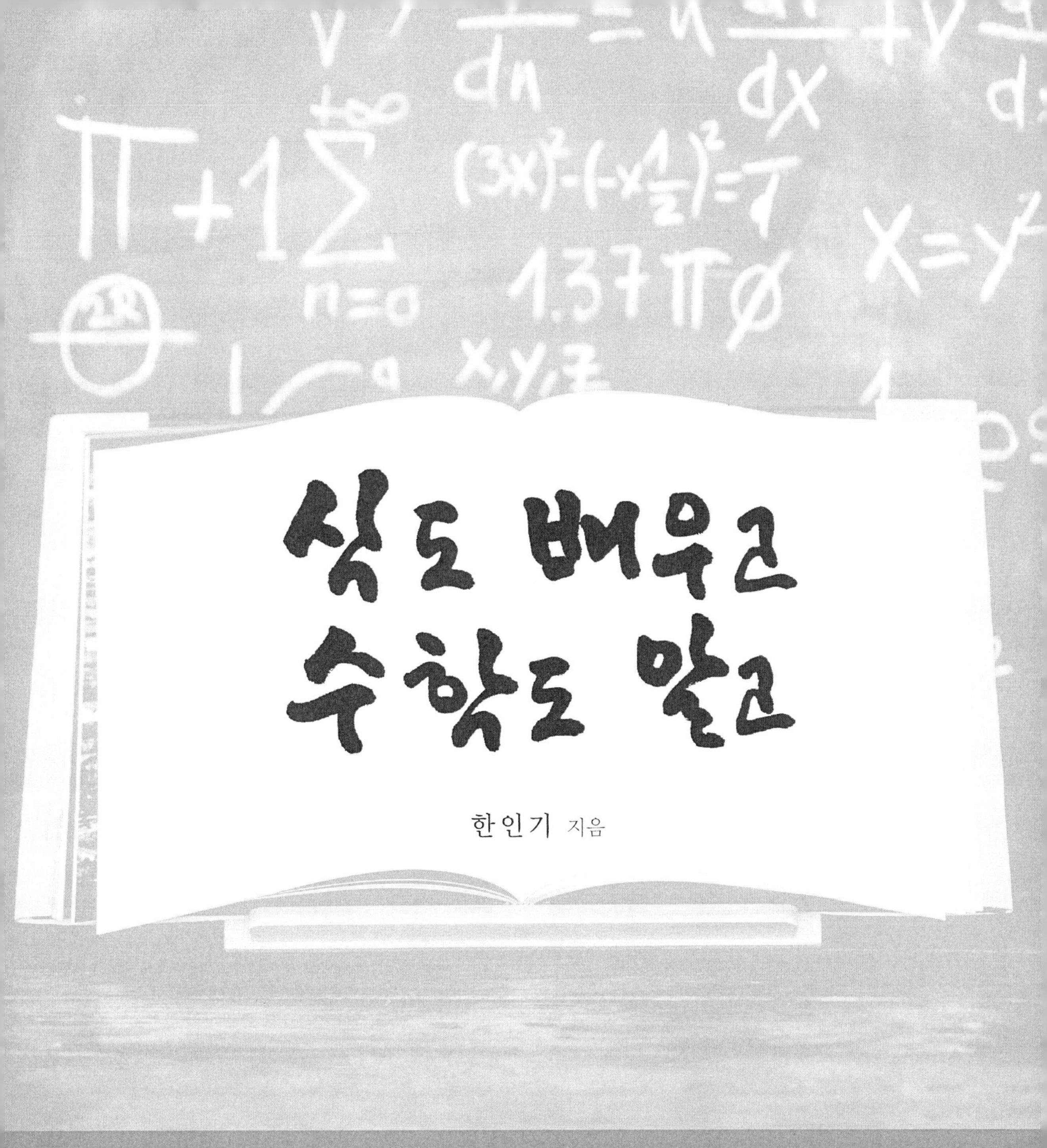

식도 배우고 수학도 알고

한인기 지음

이 책에서는 '학교수학'에서 교사와 학생들에게 필요한 대수적 지식과 소양을 다루고 있다. 우리나라는 중등학교에서 대수적인 방법으로 수학을 가르치고 배운다는 것을 생각하면, 대수식을 폭넓게 이해하고, 대수식을 다루면서 그 행간에 담긴 의미를 읽어갈 수 있는 능력은 수학을 배우는데 꼭 필요할 것이다. 이 책에서는 이차식, 몇몇 다항식들, 무리방정식, 삼각함수의 내용을 중심으로 대수식을 다루고 대수식의 의미를 찾아가면서 다양한 수학문제를 해결하고 만들어보는 경험을 제공하고 있다. 이를 통해, 학교수학에 대한 이해의 폭을 넓히고 스스로의 수학적 힘을 확신하며, 자신감을 가질 수 있을 것으로 기대된다.

KYOWOO

머릿글

우리나라 학교수학의 내용과 탐구 방법은 대수적인 측면 중심을 이룬다. 중등학교 수학과 교육과정의 내용을 다른 영역의 내용과 비교하면 대수영역의 양이 많은 편이며, 교육과정 전반에 걸쳐 대수적인 탐구 방법이 강조되고 있다. 예를 들어, 도형영역의 원, 포물선, 타원, 쌍곡선 등의 도형을 탐구할 때에도 대수적인 방법을 이용한다. 즉, 함수를 이용하여 이들 도형을 표현하고, 방정식이나 판별식과 같은 대수적인 방법을 이용하여 이 도형들의 성질을 탐구한다.

이 책에서는 학교수학의 대수영역에서 중심적인 위치를 차지하고 있는 대수식을 주제로 다루었다. 대수식의 특징을 구성하는 요소들, 이차식, $x^3 + y^3 + z^3 - 3xyz$, $x^n - 1$과 같은 대수식들, 대칭다항식, 무리방정식, 삼각함수와 같은 내용들을 다루었으며, 특히 무리방정식을 소재로 삼아 수학 문제만들기 방법에 대해 폭넓게 다루었다.

이 책에 제시된 내용을 개략적으로 살펴보자.

제 1장에서는 대수식을 다룬다는 것, 대수식을 공부한다는 것의 의미를 찾아보려 시도하였다. 대수식에서 무엇이 중요한지, 대수식에서 무엇을 봐야 하는지, 대수식에 담긴 수학적 의미는 어떻게 찾을 수 있는지, 대수식에 대한 문제들이 어떤 특징을 가지는지 등에 대한 물음을 교수학적인 측면에서 그 해답을 찾으려 시도하였다. 특히, 이 장에서는 대수식에 대한 이론적 측면의 논의뿐만 아니라, 이에 관련된 다양한 수학 문제들을 소개하였다.

제 2장에서는 학교수학에서 다루는 이차함수, 이차방정식의 이론적인 내용을 다루었다. 이 장의 내용 중 많은 부분은 특별히 새롭거나 어렵게 느낄 만한 내용은 없을

것으로 생각된다. 그러나, 이 장에서는 수학교과 내용의 단순한 기술이 아니라, 학교수학의 내용을 심화시키고 확장시키려고 시도하였다. 이 장을 공부하면서 학교수학의 내용을 다른 관점에서 볼 수 있는 기회를 가질 수 있을 것으로 기대하며, 이차함수나 이차방정식에 대한 다양한 측면의 논의나 탐구도 가능할 것으로 생각된다.

제 3장에서는 다항식 $x^3+y^3+z^3-3xyz$를 중심으로 인수분해, 대칭식, 부등식의 생성, 3차방정식의 해법 등의 내용을 기술하였다. 여기서는 다항식 $x^3+y^3+z^3-3xyz$를 여러 가지 방법으로 인수분해를 하면서, 다항식을 다루는 기법들, 관련된 수학적 개념들을 소개하였다. 특히 대칭다항식을 기본대칭다항식을 이용하여 나타내고 수학적 탐구를 수행하는 방법도 소개하였다. 그리고 다항식 $x^3+y^3+z^3-3xyz$를 변형하여 부등식을 만드는 방법을 소개하였다.

제 4장에서는 대수식 x^n-1에 관련된 주제들을 다루었다. 이 식은 정n각형의 작도 가능성 문제와 관련하여 오래 전부터 수학자들이 관심을 가져왔다. 여기서는 x^n-1을 인수분해, 등비수열의 합, 3차방정식과 4차방정식의 해법 등과 관련시켜 기술하였으며, 정n각형의 작도에 대한 수학적 내용도 상세하게 다루었다. 특히, 복소수의 극형식, 드 무와브르 정리를 바탕으로 작도 가능성에 대한 가우스 정리를 살펴보았고, 정17각형을 자와 컴퍼스를 이용하여 작도하는 것에 관련된 수학적 논의를 제시하였다.

제 5장에서는 무리방정식을 푸는 방법과 구체적인 문제해결의 사례들을 소개하였다. 여기서는 무리방정식의 해결에 대한 이론적인 설명보다는 구체적인 문제해결의 상황에서 탐색 수행을 어떻게 하는지, 문제해결 과정에서 발생하는 비정형적인 상황을 어떻게 극복하면서 문제해결을 완성하는지에 대해 치환을 중심으로 논의하였다. 여기서는 치환을 단일치환과 다중치환으로 나누었으며, 이 치환 방법의 특징들, 장점들을 구체적인 예들을 통해 설명하였다.

제 6장에서는 무리방정식을 소재로 하여 수학 문제만들기의 방법을 제시하고, 관련된 다양한 예들을 다루었다. 여기서는 문제만들기의 방법으로 소박한 문제만들기와 연역적 문제만들기를 소개하고, 각 방법의 특징과 장점, 단점을 예를 통해 구체적으로 기술하였다. 소박한 문제만들기는 외형상으로 비슷한 문제를 만드는 방법이며, 연역적

문제만들기는 원래문제와 문제해결의 뼈대가 유사한 문제를 만드는 방법이다. 연역적 문제만들기는 문제해결 과정을 분석하고, 분석된 과정을 역으로 거슬러 올라가면서 수들이나 식들을 변형시켜서 새로운 문제를 만드는 방법이다.

제 7장에서는 삼각함수를 이용한 다양한 수학탐구를 소개하였다. 삼각함수의 기본 공식들을 이용하여 특수각이 아닌 각들의 삼각함수 값을 구하고, 얻어진 값들 사이의 관계를 찾아보려 시도하였다. 그리고 삼각함수의 관계식을 찾기 위해 기본대칭다항식을 이용하는 방법을 소개하였고, 삼각함수에 관련된 다양한 대수적 방법들, 관계식들을 소개하였다.

이 책에서는 학교수학의 대수영역 전체를 다루고 있지는 않다. 독자들이 이 책을 공부하면서 학교수학에서 다루는 대수식의 특징을 분석하고, 이를 활용하여 비정형적인 문제들을 직접 해결하고, 학교수학에 대한 자신감을 가지기를 바란다. 특히, 이 책에서 다루는 수학 문제들을 그냥 넘기지 말고 하나씩 풀어보면 자신의 수학적 힘을 느끼고 키워가는데 좋은 기회가 될 것이다.

마지막으로, 이 책의 표지에 있는 글 '식도 배우고 수학도 알고'를 써 주신 아헌 노정입 작가님, 김태호 선생님께 감사드립니다. 책의 내용보다 표지의 글이 더 힘차고 좋다고 생각됩니다. 그리고 출판에 도움을 주신 교우사 사장님과 직원들께 감사드립니다.

2020년 저자

차례

제 1 장.

식을 본다는 것

이 장에서는 대수식을 다룬다는 것, 대수식을 공부한다는 것의 의미를 찾아보려 시도하였다. 그리고 대수식에서 무엇이 중요한지, 대수식에서 무엇을 봐야 하는지, 대수식에 담긴 수학적 의미는 어떻게 찾을 수 있는지, 대수식에 관련된 문제를 어떻게 풀어야 하는지, 대수식에 대한 문제들이 어떤 특징을 가지는지 등에 대한 물음을 구체적인 수학 문제를 통해 그 해답을 찾아보려 시도하였다.

이 장에는 대수식에 대한 교육적인 측면의 논의뿐만 아니라, 이에 관련된 다양한 수학 문제들이 소개되어 있다. 특히, 수학 문제들을 통해 대수식의 다양한 측면들을 구체적으로 논의하였기 때문에, 여기에 제시된 수학 문제들을 꼭 풀어보기를 권장한다. 그렇지 않으면, 책에서 무엇을 주장하고 싶어하는지, 책으로부터 무엇을 배울 수 있는지를 알기가 어려울 것이다.

이 장은 다음과 같은 소단원으로 구성되었다.

- 대수식의 뼈대
- 대수식의 대칭성
- 대수식의 차수
- 대수식의 구체적인 수량이나 식

데카르트가 해석기하학을 발명한 이후로 수학을 한다는 것은 대수식을 다룬다는 것을 의미하게 되었으며, 지금 중등학교에서 배우는 수학은 대수식으로 표현된 수학이 중심을 이룬다. 특히, 고등학교 과정에서의 수학은 대수식의 수학이라고 할 수 있을 것이다.

가령, 원을 배운다고 하자. 중등학교에서는 원을 배우는데 크게 두 가지 방향에서 접근하고 있다. 하나는 도형을 중심으로 원의 성질을 배우는 것이고, 다른 하나는 대수식을 중심으로 배우는 것이다.

도형을 중심으로 원의 성질을 배우는 것은 우리나라 교육과정에서는 중학교 과정에 제시되어 있으며, 유클리드 원론적인 방법이라 할 수 있다. 가령, 다음 문제를 푼다고 하자.

> 원의 점 A를 지나는 접선 MA를 그었다. 원의 임의의 점 C에 대해 선분 MC가 원과 점 B에서 만난다. 이때, $\angle MBA = \angle MAC$를 증명하여라.

도형을 중심으로 다루는 중학교 과정에서는 이 문제를 해결하기 위해, 먼저 원을 작도하고 접선 MA를 작도한다(원을 작도하지 않고는 문제를 해결할 수 없다).

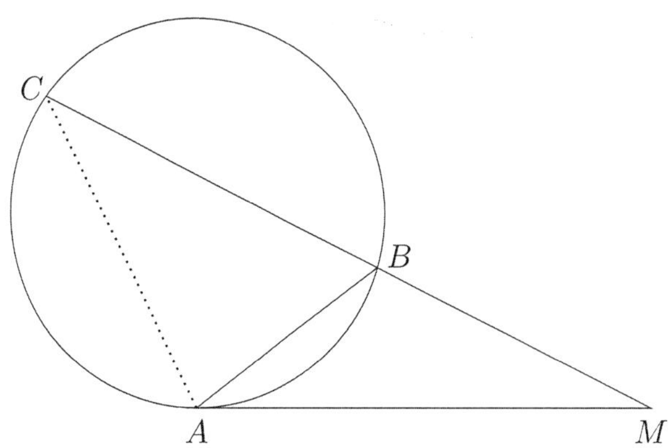

이때, 삼각형 MAB와 MAC를 생각하자. 원의 접선 MA와 현 AB가 이루는 각은 현 AB의 원주각 BCA와 같으므로, $\angle MAB = \angle MCA$가 된다. 그리고 $\angle BMA =$

$\angle CMA$이다. 즉 삼각형 MAB와 MAC의 두 각이 같으므로, 나머지 각들이 서로 같다. 이로부터 $\angle MBA = \angle MAC$가 증명된다.

이와 같이, 중학교 과정에서 원을 다룰 때는 원을 방정식을 이용하지 않고 도형을 중심으로 다루게 된다. 이때는 원을 배우는데 대수식이 역할을 하지 않는다.

그러나, 고등학교 수학에서는 원을 도형으로 다루는 것보다는 대수식의 관점에서 다룬다. 이때 원은 방정식 $x^2 + y^2 = r^2$을 만족하는 (x, y)의 집합을 의미한다. 가령, 다음 문제를 푼다고 하자.

$x^2+y^2 = 9$이 주어졌다. 이 도형의 점 $(1, 2\sqrt{2})$를 지나는 접선을 구하여라.

유클리드 원론에도 이와 같은 접선을 구하는 문제가 있다. 하지만, 원론에서는 접선의 방정식을 구하는 것이 아니라, 접선을 작도하는 순서를 제시하는 것으로 문제를 해결한다.

고등학교 과정에서는 대수식을 이용하여 문제를 해결한다. 이 경우에 $x^2+y^2 = 9$가 원을 나타낸다는 것 정도만 염두에 두면 될 것이다. 문제해결 과정에서 $x^2+y^2 = 9$가 나타내는 원을 실제로 작도할 수도 있고, 그렇지 않을 수도 있다. 즉, 원이라는 도형을 보지 않고도 문제를 해결할 수 있다.

구하는 접선의 기울기를 m이라 하면, 접선이 점 $(1, 2\sqrt{2})$를 지나므로 $y = m(x - 1) + 2\sqrt{2}$라 놓을 수 있다. 이제, 방정식 $x^2 + y^2 = 9$와 $y = m(x - 1) + 2\sqrt{2}$를 연립하여 2차방정식을 만들자. 이 2차방정식이 중근을 가지면 직선 $y = m(x - 1) + 2\sqrt{2}$가 접선이 된다. 이와 같이, 대수식의 관점에서 보면 원과 접선의 문제는 방정식의 해의 개수에 관련하여 2차방정식의 판별식을 이용하는 문제가 된다.

아마도 접선 문제에 대한 살펴본 두 접근이 기하를 다루는 두 관점의 전형적인 차이를 나타낸다고 할 수 있을 것이다. 여러분들은 원의 접선을 자와 컴퍼스를 이용하여 작도하는 것보다는, 원의 방정식과 직선의 방정식을 연립하여 판별식을 이용하여 문제를 해결하는데에 더 익숙할 것이다.

그렇다면, 대수적으로 표현된 수학을 공부하는데 중요한 것은 무엇인가? 대수식을 다루는데 중요한 것은 무엇인가? 이 질문은 중등학교에서 수학을 공부하는 동안 계속 가져온 물음일 것이다.

간혹 이러한 경험이 있을 것이다. 간단한 경우에서는 수학 문제를 잘 풀었는데, 문제가 복잡해지면 어떻게 문제해결을 시작할 지 모르겠다. 문제를 풀다 보면 식을 계속적으로 변형시켜야 하는데, 어떤 방향으로 변형시켜야 하는가? 식의 변형을 어디에서 시작해야 할 지를 모르겠다. 식 자체가 무슨 의미가 있는지, 식의 취급에서 중요한 것이 무엇인지 모르겠다.

이 장에서는 다음과 같은 물음의 대답을 탐색해 볼 것이다.

- 대수식을 본다는 것은 무엇을 의미하는가?
- 대수식에서 무엇을 보아야 하는가?

1. 대수식의 뼈대

대수식의 구조, 틀과 같은 표현을 사용하는 경우가 있다. 여기서는 이러한 표현을 대수식의 뼈대라고 할 것이다. 대수식을 눈으로 그냥 보고 읽는 것이 아니라, 대수식에 포함된 뼈대를 분석하고 그 의미를 찾아야 한다. 이것이 수학적으로 대수식을 다루는 첫 걸음이 될 것이다.

수학교과서에 많은 대수식들이 나온다. 어떤 식이 가지고 있는 뼈대를 찾는 것은 그 식의 의미를 찾는 과정의 일부라고 할 수 있다. 그리고 대수식의 뼈대를 분석하면서, 외형적으로는 다르지만 공통의 뼈대를 발견하여 대수식이나 탐구 방법을 일반화시킬 수도 있다.

다음 문제상황에 관련된 대수식을 생각하자.

(1) 두 지점 A, B를 왕복하는데, 갈 때에는 시속 6km로 걷고, 올 때에는 시속 4km로 걸어서 4시간 걸렸다. 두 지점 A, B사이의 거리를 구하여라.

(2) 6%의 소금물 250g에 몇 g의 물을 더 부으면, 4%의 소금물이 되는가?

(3) 가로의 길이가 5cm이고 넓이가 15cm^{2}인 직사각형에서 세로의 길이를 구하여라.

이 세 가지 문제는 서로 다른 공식을 이용하여 문제를 해결한다. 첫 번째 문제에서는 이동거리를 속도와 시간의 곱으로 구한다. 이동거리를 l, 속도를 v, 시간을 t라 하면, 대수식 $l = vt$를 이용하여 문제를 해결한다. 두 번째 문제에서는 소금의 양을 m, 소금물의 양을 k, 소금의 비율을 r이라 하면, 대수식 $m = kt$를 이용하게 된다. 세 번째 문제에서는 넓이를 s, 가로의 길이를 a, 세로의 길이를 b라 하면, $s = ab$를 이용하여 문제를 푼다.

세 문제의 상황이 모두 다르고, 이 상황을 구성하는 요소들도 다르다. 실제로, 첫 번째 문제의 구성 요소는 이동거리, 속도, 시간이며, 두 번째 문제는 소금의 양, 소금물의 양, 소금의 비율이며, 세 번째 문제는 넓이, 가로의 길이, 세로의 길이이다.

그러나, 세 가지 문제상황을 구성하는 대수식의 뼈대는 $x = yz$로 동일하다. 즉, 세 가지 문제는 모두 다른 상황에서 발생했지만, 문제상황을 구성하는 변수들의 관계인 대수식의 뼈대는 같다.

대수식 $x = yz$에서 x는 y와 z의 곱과 같으므로, x는 y, z와는 다른 차원의 개념이라 할 수 있다. y, z가 1차원적인 개념이라면, 이들의 곱인 x는 2차원적인 개념이 된다. 이러한 관점에서 이동거리, 소금의 양, 넓이는 같은 차원의 개념이라 할 수 있다.

다른 예를 살펴보자. 삼각형 ABC에서 $\overline{AB} = c, \overline{BC} = a$라 하고 $\angle ABC = \alpha$라 하면, 삼각형의 넓이 $S = \frac{1}{2}ac\sin\alpha$가 된다는 것을 잘 알고 있다. 이 식은 어떤 뼈대를 가지고 있는가? 삼각형의 넓이 S는 두 변의 곱 ab에 이 변들의 끼인각의 사인값$(\sin\alpha)$을 곱한 것의 실수배$(\frac{1}{2})$와 같다는 것이다.

기술한 $S = \frac{1}{2}ac\sin\alpha$의 뼈대에 새로운 것은 없다. 대수식 $S = \frac{1}{2}ac\sin\alpha$에 이미 존재해 있었고, 누가 보아도 알 수 있다. 그러나, 이 뼈대를 의식적으로 분석하지 않았고 말하지 않는데에 수학 학습의 어려움이 발생한다.

사면체 $DABC$에서 모서리 BC의 길이를 l, 면 ABC와 DBC가 이루는 이면각을

α, 면 ABC의 넓이를 S_d, 면 DBC의 넓이를 S_a라 하자.[1] 그러면, 사면체 $DABC$의 부피 $V = \frac{2}{3l}S_aS_d\sin\alpha$가 된다.[2]

사면체 $DABC$의 부피 공식 $V = \frac{2}{3l}S_aS_d\sin\alpha$의 뼈대를 살펴보자. 인접한 두 면의 넓이에 면들 사이의 이면각의 사인값을 곱한 다음, $\frac{2}{3l}$배를 하였다. 사면체의 부피 공식을 삼각형의 넓이 공식 $S = \frac{1}{2}ac\sin\alpha$와 비교하면, 유사한 뼈대를 가지고 있다는 것을 알 수 있다.

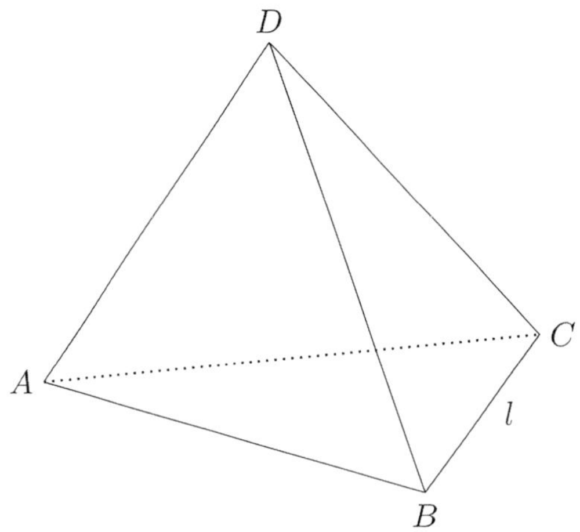

사면체의 부피 공식과 삼각형의 넓이 공식 사이의 이러한 유사성을 삼각형 공식을 배우면서 또는 사면체 부피 공식을 알게 되면서 또는 이들을 비교하면서 알게 되었을 수도 있다. 이러한 유사성에 관심을 가지고 의도적으로 찾으려는 시도는 교육적으로 의미있다는 것에 주목하자.

두 대수식의 뼈대가 가지고 있는 유사성을 인식하는 것은 각각의 대수식에 의미를 부여할 뿐만 아니라, 이후의 수학 연구에도 탐구의 방향을 암시하며 문제해결의

---

[1]삼각형 ABC에서 변 AB의 길이를 보통 변 AB의 마주보는 꼭짓점 C의 소문자 c를 이용하여 나타낸다. 여기서는 사면체 $DABC$의 면 ABC의 넓이를 면 ABC의 마주보는 꼭짓점 D의 소문자를 이용하여 S_d로 나타냈다.

[2]사면체의 이 부피 공식에 대한 증명은 '한인기, 꼴랴긴 (2006). 문제해결의 이론과 실제' 제 8장을 참고하기 바란다.

중요한 단서를 제공하기도 한다.

대수식의 다른 예를 살펴보자. $(a+b)^2 = a^2 + b^2 + 2ab$는 흔히 접할 수 있는 대수식이다. 이 식에서 무엇에 주목해야 하는가? 문자 a와 b로 구성되어 있기 때문에, 두 문자 a, b에 주목할 수도 있을 것이다. 그래서 간혹 $(1+ab)^2 = a^2 + 2ab + b^2$라고 잘못 적는 경우도 있다.

이 식이 가지고 있는 뼈대를 살펴보자. $(a+b)^2 = a^2+b^2+2ab$에서 좌변은 두 식의 합의 제곱이고, 우변은 각 식의 제곱의 합에 각 식의 곱의 2배를 더한 것으로 구성되어 있다.

등식의 좌변 $(a+b)^2$은 $\{(a+b)+c\}^2$, 즉 $\{(a+b)+c\}^2 = (a+b+c)^2$과 같은 뼈대를 가지고 있는 식이다. 왜냐 하면, $\{(a+b)+c\}^2$은 식 $a+b$와 c를 합한 것을 제곱한 것이기 때문이다. 그러므로, $(a+b)^2$와 $\{(a+b)+c\}^2$은 다음과 같이 같은 방법으로 전개할 수 있다.

$$(a+b)^2 = a^2 + b^2 + 2ab$$

$$\{(a+b)+c\}^2 = (a+b)^2 + c^2 + 2(a+b)c$$

이제, $\{(a+b)+c\}^2 = (a+b)^2 + c^2 + 2(a+b)c$에서 우변을 더 정리하면, 다음과 같다.

$$\begin{aligned}(a+b)^2 + c^2 + 2(a+b)c &= a^2 + b^2 + 2ab + c^2 + 2ac + 2bc \\ &= a^2 + b^2 + c^2 + 2ab + 2ac + 2bc\end{aligned}$$

이러한 관점에서 보면 $(a+b+c+d)^2$이 비록 a, b, c, d로 구성되어 있기는 하지만, $(a+b)^2$와 같은 뼈대를 가지는 식으로 생각할 수 있다. 이로부터, 다음과 같이 식을 쓸 수 있을 것이다.

$$(a+b+c+d)^2 = a^2 + b^2 + c^2 + d^2 + 2ab + 2ac + 2ad + 2bc + 2bd + 2cd$$

실제로 확인해 보면, 위와 같이 식이 전개된다는 것을 알 수 있다.

이제, 다른 문제를 살펴보자.

다음 등식을 증명한다고 하자.

$$\sin\alpha+\sin\beta+\sin\gamma-\sin(\alpha+\beta+\gamma)=4\sin\left(\frac{\alpha+\beta}{2}\right)\sin\left(\frac{\alpha+\gamma}{2}\right)\sin\left(\frac{\beta+\gamma}{2}\right)$$

가령, 좌변의 식 $\sin\alpha+\sin\beta+\sin\gamma-\sin(\alpha+\beta+\gamma)$에서 우변의 식을 유도한다고 하자. 이때, 등식의 좌변에 $\sin(\alpha+\beta+\gamma)$가 있어서 문제해결을 출발하기가 쉽지 않다.

$\sin\alpha+\sin\beta$를 삼각함수 합차 공식에 의해, 다음과 같이 쓸 수 있다.

$$\sin\alpha+\sin\beta=2\sin\frac{\alpha+\beta}{2}\cos\frac{\alpha-\beta}{2}$$

그리고 $\sin\gamma-\sin\delta$를 삼각함수 합차 공식에 의해, 다음과 같이 쓸 수 있다.

$$\sin\gamma-\sin\delta=2\cos\frac{\gamma+\delta}{2}\sin\frac{\gamma-\delta}{2}$$

그렇다면, 증명하려는 등식의 좌변에 있는 $\sin\gamma-\sin(\alpha+\beta+\gamma)$는 어떻게 식을 정리해야 할까? 식 $\sin\gamma-\sin(\alpha+\beta+\gamma)$와 식 $\sin\gamma-\sin\delta$는 같은 뼈대를 가지고 있다는 것에 주목하자. 그렇기 때문에, 식 $\sin\gamma-\sin\delta$를 정리할 때와 같은 방법으로 접근할 수 있다. 다음과 같이 정리할 수 있다.

$$\begin{aligned}\sin\gamma-\sin(\alpha+\beta+\gamma)&=2\cos\frac{\alpha+\beta+2\gamma}{2}\sin\frac{-\alpha-\beta}{2}\\&=-2\cos\frac{\alpha+\beta+2\gamma}{2}\sin\frac{\alpha+\beta}{2}\end{aligned}$$

이제, 얻어진 $\sin\alpha+\sin\beta$, $\sin\gamma-\sin(\alpha+\beta+\gamma)$에 대한 식을 더하자.

$$2\sin\frac{\alpha+\beta}{2}\cos\frac{\alpha-\beta}{2}-2\cos\frac{\alpha+\beta+2\gamma}{2}\sin\frac{\alpha+\beta}{2}$$

상당히 복잡한 식을 얻었다. 얻어진 식은 어떤 뼈대를 가지고 있는가? 이 식은 두 항으로 구성되어 있고, 각 항은 두 식의 곱으로 되어 있다. 이때 각 항에는 식 $2\sin\frac{\alpha+\beta}{2}$가 공통으로 포함되어 있다.

이러한 뼈대의 관점에서 보면, 위의 식은 $xy+zx$와 같다고 할 수 있다. 이 식을 정리하기 위해 무엇을 하는가? 당연히, 공통인수 x를 꺼내고 인수분해를 $x(y+z)$와 같이 할 것이다.

이제, 공통인수로 $2\sin\frac{\alpha+\beta}{2}$를 꺼내어 인수분해를 하자. 그러면 다음을 얻을 수 있다.

$$\begin{aligned}2\sin\frac{\alpha+\beta}{2}\cos\frac{\alpha-\beta}{2}-2\cos\frac{\alpha+\beta+2\gamma}{2}\sin\frac{\alpha+\beta}{2}\\=2\sin\frac{\alpha+\beta}{2}\left(\cos\frac{\alpha-\beta}{2}-\cos\frac{\alpha+\beta+2\gamma}{2}\right)\end{aligned}$$

또 다시, 얻어진 식은 어떤 뼈대를 가지고 있는가? $\sin A(\cos B-\cos C)$와 같은 뼈대를 볼 수 있다. 이제, $\cos B-\cos C$에 해당하는 부분을 합차 공식 $\cos B-\cos C=-2\sin\frac{A+B}{2}\sin\frac{A-B}{2}$를 이용하여 정리하면 된다. 다음을 얻을 수 있다.

$$\begin{aligned}\cos\frac{\alpha-\beta}{2}-\cos\frac{\alpha+\beta+2\gamma}{2}&=-2\sin\frac{\alpha+\gamma}{2}\sin\frac{-\beta-\gamma}{2}\\&=2\sin\frac{\alpha+\gamma}{2}\sin\frac{\beta+\gamma}{2}\end{aligned}$$

얻어진 식을 대입하면, 등식이 증명된다.

살펴본 것과 같이 식의 뼈대를 보는 것은 (1) 새로운 대수식에 의미를 부여하고, (2) 문제해결 과정에서 생겨나는 새로운 대수식을 이미 알고 있는 공식에 관련시켜 문제를 해결하는데 중요한 역할을 한다.

다음 문제를 해결한다고 하자.

> 양수 a, b, c에 대해 $a+b+c+d=15$이다. 이때, 다음 식의 최솟값을 구하여라.
>
> $$\sqrt{a^2+2^2}+\sqrt{b^2+3^2}+\sqrt{c^2+4^2}+\sqrt{d^2+5^2}$$

이 문제를 해결하기 위해 식 $\sqrt{a^2+2^2}+\sqrt{b^2+3^2}+\sqrt{c^2+4^2}+\sqrt{d^2+5^2}$의 뼈대를 보자. 네 제곱근의 합으로, 각 제곱근 안은 두 제곱수의 합으로 되어 있다. 이 식의 각 항들 $\sqrt{a^2+2^2}$, $\sqrt{b^2+3^2}$, $\sqrt{c^2+4^2}$, $\sqrt{d^2+5^2}$은 익숙한 뼈대를 가지고 있다.

피타고라스 정리를 생각하자. 피타고라스 정리에는 대수식 $a^2+b^2=c^2$이 나오는데(a, b, c는 양수이다), 양변에 제곱근을 취하면 $\sqrt{a^2+b^2}=c$가 된다. $\sqrt{a^2+b^2}=c$의 좌변이 $\sqrt{a^2+2^2}$, $\sqrt{b^2+3^2}$, $\sqrt{c^2+4^2}$, $\sqrt{d^2+5^2}$과 같은 뼈대를 가지고 있다.

이를 바탕으로 문제를 해결해 보자. 직각을 낀 변의 길이가 $(a, 2), (b, 3), (c, 4), (d, 5)$인 직각삼각형들을 생각하자. 이들을 다음 그림과 같이 서로 붙이자.

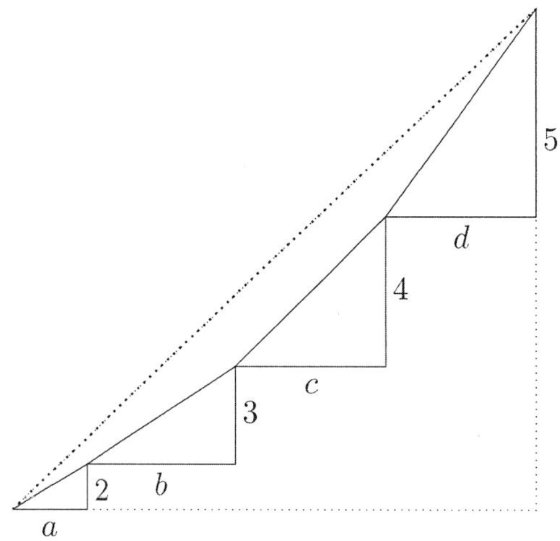

이때, 최솟값은 그림에서 점선으로 된 직각삼각형의 빗변의 길이와 같다. 이때, $a+b+c+d = 15$이고 높이는 $2+3+4+5 = 14$이므로, 구하는 최솟값은 $\sqrt{15^2 + 14^2} = \sqrt{421}$이다.

살펴본 것과 같이, 식의 뼈대를 볼 수 있는 능력은 효과적이고 창의적인 문제해결을 위한 중요한 가능성을 제공한다.

다음 문제를 살펴보자.

다음 식의 값을 구하여라.

$$\frac{\tan 70° + \tan 65°}{1 - \tan 70° \tan 65°}$$

$\tan 70°$, $\tan 65°$가 특수각이 아니므로, 주어진 식에 $\tan 70°$, $\tan 65°$의 값을 대입하여 계산할 수는 없다. 이미 눈치챘겠지만, 주어진 식의 뼈대가 다음의 탄젠트 합의 공식과 같다.

$$\tan(\alpha + \beta) = \frac{\tan \alpha + \tan \beta}{1 - \tan \alpha \tan \beta}$$

구하는 식과 탄젠트 합의 공식이 뼈대가 같다는 것을 알았다면, 다음과 같이 쉽게 문제를 해결할 수 있다.

$$\tan(70^\circ + 65^\circ) = \frac{\tan 70^\circ + \tan 65^\circ}{1 - \tan 70^\circ \tan 65^\circ} = \tan 135^\circ$$

$\tan 135^\circ = \tan(180^\circ - 45^\circ) = -\tan 45^\circ = -1$이므로, 구하는 답은 -1이다.

살펴본 문제에서는 식의 뼈대가 문제의 기술에 드러나 있기 때문에, 비교적 쉽게 그 뼈대를 찾을 수 있었다. 그러나 비정형적인 문제에서는 식의 뼈대가 감추어져 있기 때문에, 식의 이면에 있는 식의 뼈대를 찾기가 어려운 경우가 많다.

이제, 방정식의 해결과 관련하여 식의 뼈대를 보는 것을 논의하자.

다음 방정식의 실근을 구하여라.

$$x^2 + \left(\frac{x}{x+1}\right)^2 = 1$$

이 문제는 방정식의 양변에 $(x+1)^2$을 곱한 후에 인수분해를 이용하여 풀려고 시도할 수 있다. 양변에 $(x+1)^2$을 곱하여 방정식을 정리하면 다음과 같다.

$$x^4 + 2x^3 + x^2 - 2x - 1 = 0$$

얻어진 식에 상수항의 약수인 ± 1을 대입해도 식의 값은 0이 되지 않는다.

다른 탐색의 방향을 찾아야 한다.

방정식 $x^2 + \left(\frac{x}{x+1}\right)^2 = 1$에서 방정식의 뼈대와 관련된 특징을 살펴보자. 좌변이 완전제곱꼴의 두 항의 합, 즉 $A^2 + B^2$인 뼈대를 가지고 있다. 이러한 식은 $\pm 2AB$를 더해주고 빼서 $(A \pm B)^2$인 완전제곱 형태로 만들어 문제해결을 시작하는 경우가 많다. 여기서는 식의 뼈대가 문제해결의 탐색 방향을 암시하고 있다.

주어진 방정식에 $-2x \cdot \frac{x}{x+1}$을 더하고 빼자. 그러면, 다음을 얻을 수 있다.

$$x^2 - 2x \cdot \frac{x}{x+1} + \frac{x^2}{(x+1)^2} + 2x \cdot \frac{x}{x+1} = 1$$

이제, 방정식의 좌변을 완전제곱식으로 정리하고, $2x \cdot \frac{x}{x+1}$을 이항하면, 다음을 얻을 수 있다.

$$\left(x - \frac{x}{x+1}\right)^2 = 1 - \frac{2x^2}{x+1}, \quad \left(\frac{x^2}{x+1}\right)^2 = 1 - \frac{2x^2}{x+1}$$

얻어진 등식에서 구체적인 식들의 공통점에 주목하면, $\frac{x^2}{x+1} = A$로의 치환을 생각할 수 있다. $A^2 + 2A - 1 = 0$이 되며 $A = -1 \pm \sqrt{2}$이다. $A = -1 + \sqrt{2}$인 경우에 $\frac{x^2}{x+1} = -1 + \sqrt{2}$이며, 이로부터 $x^2 + (1 - \sqrt{2})x + 1 - \sqrt{2} = 0$이다. 근의 공식을 이용하면, $x = \frac{\sqrt{2}-1 \pm \sqrt{2\sqrt{2}-1}}{2}$을 구할 수 있다.

한편, $A = -1 - \sqrt{2}$인 경우에는 $\frac{x^2}{x+1} = -1 - \sqrt{2}$, $x^2 + (1 + \sqrt{2})x + 1 + \sqrt{2} = 0$이다. 이때 $D < 0$이므로, 이 방정식은 실근을 가지지 않는다.

결국, 구하는 해는 $x = \frac{\sqrt{2}-1 \pm \sqrt{2\sqrt{2}-1}}{2}$이다.

방정식이든 부등식이든 대수식의 뼈대를 볼 수 있으면, 이 뼈대는 문제해결의 방향을 암시하는 경우가 많다. 그렇기 때문에, 무턱대로 문제해결을 시작할 것이 아니라, 먼저 대수식의 뼈대를 보고 문제해결의 방향을 결정해야 한다.

2. 대수식의 대칭성

대칭성은 주로 도형에 관련하여서 배웠다. 예를 들어, 원은 x축에 대한 대칭성, y축에 대한 대칭성, 원점에 대한 대칭성이 있다. 대칭성의 개념은 도형뿐만 아니라, 수학의 여러 분야에서 폭넓게 연구되고 활용되고 있다.

직관적으로 도형이나 식이 대칭성을 가진다는 것은 어떤 기준선(점)을 중심으로 도형이 자신에게 포개지거나 기준선(점)을 중심으로 좌우가 같은 경우를 의미할 것이다. 가령, 원을 지름을 중심으로 접으면 자신에게 포개지며, 이때 원이 대칭성을 가진다고 말할 것이다.

이러한 직관적인 생각이 대칭에 대한 전형적인 표상이라 할 수 있다.예를 들어, 다음과 같은 수학 게임은 대칭에 대한 이러한 생각을 활용하여 문제를 해결하는 예라고 할 수 있다.

대칭에 관련된 다음의 수학 게임을 살펴보자.

> 그림과 같이 원판의 둘레를 따라 동전을 놓았다. 두 사람이 번갈아 가면서 자신의 순서에 원판에 있는 동전 중 하나 또는 이웃한 2개를 가져갈 수 있다. 자신의 순서에 동전을 더이상 가져갈 수 없는 사람, 즉 자신의 순서가 되었는데 원판에 동전이 남아 있지 않은 사람이 진다고 한다. 누가 항상 이길 수 있는가?

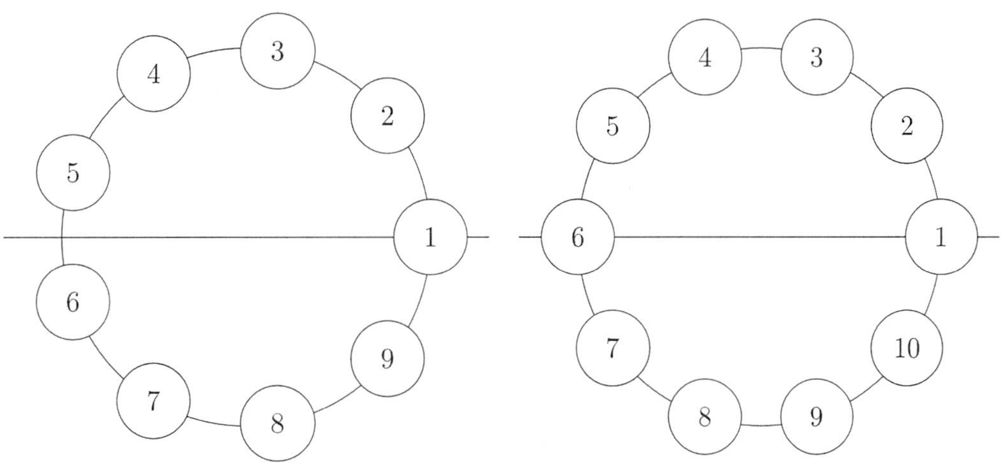

왼쪽의 그림에는 원판에 동전이 9개 있고, 오른쪽의 그림에는 동전이 10개가 있고, 대칭선을 그었다(문제 자체에는 대칭선을 그리지 않는 것이 좋을 것이다).

두 그림에서 모두 두 번째 사람이 항상 이길 수 있다. 우선, 왼쪽의 그림을 살펴보자. 첫 번째 사람이 하나 또는 인접한 두 개의 동전을 가져갈 수 있다. 가령, 동전 1을 가져갔다고 하자. 그러면, 두 번째 사람은 반대쪽에 있는 대칭선 위와 아래에 있는 동전 5와 6을 가져간다. 그러면, 대칭선을 중심으로 윗쪽에 3개, 아랫쪽에 3개가 대칭이 되게 남게 된다. 다시 첫 번째 사람의 차례가 되었다. 첫 번째 사람이 어떤 동전을 가져가든 관계없이 두 번째 사람은 첫 번째 사람이 가져간 동전의 대칭 위치에 있는 동전을 가져가면 항상 이길 수 있다.

가령, 왼쪽 그림에서 첫 번째 사람이 인접한 동전을 2개 가져갔다고 하자. 편의상 인접한 동전 5, 6을 가져갔다고 하자. 그러면, 두 번째 사람은 반대쪽에 있는 동전 1을 가져간다. 그러면, 동전이 대칭이 되게 남고, 두 번째 사람이 항상 이길 수 있다.

오른쪽 그림을 살펴보자. 첫 번째 사람이 하나를 가져가든 인접한 두 개를 가져가든 관계없이, 두 번째 사람은 반대쪽에서 대칭이 되게 동전을 가져간다. 만약 첫 번째 사람이 동전 3을 가져가면, 두 번째 사람은 반대쪽에서 동전 8을 가져간다.

만약 첫 번째 사람이 인접한 동전 2개, 예를 들어 동전 4와 5를 가져가면, 두 번째 사람은 반대쪽에서 인접한 동전 9와 10을 가져간다. 그러면, 첫 번째 사람과 두 번째 사람이 가져가고 남은 동전들이 양쪽으로 대칭이 된다. 이제부터 두 번째 사람은 첫 번째 사람이 가져간 동전에 대해 대칭인 위치의 동전을 가져가면 된다.

대칭적인 형태로 표현된 방정식 문제를 살펴보자.

다음 방정식의 실근을 구하여라.

$$x^4 - 2x^3 - x^2 - 2x + 1 = 0$$

이 방정식은 x^2항의 계수 -1을 중심으로 방정식의 계수들이 대칭적으로 제시되어 있다. 이를 나타내면, 다음과 같다.

$$1, \quad -2, \quad -1, \quad -2, \quad 1$$

이러한 계수들의 대칭성을 문제해결의 계획 수립에 어떻게 고려할 수 있을까? 전형적인 방법의 하나는 방정식의 양변을 x^2으로 나누는 것이다. 그러면, 다음을 얻을 수 있다.

$$x^2 - 2x - 1 - \frac{2}{x} + \frac{1}{x^2} = 0, \quad \left(x^2 + \frac{1}{x^2}\right) - 2\left(x + \frac{1}{x}\right) - 1 = 0$$

x^4항의 계수와 상수항이 같다는 것, x^3항의 계수와 x항의 계수가 같다는 것으로부터 위와 같이 식을 정리할 수 있었다. 이제, $x^2 + \frac{1}{x^2} = \left(x + \frac{1}{x}\right)^2 - 2$임을 감안하면, 나음을 얻을 수 있다.

$$\left(x + \frac{1}{x}\right)^2 - 2\left(x + \frac{1}{x}\right) - 3 = 0$$

얻어진 식에서 $x+\frac{1}{x} = A$로 치환하여 문제를 해결할 수 있다. 그러면, $A^2-2A-3 = 0$이 되고, $A = 3, A = -1$이다.

$A = 3$이면 $x + \frac{1}{x} = 3$이고 $x^2 - 3x + 1 = 0$이다. 이로부터 $x = \frac{3\pm\sqrt{5}}{2}$이다. 한편, $A = -1$이면 $x + \frac{1}{x} = -1$이고 $x^2 + x + 1 = 0$이다. 이때 방정식은 실근을 가지지 않는다. 결국, 방정식의 해는 $x = \frac{3\pm\sqrt{5}}{2}$이다.

문제로부터 관찰될 수 있는 특징은 문제해결의 탐색 방향을 결정하는데 중요한 역할을 하였다. 여기서도 계수들과 상수항이 x^2항을 중심으로 대칭적으로 배열되었다는 것을 이용하여 쉽게 문제를 해결할 수 있었다.

이제, 대칭다항식을 살펴보자. 이 책의 2장과 3장에서 대칭다항식을 이용한 수학탐구를 다루고 있다. 여기서는 대칭다항식의 수학적 의미를 살펴보자. x, y에 대한 대칭식 또는 대칭다항식은 x와 y를 서로 바꾸어도 변하지 않은 식을 말한다. 즉, $f(x, y) = f(y, x)$인 $f(x, y)$를 말한다.

$x^3 + y^3, x^4 + y^4$은 x, y에 대한 대칭식이다. 왜냐 하면, $x^3 + y^3$에서 x, y를 서로 바꾸면 $y^3 + x^3$이 되는데, $x^3 + y^3 = y^3 + x^3$이기 때문이다. 그리고 $x^2y + yx^2$도 대칭식이며, x, y에 대한 다항식인 원의 방정식 $x^2 + y^2 = r^2$도 대칭식이다.

한편, x, y, z에 대한 대칭식 또는 대칭다항식이라는 것은 $f(x, y, z)$에서 x를 y, y를 x로 바꾼, 즉 $x \leftrightarrow y$인 식 $f(y, x, z)$, $f(x, y, z)$에서 $x \leftrightarrow z$인 식 $f(z, y, x)$, $f(x, y, z)$에서 $y \leftrightarrow z$인 $f(x, z, y)$에 대해, 다음이 성립하는 것을 말한다.

$$f(x, y, z) = f(y, x, z) = f(z, y, x) = f(x, z, y)$$

즉, x, y, z를 서로 바꾸어도 식이 변함이 없는 식 $f(x, y, z)$를 대칭식 또는 대칭다항식이라 말한다.

예를 들어, $(x+y+z)^2 = x^2 + y^2 + z^2 + 2xy + 2yz + 2xz$는 대칭식이다. 그러나, $y^2 = xz$는 대칭식이 아니다. 왜냐 하면, x와 y를 바꾸면 $x^2 = yz$가 되는데, 이 식은 $y^2 = xz$와 같지 않기 때문이다.

x, y에 대한 대칭식의 예로 완전제곱식을 생각할 수 있다. $(x+y)^2, (x+y)^3, (x+y)^4, (x+y)^5$ 등은 대칭식이다. 이 식들이 대칭식이므로, 이들을 전개해도 대칭식이 얻어진다.

$$(x+y)^2 = x^2 + 2xy + y^2$$

$$(x+y)^3 = x^3 + 3x^2y + 3xy^2 + y^3$$

$$(x+y)^4 = x^4 + 4x^3y + 6x^2y^2 + 4xy^3 + y^4$$

$$(x+y)^5 = x^5 + 5x^4y + 10x^3y^2 + 10x^2y^3 + 5xy^4 + y^5$$

$(x+y)^2, (x+y)^3, (x+y)^4, (x+y)^5$을 전개하여 얻어진 식들을 보면, 모두 대칭식이라는 것을 알 수 있다. 즉, 대칭식을 전개하면 대칭식이 얻어지고, 대칭식을 인수분해해도 대칭식이 얻어진다. 그리고, 전개된 식들의 계수들을 보면, 계수들도 대칭적이라는 것을 알 수 있다. 예를 들어, $(x+y)^5$을 전개한 식의 계수는 $1, 5, 10, 10, 5, 1$과 같이 대칭이다.

이제, 대칭성을 이용하여 연립방정식 문제를 해결하는 방법에 대해 살펴보자.

다음 연립방정식을 풀어라.

$$\begin{cases} x + y = 5 \\ x^2 - xy + y^2 = 7 \end{cases}$$

이 연립방정식은 대칭식이다. 첫 번째 방정식에서 x, y를 서로 바꾸어도 식이 변하지 않는다. 그리고 두 번째 식에도 x, y를 서로 바꾸어도 식은 그대로이기 때문이다.

대칭성을 고려하지 않고 연립방정식을 풀어보자. $x+y=5$에서 $y=5-x$이므로, 이것을 $x^2-xy+y^2=7$에 대입하자. 그러면, 다음을 얻을 수 있다.

$$x^2-x(5-x)+(5-x)^2=7, \quad 3x^2-15x+18=0, \quad x^2-5x+6=0$$

이로부터 $x=2,3$을 얻을 수 있다. 결국, 구하는 해는 $(x,y)=(2,3),(3,2)$이다.

이제, 연립방정식의 대칭성을 이용하여 문제를 해결하자. 대칭식의 문제해결에 대칭성을 이용하기 위해, 우선 기본대칭다항식을 알아두자. x,y로 된 대칭식에서 기본대칭다항식은 $x+y, xy$이다. x,y,z로 된 대칭식에는 기본대칭다항식이 $x+y+z, xy+yz+zx, xyz$가 기본대칭다항식이다. 근과 계수의 관계에서 나오는 식들이 기본대칭다항식이라 생각하면 된다. 대칭식과 관련하여 다음 사실이 알려져 있다.

대칭식은 기본대칭다항식으로 나타낼 수 있다.

여기서는 이것을 자세히 설명하지는 않을 것이며, 이 책의 2장에서 구체적으로 논의하였다.

주어진 연립방정식을 기본대칭다항식으로 나타내서 문제를 해결하자. 기본대칭다항식 $x+y, xy$를 $x+y=u, xy=v$로 표기하자.

$x+y=5$에서 $u=5$가 얻어진다. 그리고 x^2-xy+y^2를 u,v를 이용해 나타내면 $x^2-xy+y^2=(x+y)^2-3xy=u^2-3v$이다. 그러면, u,v에 대한 다음과 같은 연립방정식을 얻을 수 있다.

$$\begin{cases} u=5 \\ u^2-3v=7 \end{cases}$$

$u^2-3v=7$에 $u=5$를 대입하면, $v=6$이 된다. 이로부터 $x+y=5, xy=6$을 얻게 된다. x,y를 구하자.

$x+y=5, xy=6$을 만족시키며 x,y를 근으로 하는 방정식은 $t^2-5t+6=0$이다. 이로부터 $t=2, t=3$이다. 이것은 해가 $(x,y)=(2,3),(3,2)$이라는 것을 의미한다.

대칭이라는 개념을 이용하여, x, y에 대한 연립방정식을 기본대칭다항식 u, v에 대한 연립방정식으로 바꾸었다. 다음 두 연립방정식을 비교하자.

$$\begin{cases} x + y = 5 \\ x^2 - xy + y^2 = 7 \end{cases} \Longrightarrow \begin{cases} u = 5 \\ u^2 - 3v = 7 \end{cases}$$

x, y에 대한 연립방정식보다 u, v에 대한 연립방정식이 해를 쉽게 구할 수 있는 형태로 되어있다. 이때, 한 가지 고려해야 할 것은 x, y에 대한 연립방정식을 풀면 바로 해 (x, y)가 얻어지지만, u, v에 대한 연립방정식은 다음 두 단계를 거쳐 (x, y)를 구한다는 것이다: (1) u, v 값을 구하고, (2) u, v로부터 x, y를 구한다.

이때 (2)단계에 해당하는 해법은 자명하기 때문에, 대칭성을 이용한 풀이 방법이 직접 푸는 것보다 훨씬 효과적인 경우가 많다.

대칭성을 이용한 복잡한 연립방정식 풀이의 예를 살펴보자.

다음 연립방정식을 풀어라.

$$\begin{cases} x^2 + y^2 + 2(x + y) = 23 \\ x^2 + y^2 + xy = 19 \end{cases}$$

이 연립방정식을 지금까지 알아왔던 방법으로 푸는 것은 쉽지 않다. 여기서는 기본대칭다항식을 이용해 풀어보자. 첫 번째 방정식은 기본대칭다항식을 이용하여 다음과 같이 나타낼 수 있다.

$$x^2 + y^2 + 2(x + y) = (x + y)^2 - 2xy + 2(x + y) = u^2 - 2v + 2u = 23$$

두 번째 방정식은 $x^2 + y^2 + xy = (x + y)^2 - 2xy + xy = (x + y)^2 - xy = u^2 - v = 19$가 된다. 이로부터, 다음 연립방정식을 얻을 수 있다.

$$\begin{cases} u^2 - 2v + 2u = 23 \\ u^2 - v = 19 \end{cases}$$

두 번째 식에서 $v = u^2 - 19$를 첫 번째 식에 대입하자. 그러면, $u^2 - 2u - 15 = 0$을 얻는다. 이로부터, $(u, v) = (5, 6), (-3, -10)$이 얻어진다.

$(u, v) = (5, 6)$인 경우를 살펴보자. 이때, $x + y = 5, xy = 6$을 만족하는 x, y를 구해야 한다. 이 조건을 만족시키는 방정식은 $t^2 - 5t + 6 = 0$이고, 이 방정식의 해가 (x, y)이다. 이로부터 $(x, y) = (2, 3), (3, 2)$이다.

$(u, v) = (-3, -10)$인 경우를 살펴보자. 이때는 방정식 $t^2 + 3t - 10 = 0$을 생각하면 된다. 이때 $t = 2, -5$이며, $(x, y) = (2, -5), (-5, 2)$가 된다.

결국, 주어진 연립방정식의 해는 $(x, y) = (2, 3), (3, 2), (2, -5), (-5, 2)$이다.

살펴본 것과 같이, x, y에 대한 식을 기본대칭다항식 $x + y = u, xy = v$로 나타내면, 비교적 쉽게 식을 원하는 형태로 변형시킬 수 있는 가능성이 있다. 이것이 문제해결 과정에서 대수식의 대칭성에 주목해야 하는 이유 중의 하나이다.

3. 대수식의 차수

문자식은 차수를 가진다. 가령, $x^2 + x + 1$은 x에 대한 2차식이다. 대수식의 차수로부터 식에 대한 정보를 얻어 문제를 해결하는 경우가 많다. 대수식을 볼 때는 그 식의 차수에 관심을 기울이는 습관을 가지는 것은 유익할 것이다.

어느 책에 다음과 같은 삼각형의 넓이 S의 공식을 증명하라는 문제가 실린 적이 있다. 이때 a, b, c는 삼각형의 변의 길이이고, h_a, b_b, h_c는 각각 꼭짓점 A, B, C에서 그은 높이의 길이이다.

$$S = \frac{1}{2}\sqrt{abch_ah_bh_c}$$

이 공식을 보자마자 풀어보지 않고도, 공식이 잘못 되었다는 것을 알아챘다. 즉, 책에 오타가 있다는 것을 발견했다. 어떻게 알았을까?

삼각형의 넓이는 $S = \frac{1}{2}ah_a$이다. 즉, a와 h_a의 곱으로 삼각형의 넓이 S는 차수의 관점에서 보면 2차식이다. $S = \frac{1}{2}\sqrt{abch_ah_bh_c}$에서 제곱근 안을 보면 $abch_ah_bh_c$와 같이 6개의 선분의 곱으로 된 6차식이다. 이제, 이 식에 제곱근을 취하면 3차식이 된다.

삼각형의 넓이 S는 2차식으로 표현되므로, 우변처럼 $\frac{1}{2}\sqrt{abch_ah_bh_c}$로 표현될 수가 없다. 차수의 관점에서 보면, $S = \frac{1}{2}\sqrt[3]{abch_ah_bh_c}$라고 쓰는 것이 더 가능성이 있다. $abch_ah_bh_c$에 세제곱근을 취하면, 차수가 2가 되기 때문이다.

$S = \frac{1}{2}\sqrt[3]{abch_ah_bh_c}$의 증명은 어렵지 않다. $S = \frac{1}{2}ah_a, S = \frac{1}{2}bh_b, S = \frac{1}{2}ch_c$를 서로 곱하자. 그러면, 다음이 얻어진다.

$$S^3 = \frac{1}{8}abch_ah_bh_c$$

이제, 양변을 세제곱근을 취하면, 다음 공식이 얻어진다.

$$S = \frac{1}{2}\sqrt[3]{abch_ah_bh_c}$$

한 가지 흥미로운 점은 삼각형의 넓이 $S = \frac{1}{2}ah_a$와 사면체의 부피 $V = \frac{1}{3}S_ah_a$가 같은 뼈대를 가진다는 것이다. 이때, a는 삼각형 ABC의 꼭짓점 A의 마주보는 변 BC의 길이이고, h_a는 꼭짓점 A에서 그은 높이이다. 그리고 S_a는 사면체 $ABCD$의 꼭짓점 A의 마주보는 면 BCD의 넓이이고, h_a는 꼭짓점 A에서 그은 높이이다.

그러므로, 삼각형의 넓이 $S = \frac{1}{2}ah_a$에서 $S = \frac{1}{2}\sqrt[3]{abch_ah_bh_c}$가 얻어졌다는 것은 사면체의 부피 $V = \frac{1}{3}S_ah_a$로부터 유사한 부피 공식을 얻을 가능성이 많다는 것을 의미한다. 가령, 삼각형의 넓이 공식 S처럼 사면체 부피 공식 V를 다음과 같이 추측했다고 하자.

$$V = \frac{1}{3}\sqrt{S_aS_bS_cS_dh_ah_bh_ch_d}$$

여러분은 추측한 이 공식에 대해 어떻게 생각하는가? 우선, 식의 차수를 확인하면 우리의 추측을 수정해야 한다는 것을 쉽게 알 수 있다. 사면체의 부피 공식의 차수는 3이다. 왜냐 하면, $V = \frac{1}{3}S_ah_a$에서 S_a는 면 BCD의 넓이이므로 차수가 2이고 여기에 높이 h_a를 곱했으므로, 사면체의 부피 V의 차수는 3이다.

$V = \frac{1}{3}\sqrt{S_aS_bS_cS_dh_ah_bh_ch_d}$의 차수를 확인해 보자. 제곱근호 안에는 넓이 4개와 선분 4개의 곱이 있으므로, 제곱근호 안의 식의 차수는 12이다. 여기에 제곱근을 취하면 차수가 6인 식이 얻어진다. 그러므로, 사면체 부피의 차수와는 맞지 않는다.

그렇다면, 식을 어떻게 수정해야 할까? $V = \frac{1}{3}\sqrt{S_aS_bS_cS_dh_ah_bh_ch_d}$에서 제곱근 대신에 네제곱근을 취해야 사면체 부피의 차수와 같게 된다. 이로부터, 다음 식을 추측할 수 있다.

$$V = \frac{1}{3}\sqrt[4]{S_aS_bS_cS_dh_ah_bh_ch_d}$$

이 식을 확인해 보자. 사면체의 부피는 $V = \frac{1}{3}S_ah_a$, $V = \frac{1}{3}S_bh_b$, $V = \frac{1}{3}S_ch_c$, $V = \frac{1}{3}S_dh_d$이다. 이제, 네 식을 서로 곱하자. 그러면, 다음을 얻을 수 있다.

$$V^4 = \left(\frac{1}{3}\right)^4 S_aS_bS_cS_dh_ah_bh_ch_d$$

이제, 양변에 네제곱근을 취하자. 그러면, 다음과 같은 공식을 얻을 수 있다.

$$V = \frac{1}{3}\sqrt[4]{S_aS_bS_cS_dh_ah_bh_ch_d}$$

삼각형의 넓이를 나타내는 헤론 공식 $S = \sqrt{p(p-a)(p-b)(p-c)}$이 있다((이때 p는 둘레의 절반이다). 헤론 공식과 같은 뼈대를 가지는 사각형의 넓이 공식을 추측한다고 하자. 어떤 추측을 할 수 있을까? 어렵지 않게, 사각형의 넓이 공식으로 다음과 같이 추측할 수 있을 것이다.

$$S = \sqrt{p(p-a)(p-b)(p-c)(p-d)}$$

삼각형은 변이 3개이므로 $S = \sqrt{p(p-a)(p-b)(p-c)}$라면, 사각형은 변이 4개이므로 $S = \sqrt{p(p-a)(p-b)(p-c)(p-d)}$와 같이 추측했을 것이다. 이 추측은 타당한가? 증명을 시작하기 전에, 얻어진 식의 차수에 주목하자.

헤론 공식 $S = \sqrt{p(p-a)(p-b)(p-c)}$의 제곱근 안의 식의 차수는 4이다. 여기에 제곱근을 취하면 차수가 2가 되어 삼각형의 넓이의 차수와 같게 된다. 한편, 사각형의 넓이 공식으로 추측한 $\sqrt{p(p-a)(p-b)(p-c)(p-d)}$의 제곱근 안의 차수는 5이며, 여기에 제곱근을 취해도 평면도형의 넓이의 차수 2와 같게 될 수 없다. 즉, 사각형의 넓이 공식에 대한 추측은 타당하지 못하다는 것을 알 수 있다.

여기서는 증명을 생략할 것인데, 사각형도 헤론 공식과 유사한 다음과 같은 넓이 공식이 있다.[3]

> 원에 내접하는 볼록사각형 $ABCD$의 변의 길이를 a, b, c, d라 하고, $p = \frac{a+b+c+d}{2}$라 하자. 그러면, 볼록사각형 $ABCD$의 넓이 S는 다음과 같다.
>
> $$S = \sqrt{(p-a)(p-b)(p-c)(p-d)}$$

다항식의 차수를 문제해결에 이용하는 예를 살펴보자.

대칭식인 $(x+y+z)^5-x^5-y^5-z^5$을 인수분해 한다고 하자. $(x+y+z)^5-x^5-y^5-z^5$에서 $x \leftrightarrow y$, $x \leftrightarrow z$, $y \leftrightarrow z$와 같이 바꾸어도 식이 변하지 않기 때문에, 이 식은 대칭식이다.

$(x+y+z)^5 - x^5 - y^5 - z^5$에서 x대신에 $-y$를 대입해 보자. 그러면, 다음과 같이 계산할 수 있다.

$$(x+y+z)^5 - x^5 - y^5 - z^5 = (-y+y+z)^5 - (-y)^5 - y^5 - z^5 = 0$$

즉, 인수정리에 의해 식 $(x+y+z)^5 - x^5 - y^5 - z^5$은 $(x+z)$를 인수로 가진다. x대신 $-z$, y대신에 $-z$를 대입해도 그 값이 0이 된다. 결국, $(x+y+z)^5 - x^5 - y^5 - z^5$은 인수로 $(x+y)(y+z)(x+z)$를 가진다는 것을 알 수 있고, 다음과 같이 쓸 수 있다.

$$(x+y+z)^5 - x^5 - y^5 - z^5 = (x+y)(y+z)(x+z)Q(x,y,z)$$

이제, $Q(x,y,z)$에 대해 생각하자. $(x+y+z)^5 - x^5 - y^5 - z^5$는 5차식이고 $(x+y)(y+z)(x+z)$은 3차식이므로, $Q(x,y,z)$는 2차식이 되어야 한다. 그리고 $(x+y+z)^5 - x^5 - y^5 - z^5$는 대칭식이고 $(x+y)(y+z)(x+z)$도 대칭식이므로, $Q(x,y,z)$도 대칭식이어야 한다. 왜냐 하면, 대칭식에 대칭식을 곱하면 대칭식이 되기 때문이다. 결국, $Q(x,y,z)$는 2차인 대칭식이다.

[3] 이 공식에 대한 자세한 증명은 '한인기(2005). 교사를 위한 수학사'의 9장을 참고하기 바란다.

x, y, z로 만들어진 차수가 2인 대칭식을 생각해 보자. 알고 있는 것과 같이, $x^2 + y^2 + z^2$이 있다. 이때 x^2, y^2, z^2 앞의 계수는 모두 같아야 한다. 그렇지 않으면, 대칭식이 되지 않기 때문이다. 그리고 $xy + yz + zx$가 있다. 차수가 2차인 다른 대칭식이 있는가?

가령, $3x^2 + 3y^2 + 3z^2 - xy - yz - zx, -2x^2 - 2y^2 - 2z^2 + 7xy + 7yz + 7zx, x^2 + y^2 + z^2 + 5xy + 5yz + 5zx, \cdots$ 등과 같은 대칭식을 생각할 수 있다. 이 대칭식들은 다음과 같이 나타낼 수 있다.

$$a(x^2 + y^2 + z^2) + b(xy + yz + zx)$$

이때, a, b 값에 따라 차수가 2인 x, y, z로 된 다양한 대칭식들이 얻어질 수 있다.

결국, $Q(x, y, z) = a(x^2 + y^2 + z^2) + b(xy + yz + zx)$와 같이 쓸 수 있으며, 다음 식이 얻어진다.

$$\begin{aligned}&(x + y + z)^5 - x^5 - y^5 - z^5\\&\qquad = (x + y)(y + z)(x + z)\{a(x^2 + y^2 + z^2) + b(xy + yz + zx)\}\end{aligned}$$

이제, x, y, z에 적당한 수를 대입하면 a, b를 구할 수 있다. 가령, $(x, y, z) = (1, 0, 1)$을 대입하면, $2a + b = 15$를 얻는다. $(x, y, z) = (1, 1, 1)$을 대입하면, $a + b = 10$을 얻는다. 이들을 연립하면 $a = b = 5$가 되며, 다음과 같은 인수분해를 얻을 수 있다.

$$\begin{aligned}&(x + y + z)^5 - x^5 - y^5 - z^5\\&\qquad = 5(x + y)(y + z)(x + z)\{(x^2 + y^2 + z^2) + (xy + yz + zx)\}\end{aligned}$$

살펴본 인수분해에서 $Q(x, y, z) = a(x^2 + y^2 + z^2) + b(xy + yz + zx)$로 놓을 때 $Q(x)$가 대칭식이라는 것과 식들의 차수를 비교하였다.

대수식의 차수에 관심을 가지는 것은 대수식 자체를 이해하고 의미를 부여하는데 중요하다는 이유도 있지만, 살펴본 것과 같이 문제해결 과정에서 탐색의 방향을 설정하는 중요한 역할을 한다는 것도 염두에 두어야 한다.

4. 대수식의 구체적인 수량이나 식

앞에서 대수식의 뼈대에 주목해야 한다는 것을 기술하였다. 여기서는 대수식에 포함된 구체적인 수량이나 식들 등에 주목해야 한다는 것에 대해 살펴보자. 대수식의 뼈대뿐만 아니라, 대수식에 포함된 구체적인 수량, 식들을 통해서도 문제해결을 위한 정보를 얻는 경우가 많다. 그러므로, 대수식에 포함된 구체적인 수량들 사이의 관계, 식들 사이의 유사성 등을 분석하여, 문제해결 방향을 탐색하고 문제해결을 효율적으로 수행하는데 활용해야 한다.

대수식에 포함된 수량들의 특징을 고려한 문제해결의 예를 살펴보자.

다음 식의 값을 구하여라.

$$\sin 127^\circ \cos 23^\circ + \cos 194^\circ + \cos 37^\circ \cos 383^\circ$$

식에 포함된 다음 수량들 사이의 관계를 생각하자.

$$127^\circ, \quad 23^\circ, \quad 194^\circ, \quad 37^\circ, \quad 383^\circ$$

$127^\circ = 90^\circ + 37^\circ, 194^\circ = 180^\circ + 14^\circ, 383^\circ = 360^\circ + 23^\circ, 23^\circ + 37^\circ = 60^\circ$이 되므로, $127^\circ, 194^\circ, 383^\circ$는 각 $37^\circ, 14^\circ, 23^\circ, 60^\circ$와 관련시킬 수 있다. 이러한 관계를 고려하면, 다음을 얻을 수 있다.

$$\sin 127^\circ = \cos 37^\circ, \quad \cos 194^\circ = -\cos 14^\circ, \quad \cos 383^\circ = \cos 23^\circ$$

이제, 주어진 식을 다음과 같이 쓸 수 있다.

$$\begin{aligned}
\sin 127^\circ \cos 23^\circ + \cos 194^\circ + \cos 37^\circ \cos 383^\circ \\
&= \cos 37^\circ \cos 23^\circ - \cos 14^\circ + \cos 37^\circ \cos 23^\circ \\
&= \cos 37^\circ \cos 23^\circ + \cos 37^\circ \cos 23^\circ - \cos 14^\circ \\
&= 2\cos 37^\circ \cos 23^\circ - \cos 14^\circ
\end{aligned}$$

다시, 얻어진 각들 $37°, \cos 23°, 14°$의 관계에 주목하자. $14° = 37° - 23°$이다. 이를 이용하면, 다음을 얻을 수 있다.

$$\begin{aligned}
&2\cos 37° \cos 23° - \cos 14° \\
&\qquad = 2\cos 37° \cos 23° - \cos(37° - 23°) \\
&\qquad = 2\cos 37° \cos 23° - \cos 37° \cos 23° - \sin 37° \sin 23° \\
&\qquad = \cos 37° \cos 23° - \sin 37° \sin 23° \\
&\qquad = \cos(37° + 23°) = \cos 60°
\end{aligned}$$

이로부터 구하는 답은 $\frac{1}{2}$이다.

이 문제의 해결에서는 주어진 구체적인 수량들 사이의 관계 분석이 결정적인 역할을 하였다. 특히 $127° = 90° + 37°, 194° = 180° + 14°, 383° = 360° + 23°, 23° + 37° = 60°$와 같은 관계를 찾지 못했다면, 문제해결의 방향을 설정하고 문제해결을 진행하는 것이 어려웠을 것이다.

이제, 대수식의 계수들과 문제해결의 관계를 볼 수 있는 문제를 살펴보자.

다음 방정식을 풀어라.

$$x^4 + 3x^3 - 24x^2 + 6x + 4 = 0$$

4차방정식이므로, 상수항인 4의 약수들을 식 $x^4 + 3x^3 - 24x^2 + 6x + 4$에 대입하여 식의 값이 0이 되는 약수를 찾으려고 시도할 수 있다. 의미있는 시도라고 할 수 있다.

만약, 그러한 상수항의 약수를 찾을 수 있으면 방정식이 쉽게 해결되지만, 그렇지 않은 경우에는 다른 방법을 찾아야 한다. 그러나, 여기서는 이러한 방법으로는 방정식이 해결되지 않는다.

4차방정식의 계수들 사이의 관계에 주목하자. 우선, 주어진 방정식은 항이 5개라는 것을 알 수 있다. 그리고, x^4항의 계수가 1, x^3항의 계수가 2, x^2항의 계수가 -24, x항의 계수가 6, 상수항이 4이다.

어떤 규칙성을 관찰할 수 있는가? 만약, 같은 수들이 있다면 규칙성을 찾기가 비교적 수월하겠지만, 여기서는 같은 수들이 없다. 단지, x^3항의 계수에 2를 곱하면 x항의 계수가 되며, x^4항의 계수에 4를 곱하면 상수항의 계수가 된다는 것 정도를 찾을 수 있다. 더 찾는다면, x항의 계수와 상수항을 곱하면, x^2항의 계수의 절댓값과 같다는 것도 볼 수 있다.

이러한 규칙성을 문제해결과 관련시킬 수 있을까? 대부분의 비정형적인 수학 문제에서 주어진 수량들은 나름의 역할을 가지고 있기 때문에, 살펴본 것과 같은 분석은 문제해결 방향을 결정하는데 중요한 역할을 한다.

방정식의 양변을 x^2으로 나누면, 주어진 수량들 사이의 관계가 문제해결과 어떻게 연결되는가를 볼 수 있다. 방정식의 양변을 x^2으로 나누자. 나눌 때는 $x = 0$이 주어진 방정식의 해인지를 먼저 확인해야 한다. 왜냐 하면, 해가 되는 경우에는 방정식의 양변을 0으로 나누면 안되기 때문이다.

$$x^2 + 3x - 24 + \frac{6}{x} + \frac{4}{x^2} = 0, \quad \left(x^2 + \frac{4}{x^2}\right) + 3\left(x + \frac{2}{x}\right) - 24 = 0$$

이제, $\left(x^2 + \frac{4}{x^2}\right) = \left(x + \frac{2}{x}\right)^2 - 4$를 생각하여, 얻어진 식에 대입하자.

$$\left(x^2 + \frac{4}{x^2}\right) + 3\left(x + \frac{2}{x}\right) - 24 = \left(x + \frac{2}{x}\right)^2 + 3\left(x + \frac{2}{x}\right) - 28 = 0$$

얻어진 식 $\left(x + \frac{2}{x}\right)^2 + 3\left(x + \frac{2}{x}\right) - 28 = 0$에서 식의 뼈대 $A^2 + 3A - 28 = 0$을 볼 수 있다. 이때, $A = x + \frac{2}{x}$이다. 이로부터 $A = -7, A = 4$가 얻어진다.

$A = -7$이면 $x + \frac{2}{x} = -7$로부터 $x^2 + 7x + 2 = 0$이다. 이때, $x = \frac{-7\pm\sqrt{41}}{2}$이다. 한편, $A = 4$이면 $x + \frac{2}{x} = 4$로부터 $x^2 - 4x + 2 = 0$이다. 이때, $x = 2 \pm \sqrt{2}$이다. 그러므로 구하는 해는 $x = \frac{-7\pm\sqrt{41}}{2}, x = 2 \pm \sqrt{2}$이다.

다른 방정식 문제를 살펴보자.

다음 방정식을 풀어라.

$$(x^2 - 6x - 8)^2 = x^3 - 4x^2 - 8x$$

이 방정식을 전개하여 정리하면 4차식이 얻어진다. 그러므로, 이 문제에서도 상수항의 약수들을 이용하여 방정식의 해를 구하려고 시도할 수 있다. 이 방정식의 경우에서도 그러한 상수항의 약수를 찾을 수 없다.

방정식 $(x^2-6x-8)^2=x^3-4x^2-8x$에 포함된 수들 사이의 규칙성에 주목하자. 좌변에서 x^2항의 계수가 1, 상수항이 -8인데, 우변도 x^3항의 계수가 1이고 x항의 계수가 -8로 같다. 이러한 공통점을 감안하여 문제해결의 방향을 설정할 수 있을까?

우선, 우변에서 공통인수 x를 꺼내어 다음과 같이 쓰자.

$$(x^2-6x-8)^2=x(x^2-4x-8)$$

이제, $x^2-8=A$로 치환할 수 있다. 그렇지만, 이러한 경우에 x항을 처리하는 문제가 발생한다. 이 문제를 해결하기 위해, 방정식의 양변을 x^2으로 나누자. 그러면, 다음 등식이 얻어진다.

$$\left(\frac{x^2-6x-8}{x}\right)^2=\frac{x^2-4x-8}{x}$$
$$\left(x-\frac{8}{x}-6\right)^2=x-\frac{8}{x}-4$$

이제, 식들의 공통성에 주목하여 $x-\frac{8}{x}-6=A$로 치환할 수 있다($x-\frac{8}{x}=A$로 치환할 수도 있다). 치환은 방정식의 해결이나 대수식의 정리에 폭넓게 활용되는 방법인데, 치환은 대수식에 포함된 구체적인 식들의 공통성에 근거하게 된다. 여기서는 등식의 좌변과 우변에 공통으로 있는 식을 A로 치환하였다.

치환을 통해, $A^2=A+2$, $A^2-A-2=0$이 얻어진다. 결국, $A=2, A=-1$이다.

$A=2$인 경우에는 $x-\frac{8}{x}-6=2$, $x^2-8x-8=0$이며, 이로부터 $x=4\pm\sqrt{24}=4\pm2\sqrt{6}$이 얻어진다. $A=-1$인 경우에는 $x-\frac{8}{x}-6=-1$, $x^2-5x-8=0$이며, $x=\frac{5\pm\sqrt{57}}{2}$이 얻어진다. 결국, 주어진 방정식의 해는 $x=4\pm2\sqrt{6}$, $x=\frac{5\pm\sqrt{57}}{2}$이다.

이 방정식의 풀이 과정에서 항들에 포함된 계수들 사이의 유사성에 주목하여 치환의 가능성을 모색하였다. 방정식에 포함된 구체적인 수량들 사이의 관련성, 식들의 유사성은 문제해결을 위한 중요한 단서가 되며, 살펴본 것처럼 치환과 밀접하게 관련된다.

다음은 방정식에 포함된 식들의 유사성, 관련성에 주목하여 문제해결의 탐색을 수행하는 다른 예이다.

다음 방정식의 실근을 구하여라.

$$x^2(x-2)^2 + x(x^2-4) = 6(x+2)^2$$

이 방정식에서는 대수식의 뼈대를 이용하여 문제해결의 단서를 찾기가 어렵다. 이 방정식에 포함된 구체적인 식들의 특징, 규칙성에 주목하자.

$(x-2)^2$에는 $x-2$가 인수로 포함되어 있으며, x^2-4에는 $x^2-4=(x-2)(x+2)$이므로 $x-2$와 $x+2$가 인수로 포함되어 있다. 그리고 $(x+2)^2$에는 $x+2$가 인수로 포함되어 있다. 특히 x^2-4는 식 $(x-2)^2$와 $(x+2)^2$의 인수를 모두 포함하고 있다. 식들의 특징을 분석한 결과를 바탕으로 문제에 어떻게 접근할까?

이 물음에 대한 대답을 찾는 것은 어렵다. 그러나, 우리가 했던 것처럼 방정식에 포함된 구체적인 식들의 규칙성, 유사성, 공통성을 찾는 활동을 대부분의 사람들은 수행하지 않는다. 이것이 문제이다.

분석한 공통점을 고려하기 위해, 방정식의 양변을 $(x+2)^2$으로 나누자. 그러면, 다음을 얻을 수 있다.

$$\left(\frac{x(x-2)}{x+2}\right)^2 + \frac{x(x-2)}{x+2} = 6$$
$$\left(\frac{x^2-2x}{x+2}\right)^2 + \frac{x^2-2x}{x+2} = 6$$

그러면, 얻어진 방정식에서 식 $\frac{x(x-2)}{x+2}$이 상수항을 제외한 모든 항에 있는 것을 알 수 있고(치환의 가능성을 찾을 수 있다), 이를 통해 방정식의 뼈대를 볼 수 있다. $\frac{x^2-2x}{x+2}=A$로 치환하자. 그러면, 방정식의 뼈대 $A^2+A-6=0$을 얻을 수 있다. 이때 $A=-3, A=2$이다.

$A = -3$이면 $\frac{x^2-2x}{x+2} = -3$이고 $x^2 + x + 6 = 0$이다. 이 경우에는 판별식이 0보다 작게 되므로, 이 방정식은 실근을 가지지 않는다. $A = 2$이면 $\frac{x^2-2x}{x+2} = 2$이고 $x^2 - 4x - 4 = 0$이다. 이로부터 $x = 2 \pm 2\sqrt{2}$이다. 결국, 구하는 해는 $x = 2 \pm 2\sqrt{2}$이다.

이 방정식에서는 방정식의 항들에 포함된 구체적인 식들의 특징에 주목하여 문제 해결을 위한 방향을 탐색하였다. 그리고 같은 식들을 찾아서 치환하였으며, 이를 통해 방정식의 뼈대가 선명하게 드러날 수 있었다.

제 2 장.

이차식

이 장에서는 중등학교에서 배우는 이차함수, 이차방정식의 이론적인 내용을 다루었다. 그렇기 때문에, 특별히 새롭거나 어려운 내용은 없었다고 생각될 수도 있을 것이다. 이 장에서는 학교수학에서 배우는 내용을 중심으로 교과내용을 심화시키고 확장시키려고 시도하였다.

이 장을 공부하면서 지금껏 배워왔고 보아온 내용이지만, 다른 관점에서 보면 새로운 내용을 볼 수 있고, 이차함수나 이차방정식에 대한 다양한 논의도 가능하다는 것을 알게 될 것이다. 그리고 이 장에서 다루는 이론적인 내용들은 학교수학에서 다루는 내용에 대한 배경지식이 될 수도 있을 것이다.

한 가지 아쉬운 것은 실제적인 문제들을 다양하게 다루지 못한 것이다. 독자들이 이 장을 공부하면서, 관련된 다양한 수학 문제들을 찾아보고 풀어보기를 권장한다.

이 장은 다음과 같은 소단원으로 구성되어 있다.

- 이차함수의 기본 성질
- 이차방정식의 근
- 이차방정식의 근의 작도
- 이차방정식의 근의 분포

1. 이차함수의 기본 성질

이차함수 $f(x) = ax^2 + bx + c$를 생각하자(이때 $a \neq 0$이라 하자). $f(x) = ax^2 + bx + c$의 성질을 최댓값과 최솟값, 증가와 감소, 대칭성, 절편, 이동을 중심으로 살펴보자.

이차함수의 기본 성질을 탐구하기 위해, $f(x) = ax^2 + bx + c$를 완전제곱식을 이용하여 나타내면 다음과 같다.

$$f(x) = ax^2 + bx + c = a\left(x + \frac{b}{2a}\right)^2 + \frac{4ac - b^2}{4a}$$

이차함수의 최댓값과 최솟값 이차함수 $f(x) = a\left(x + \frac{b}{2a}\right)^2 + \frac{4ac-b^2}{4a}$을 생각하자. $\left(x + \frac{b}{2a}\right)^2 \geq 0$이므로 이차함수 $f(x)$는 $\left(x + \frac{b}{2a}\right)^2 = 0$이 되는 $x = -\frac{b}{2a}$에서 최댓값 또는 최솟값을 가진다는 것을 알 수 있다. 최댓값과 최솟값에 대한 성질을 다음과 같이 정리할 수 있다.

> 이차함수 $f(x)$는 다음과 같이 최댓값 또는 최솟값을 가진다.
>
> (1) $a > 0$일 때 $x = -\frac{b}{2a}$에서 최솟값 $\frac{4ac-b^2}{4a}$을 가진다.
>
> (2) $a < 0$일 때 $x = -\frac{b}{2a}$에서 최댓값 $\frac{4ac-b^2}{4a}$을 가진다.

$a > 0$일 때 $a\left(x + \frac{b}{2a}\right)^2 \geq 0$이므로, 모든 x에 대해 다음의 부등식이 성립한다.

$$\frac{4ac - b^2}{4a} \leq a\left(x + \frac{b}{2a}\right)^2 + \frac{4ac - b^2}{4a}$$

그러므로, $a > 0$일 때 $f(x) = ax^2 + bx + c$는 $x = -\frac{b}{2a}$에서 최솟값 $\frac{4ac-b^2}{4a}$을 가진다. 한편, $a < 0$일 때 $a\left(x + \frac{b}{2a}\right)^2 \leq 0$이므로, 모든 x에 대해 다음의 부등식이 성립한다.

$$a\left(x + \frac{b}{2a}\right)^2 + \frac{4ac - b^2}{4a} \leq \frac{4ac - b^2}{4a}$$

이로부터 $a < 0$일 때 $f(x) = ax^2 + bx + c$는 $x = -\frac{b}{2a}$에서 최댓값 $\frac{4ac-b^2}{4a}$을 가진다는 것을 알 수 있다.

결국, 이차함수 $f(x)$는 $x = -\frac{b}{2a}$에서 최댓값 또는 최솟값을 가지게 된다. 이것을 다시 말하면, $x = -\frac{b}{2a}$을 중심으로 이차함수 $f(x)$는 증가 또는 감소의 상태가 변한다는 것이다.

이차함수의 증가와 감소 이차함수 $f(x)$는 $x=-\frac{b}{2a}$에서 최댓값 또는 최솟값을 가지므로, $x=-\frac{b}{2a}$를 중심으로 이차함수 $f(x)$의 증가 또는 감소에 대해 생각하자. 다음이 성립한다.

> 이차함수 $f(x)=ax^2+bx+c$는 $x=-\frac{b}{2a}$를 중심으로 다음과 같이 증가 또는 감소한다.
>
> (1) $a>0$일 때 이차함수 $f(x)$는 구간 $(-\infty,-\frac{b}{2a}]$에서 감소하고, 구간 $[-\frac{b}{2a},\infty)$에서 증가한다.
>
> (2) $a<0$일 때 이차함수 $f(x)$는 구간 $(-\infty,-\frac{b}{2a}]$에서 증가하고, 구간 $[-\frac{b}{2a},\infty)$에서 감소한다.

(1)의 경우, 즉 $a>0$일 때 $f(x)$가 구간 $(-\infty,-\frac{b}{2a}]$에서 감소한다는 것을 증명하자. 이를 위해, $(-\infty,-\frac{b}{2a}]$에 속하는 $x_1<x_2$를 잡아 $f(x_2)<f(x_1)$이 된다는 것을 보이면 된다.

우선, $f(x_1)=ax_1^2+bx_1+c$, $f(x_2)=ax_2^2+bx_2+c$이므로, 다음을 생각하자.

$$\begin{aligned}f(x_2)-f(x_1)&=(ax_2^2+bx_2+c)-(ax_1^2+bx_1+c)\\&=a(x_2^2-x_1^2)+b(x_2-x_1)\\&=(x_2-x_1)\{a(x_2+x_1)+b\}\end{aligned}$$

이로부터 다음을 얻을 수 있다.

$$f(x_2)-f(x_1)=(x_2-x_1)\{a(x_2+x_1)+b\}$$

이제, $(-\infty,-\frac{b}{2a}]$에 속하는 $x_1<x_2$에 대해 $f(x_2)<f(x_1)$을 증명하자. 이때, $x_2-x_1>0$이므로 $\{a(x_1+x_2)+b\}<0$을 보이면 $f(x_2)-f(x_1)<0$이 된다.

x_1,x_2가 $(-\infty,-\frac{b}{2a}]$에 속하므로, $x_1<-\frac{b}{2a}, x_2<-\frac{b}{2a}$이며

$$x_2+x_1<\left(-\frac{b}{2a}\right)+\left(-\frac{b}{2a}\right)=-\frac{b}{a}$$

가 된다. 이로부터 다음이 성립한다.

$$\{a(x_2+x_1)+b\} < \left\{a\left(-\frac{b}{a}\right)+b\right\} = 0$$

이로부터 $x_1 < x_2$에 대해 $f(x_2) - f(x_1) = (x_2 - x_1)\{a(x_2 + x_1) + b\} < 0$, $f(x_2) < f(x_1)$이 증명되며, $f(x)$는 구간 $(-\infty, -\frac{b}{2a}]$에서 감소한다.

이제, $a > 0$일 때 $f(x)$는 구간 $[-\frac{b}{2a}, \infty)$에서 증가한다는 것을 증명하자. 이를 위해, $[-\frac{b}{2a}, \infty)$에 속하는 $x_1 < x_2$를 잡아 $f(x_1) < f(x_2)$, $f(x_2) - f(x_1) > 0$이 된다는 것을 보이면 된다. 이때, $x_2 - x_1 > 0$이므로 $\{a(x_1 + x_2) + b\} > 0$을 보이면 된다.

x_1, x_2가 $[-\frac{b}{2a}, \infty)$에 속하므로, $-\frac{b}{2a} < x_1, -\frac{b}{2a} < x_2$이며

$$\left(-\frac{b}{2a}\right)+\left(-\frac{b}{2a}\right) = -\frac{b}{a} < x_1 + x_2$$

가 된다. 이로부터 다음이 성립한다.

$$\{a(x_1+x_2)+b\} > \left\{a\left(-\frac{b}{a}\right)+b\right\} = 0$$

이로부터 $x_1 < x_2$에 대해 $f(x_2) - f(x_1) = (x_2 - x_1)\{a(x_2 + x_1) + b\} > 0$, $f(x_1) < f(x_2)$가 증명되며, $f(x)$가 구간 $[-\frac{b}{2a}, \infty)$에서 증가한다.

(2)의 경우, 즉 $a < 0$일 때 이차함수 $f(x)$는 구간 $(-\infty, -\frac{b}{2a}]$에서 증가하고, 구간 $[-\frac{b}{2a}, \infty)$에서 감소한다는 것은 (1)의 경우와 유사한 방법으로 증명할 수 있다. 여기서는 증명을 생략한다.

이차함수의 대칭성 $f(x) = ax^2 + bx + c$의 대칭성을 알아보자. 이차함수의 대칭성을 그래프로 설명하는 경우가 많다. 여기서는 식을 이용해 대칭성을 밝히고, 이를 통해 이차함수의 그래프를 추측할 것이다. 이차함수의 대칭성에 대해 다음이 성립한다.

> 이차함수 $f(x) = ax^2 + bx + c$는 직선 $x = -\frac{b}{2a}$에 대해 대칭이다.

$f(x) = ax^2 + bx + c$의 대칭성을 보이기 위해, $x = -\frac{b}{2a}$에 대해 대칭인 점 x_1, x_2를 잡아 $f(x_1) = f(x_2)$를 조사하면 된다. x_1, x_2가 $x = -\frac{b}{2a}$에 대해 대칭이므로, 다음이

성립한다.

$$\frac{x_1+x_2}{2}=-\frac{b}{2a},\quad x_1+x_2=-\frac{b}{a},\quad x_2=-\frac{b}{a}-x_1$$

이제, $f(x_1), f(x_2)$의 값을 구하여 $f(x_2)=f(x_1)$을 보이자. $f(x_2)$를 구하자.

$$\begin{aligned} f(x_2) &= ax_2^2+bx_2+c \\ &= a\left(-\frac{b}{a}-x_1\right)^2+b\left(-\frac{b}{a}-x_1\right)+c=ax_1^2+bx_1+c=f(x_1) \end{aligned}$$

이로부터 $f(x_2)=f(x_1)$을 알 수 있으며, 함수 $f(x)=ax^2+bx+c$는 $x=-\frac{b}{2a}$에 대해 대칭이다.

이차함수 $f(x)=ax^2+bx+c$는 $x=-\frac{b}{2a}$에 대해 대칭이므로, 직선 $x=-\frac{b}{2a}$를 이차함수 $f(x)$의 축이라 부르고, 이차함수 $f(x)$와 축 $x=-\frac{b}{2a}$의 교점을 꼭짓점이라 부른다. 이차함수 $f(x)=ax^2+bx+c$에 $x=-\frac{b}{2a}$를 대입하여 꼭짓점의 좌표를 구하면, 다음과 같다.

$$\left(-\frac{b}{2a},\frac{4ac-b^2}{4a}\right)$$

예를 들어, 이차함수 $f(x)=x^2-4x+\sqrt{5}$를 생각하자. 그러면, $f(x)$는 $x<2$에서 $f(x)$는 감소하며, $x>2$에 증가한다. 한편 $f(x)$는 $x=2$에 대해 대칭이다.

이차함수의 절편 이차함수 $f(x)=ax^2+bx+c$에서 $x=0$을 대입하면 y절편이 얻어지고, $y=0$을 대입하면 x절편이 얻어진다.

y절편은 $y=c$이다. x절편을 구하자. $y=0$을 대입하면, $ax^2+bx+c=0$이 된다. 그러므로, 다음과 같이 x절편을 구할 수 있다.

$$\begin{aligned} &ax^2+bx+c=a\left(x+\frac{b}{2a}\right)^2+\frac{4ac-b^2}{4a}=0 \\ &a\left(x+\frac{b}{2a}\right)^2=\frac{b^2-4ac}{4a},\quad \left(x+\frac{b}{2a}\right)^2=\frac{b^2-4ac}{4a^2} \\ &x+\frac{b}{2a}=\frac{\pm\sqrt{b^2-4ac}}{2a} \\ &x=\frac{-b\pm\sqrt{b^2-4ac}}{2a} \end{aligned}$$

살펴본 것과 같이 x절편은 $x = \frac{-b \pm \sqrt{b^2-4ac}}{2a}$이다. 이때 제곱근호 안의 식 $b^2 - 4ac$를 판별식이라 하며, $D = b^2 - 4ac$로 나타낸다. $D > 0$이면 x절편은 $x = \frac{-b \pm \sqrt{b^2-4ac}}{2a}$로 2개이며, $D = 0$이면 x절편은 $x = -\frac{b}{2a}$이고, $D < 0$이면 x절편은 없다.

결국, 이차함수의 절편에 대해 다음을 알 수 있다.

> 이차함수 $f(x) = ax^2 + bx + c$의 x절편, y절편은 다음과 같다.
>
> (1) $D = b^2 - 4ac > 0$이면 x절편으로 $x = \frac{-b \pm \sqrt{b^2-4ac}}{2a}$를 가진다.
>
> (2) $D = b^2 - 4ac = 0$이면 x절편으로 $x = -\frac{b}{2a}$를 가진다.
>
> (3) $D = b^2 - 4ac < 0$이면 x절편을 가지지 않는다.
>
> (4) y절편은 $y = c$이다.

이차함수 $f(x) = ax^2 + bx + c$의 x절편은 이차방정식 $ax^2 + bx + c = 0$의 해가 된다. 즉, 이차방정식 $ax^2 + bx + c = 0$의 해는 다음과 같다.

$$x = \frac{-b \pm \sqrt{b^2 - 4ac}}{2a}$$

이차함수의 그래프 살펴본 이차함수 $f(x) = ax^2+bx+c$의 성질들로부터 이차함수의 그래프를 추측하자. $a > 0, a < 0$인 경우로 나누어 살펴보자.

(1) $a > 0$인 경우에 이차함수 $f(x) = ax^2 + bx + c$는 다음 성질을 가진다.

- 최솟값을 가지며 그 점의 좌표는 $\left(-\frac{b}{2a}, \frac{4ac-b^2}{4a}\right)$이다.
- $(-\infty, -\frac{b}{2a}]$에서 감소하고 $[-\frac{b}{2a}, \infty)$에서 증가한다.
- 축이 $x = -\frac{b}{2a}$이다.
- 꼭짓점의 좌표가 $\left(-\frac{b}{2a}, \frac{4ac-b^2}{4a}\right)$이다.
- x절편은 $D > 0$이면 $x = \frac{-b \pm \sqrt{b^2-4ac}}{2a}$, $D = 0$이면 $x = -\frac{b}{2a}$, $D < 0$이면 x절편이 없다. y절편은 $y = c$이다.

이 성질들을 바탕으로 이차함수 $f(x) = ax^2 + bx + c$의 그래프를 살펴보자. $a > 0$, y절편 $c < 0$이고, 축이 $x = -\frac{b}{2a} > 0$이며, $D = b^2 - 4ac > 0$인 경우를 생각하자

(축 $x = -\frac{b}{2a} > 0$이면 $a > 0$이므로 $b < 0$이다). 이러한 경우에 이차함수 $f(x) = ax^2 + bx + c$의 그래프는 다음과 같다.

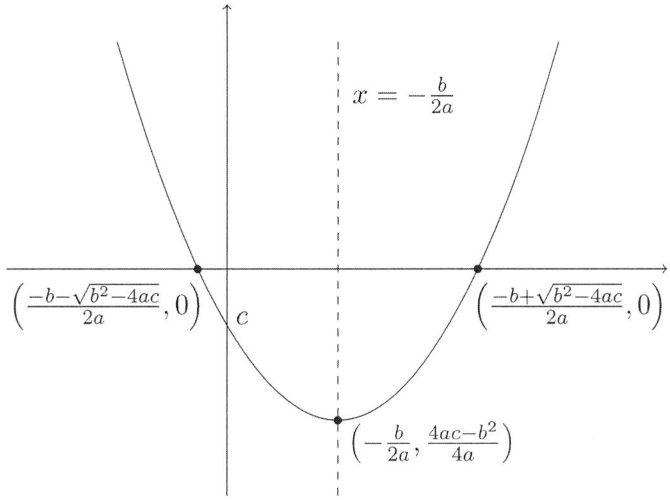

이 그래프에서 $a > 0$, 축이 $x = -\frac{b}{2a} > 0$이며, $D = b^2 - 4ac > 0$인 것은 그대로 두고, y절편이 $c > 0$이 되면 그래프는 다음에서 실선이 된다. 실선의 그래프에서 $x = -\frac{b}{2a} < 0$으로 바꾸면, 점선의 그래프가 된다.

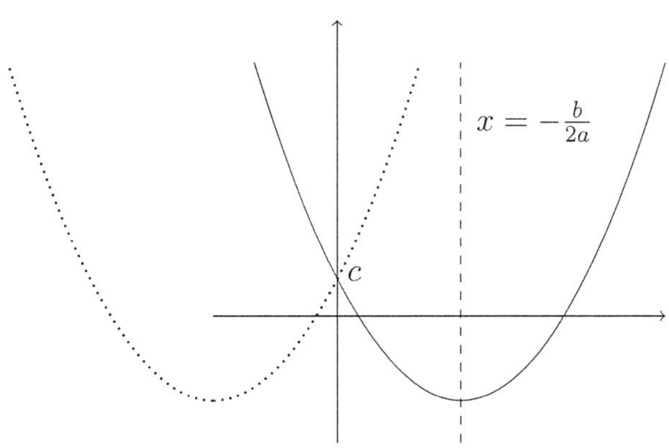

$a > 0$, y절편 $c > 0$이고, 축이 $x = -\frac{b}{2a} < 0$이며, $D = b^2 - 4ac = 0$인 경우를 생각하자. 이러한 경우에 $f(x) = ax^2 + bx + c$의 그래프는 실선이 된다. 그리고 이 그래프에서 축의 위치와 $D = b^2 - 4ac < 0$으로 하면 점선의 그래프가 된다.

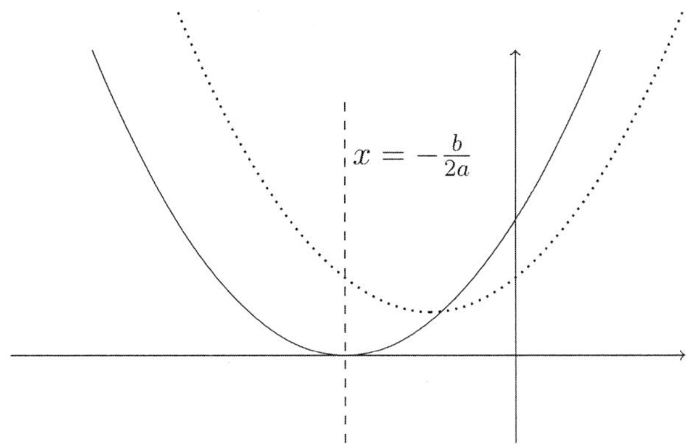

(2) $a<0$인 경우에 이차함수 $f(x)=ax^2+bx+c$는 다음 성질을 가진다.

• 최댓값을 가지며 그 점의 좌표는 $\left(-\frac{b}{2a}, \frac{4ac-b^2}{4a}\right)$이다.

• $(-\infty, -\frac{b}{2a}]$에서 증가하고 $[-\frac{b}{2a}, \infty)$에서 감소한다.

• 축이 $x=-\frac{b}{2a}$이다.

• 꼭짓점의 좌표가 $\left(-\frac{b}{2a}, \frac{4ac-b^2}{4a}\right)$이다.

• x절편은 $D>0$이면 $x=\frac{-b\pm\sqrt{b^2-4ac}}{2a}$, $D=0$이면 $x=-\frac{b}{2a}$, $D<0$이면 x절편이 없다. y절편은 $y=c$이다.

이 성질들을 바탕으로 이차함수 $f(x)=ax^2+bx+c$의 그래프를 살펴보자. $a<0$, y절편 $c>0$이고, 축이 $x=-\frac{b}{2a}>0$이며, $D=b^2-4ac>0$인 경우의 그래프는 다음과 같다.

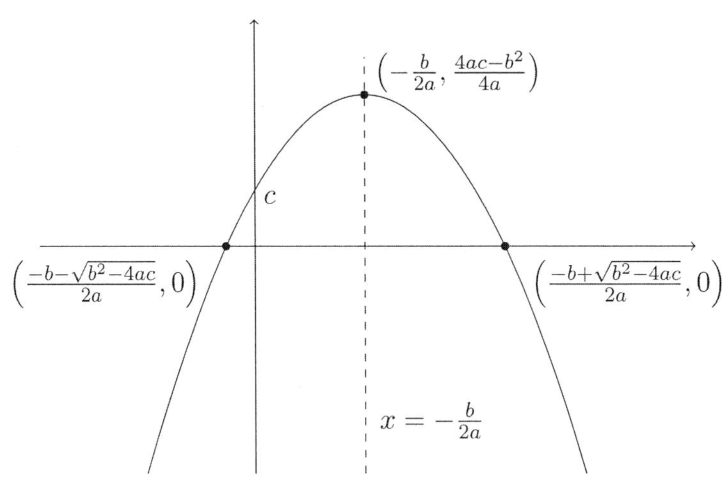

이제, $f(x) = ax^2 + bx + c$에서 $b = 0$인 경우를 생각하자. 이때 $f(x) = ax^2 + c$가 되며, 축은 $x = -\frac{b}{2a} = 0$이 된다. 즉, 이차함수 $f(x) = ax^2 + c$는 축이 y축이며 y축에 대해 대칭이 된다.

y축에 대한 대칭성이 있는 경우에는 $y = f(x)$에서 x대신 $-x$를 대입해도 그 식이 변하지 않는다. 즉 $f(x) = f(-x)$이며, 이러한 등식을 만족시키는 함수를 우함수(짝함수)라고 부른다. 다음은 우함수 $f(x) = ax^2 + c$의 그래프이다. $a < 0$, $c > 0$, $D = b^2 - 4ac > 0$인 경우는 실선이고, $a > 0$, $c < 0$, $D = b^2 - 4ac > 0$인 경우는 점선이다.

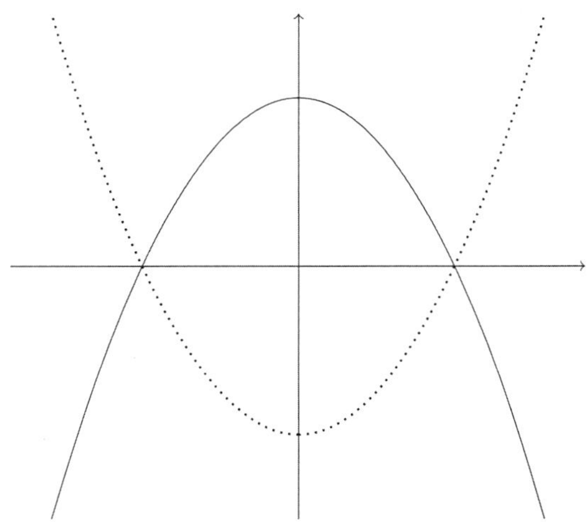

$f(x) = ax^2 + c$에서 x대신 $-x$를 대입하면, $f(-x) = a(-x)^2 + c = ax^2 + c$이므로 $f(x) = f(-x)$이다. 다른 우함수로, $f(x) = ax^4 + bx^2 + c$, $f(x) = ax^6 + bx^4 + cx^2 + d, \ldots, f(x) = a_n x^{2n} + a_{n-1}x^{2n-2} + \cdots + a_1 x^2 + a_0$를 생각할 수 있다.

한편, 원점에 대한 대칭성을 가지는, 즉 $y = f(x)$에서 x대신 $-x$, y대신 $-y$를 대입해도 식이 변하지 않는 경우를 기함수(홀함수)라고 부른다. $f(-x) = -f(x)$를 만족하는 함수가 기함수이다. 예를 들어, $y = x$가 기함수이다.

다른 기함수로, $f(x) = ax^3 + bx + c$, $f(x) = ax^5 + bx^3 + cx + d, \ldots, f(x) = a_n x^{2n-1} + a_{n-1}x^{2n-3} + \cdots + a_1 x + a_0$를 생각할 수 있다.

이차함수의 이동 이차함수 $f(x) = y = ax^2 + bx + c$를 평행이동이라는 관점에서 살펴보자. 식 $y = ax^2 + bx + c$를 완전제곱식으로 바꾸면, 다음과 같다.

$$y = ax^2 + bx + c = a\left(x + \frac{b}{2a}\right)^2 + \frac{4ac - b^2}{4a}$$

즉, $y = ax^2 + bx + c$를 다음과 같이 쓸 수 있다.

$$y - \frac{4ac - b^2}{4a} = a\left(x + \frac{b}{2a}\right)^2$$

이로부터, 이차함수의 평행이동에 대한 다음 성질을 알 수 있다.

> 이차함수 $y = ax^2 + bx + c$는 $y = ax^2$을 x축으로 $-\frac{b}{2a}$만큼, y축으로 $\frac{4ac-b^2}{4a}$ 만큼 평행이동하여 얻어진다.

결국, 이차함수 $y = ax^2 + bx + c$는 $y = ax^2$과 평행이동에 의해 포개진다는 것을 알 수 있다. 예를 들어, $y = \frac{3}{2}x^2 - 5x + 3$을 평행이동하여 $y = \frac{3}{2}x^2$과 포갤 수 있다.

그러므로 이차함수 $y = ax^2 + bx + c$에서 a의 값이 같은 함수들은 모두 평행이동에 의해 포개질 수 있으며, a값은 그래프의 모양(폭)을 결정한다는 것을 알 수 있다. 그리고 b는 축의 위치에 관련되며, c는 y절편이다.

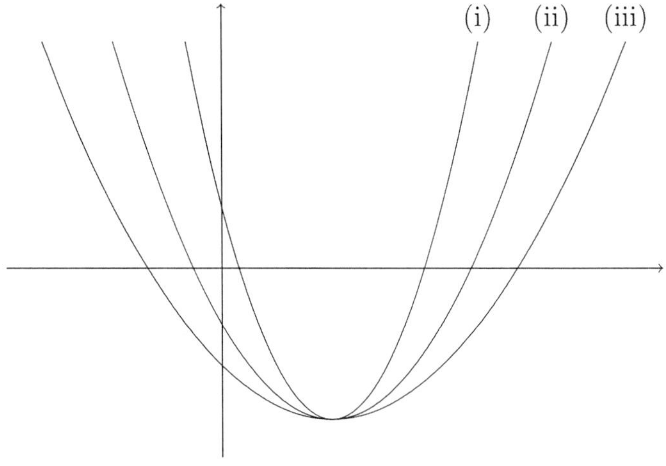

a값이 커지면 그래프의 폭이 좁아지며, a값이 작아지면 그래프의 폭이 넓어진다. 앞의 그래프에서 그래프 (i)의 a값을 a_1, 그래프 (ii)의 a값을 a_2, 그래프 (iii)의 a값을 a_3라 하면, 다음 부등식이 성립한다.

$$a_3 < a_2 < a_1$$

이제, $y = ax^2 + b_1x + c_1$과 $y = -ax^2 + b_2x + c_2$의 그래프에 관계에 대해 살펴보자. $y = -ax^2$와 $y = ax^2$의 그래프는 x축에 대해 대칭이다. 한편 $y = ax^2 + b_1x + c_1$의 그래프는 $y = ax^2$의 그래프를 평행이동시켜 얻어지며, $y = -ax^2 + b_2x + c_2$의 그래프는 $y = -ax^2$의 그래프를 평행이동시켜 얻어진다. 이로부터, $y = ax^2 + b_1x + c_1$과 $y = -ax^2 + b_2x + c_2$에 대해 다음 성질을 알 수 있다.

> 이차함수 $y = ax^2 + b_1x + c_1$과 $y = -ax^2 + b_2x + c_2$는 평행이동과 대칭이동에 의해 포개어진다. 즉, $y = ax^2 + b_1x + c_1$과 $y = -ax^2 + b_2x + c_2$는 점대칭이다.

$y = ax^2 + b_1x + c_1$의 꼭짓점을 $P(m_1, n_1)$, $y = -ax^2 + b_2x + c_2$의 꼭짓점을 $Q(m_2, n_2)$라 하자. 이때, $y = ax^2 + b_1x + c_1$과 $y = -ax^2 + b_2x + c_2$는 점대칭을 이루며, 이 점대칭에서 대칭의 중심은 선분 PQ의 중점 $(\frac{m_1+m_2}{2}, \frac{n_1+n_2}{2})$이다. 이러한 대칭성을 이용하여, 다음과 같은 문제를 해결할 수 있다.

> 이차함수 $f(x) = x^2 - 2x$, $g(x) = -x^2 + 14x - 51$이 주어졌다.
> (1) $f(x), g(x)$의 점대칭의 중심을 구하여라.
> (2) $f(x), g(x)$에 속하는 점을 각각 M, N이라 하자. 선분 MN 길이의 정숫값인 최솟값을 구하여라.

$f(x)$, $g(x)$의 꼭짓점을 각각 F, G라 하면, $f(x)$와 $g(x)$의 점대칭의 중심은 선분 FG의 중점이다. 이제, $f(x)$와 $g(x)$의 꼭짓점의 좌표를 구하자.

$f(x)$의 꼭짓점은 $F(1, -1)$이고 $g(x)$의 꼭짓점은 $G(7, -2)$이다. 선분 FG의 중점은 $Q(4, -\frac{3}{2})$이며, 점 Q가 점대칭의 중심이다.

이제 선분 MN의 길이를 구하자. 점 Q가 점대칭의 중심이므로, $\overline{MQ} = \overline{NQ}$이며, $\overline{MN} = 2\overline{MQ}$가 된다. 점 M의 좌표를 (x, y)라 놓으면, 다음을 알 수 있다.

$$\overline{MN} = 2\overline{MQ} = \sqrt{4(x-4)^2 + 4\left(y + \frac{3}{2}\right)^2} = \sqrt{4(x-4)^2 + 4\left(x^2 - 2x + \frac{3}{2}\right)^2}$$

식 $\sqrt{4(x-4)^2 + 4\left(x^2 - 2x + \frac{3}{2}\right)^2}$의 최솟값을 구하자.

일반적으로, 최솟값을 구하는 방법은 크게 두 가지를 생각할 수 있다. 하나는 도함수를 이용하는 방법이고, 하나는 완전제곱식을 이용하는 방법이다.

얻어진 식의 제곱근호 안을 전개하면, $4x^4 - 16x^3 + 32x^2 - 56x + 73$이다. 이 식의 도함수를 구하면, 다음과 같다.

$$16x^3 - 48x^2 + 64x - 56 = 8(2x^3 - 6x^2 + 8x - 7)$$

그런데, $2x^3 - 6x^2 + 8x - 7$을 유리수 범위에서 인수분해를 하기 어렵다.

이제, 완전제곱식을 이용하자. 이를 위해, 식을 다음과 같이 변형시키자.

$$\begin{aligned} &4x^4 - 16x^3 + 32x^2 - 56x + 73 \\ &\qquad = 4x^2(x^2 - 4x + 4) - 16x^2 + 32x^2 - 56x + 73 \\ &\qquad = 4\{x^2(x-2)^2\} + 16x^2 - 56x + 73 \\ &\qquad = 4\{x^2(x-2)^2\} + (4x-7)^2 + 24 \end{aligned}$$

$x^2(x-2)^2 \geq 0, (4x-7)^2 \geq 0$이므로, $\overline{MN} \geq \sqrt{24}$이다. 제곱근호 안에 완전제곱식이 하나인 경우에는 문제가 없는데, 지금처럼 완전제곱식이 2개인 경우에는 약간 섬세한 접근이 필요하다. 즉, $x^2(x-2)^2 \geq 0$과 $(4x-7)^2 \geq 0$이며 $\overline{MN} = 5$가 되는 정숫값 x가 실제로 존재하는지를 확인해야 한다. 여기서는 $x = 2$를 대입하면, $\overline{MN}$의 정숫값인 최솟값 5를 얻을 수 있다.

2. 이차방정식의 근

이차방정식의 근의 개수 이차방정식 $ax^2+bx+c = 0$은 두 개이하의 실근을 가진다는 것이 알려져 있다. 귀류법을 이용하면, 이 사실을 증명할 수 있다.

가령, 이차방정식 $ax^2+bx+c=0$이 서로 다른 세 실근 x_1, x_2, x_3을 가진다고 가정하자. 그러면, 다음이 성립한다.

$$ax_1^2+bx_1+c=0, \quad ax_2^2+bx_2+c=0, \quad ax_3^2+bx_3+c=0$$

이제 $ax_1^2+bx_1+c=0$에서 $ax_2^2+bx_2+c=0$을 뺀 다음, 다음과 같이 정리할 수 있다.

$$\begin{aligned} ax_1^2+bx_1+c-(ax_2^2+bx_2+c) &= a(x_1^2-x_2^2)+b(x_1-x_2) \\ &= (x_1-x_2)\{a(x_1+x_2)+b\}=0 \end{aligned}$$

이때 $x_1 \neq x_2$이므로, $a(x_1+x_2)+b=0$이다.

한편, $ax_1^2+bx_1+c=0$에서 $ax_3^2+bx_3+c=0$을 빼서, 같은 방법으로 정리하면 $a(x_1+x_3)+b=0$이 된다.

이제, $a(x_1+x_2)+b=0$에서 $a(x_1+x_3)+b=0$을 빼서, 다음과 같이 정리하자.

$$a(x_1+x_2)+b-\{a(x_1+x_3)+b\}=a(x_2-x_3)=0$$

결국, $x_2=x_3$가 얻어지는데, 이것은 x_1, x_2, x_3가 서로 다른 실근이라는 가정에 모순된다. 그러므로, 이차방정식 $ax^2+bx+c=0$은 서로 다른 세 실근 x_1, x_2, x_3을 가질 수 없다.

완전제곱식을 이용한 근의 공식 이차방정식 $ax^2+bx+c=0$의 근은 일반적으로 다음과 같이 유도된다.

$$\begin{aligned} ax^2+bx+c &= a\left(x^2+\frac{b}{a}x+\left(\frac{b}{2a}\right)^2\right)-a\left(\frac{b}{2a}\right)^2+c \\ &= a\left(x+\frac{b}{2a}\right)^2-\frac{b^2-4ac}{4a}=0 \end{aligned}$$

이로부터, 다음을 알 수 있다.

$$\left(x+\frac{b}{2a}\right)^2=\frac{b^2-4ac}{4a^2}, \quad x=-\frac{b}{2a}\pm\frac{\sqrt{b^2-4ac}}{2a}$$

결국, 이차방정식 $ax^2+bx+c=0$의 근은 다음과 같다.

$$x=\frac{-b\pm\sqrt{b^2-4ac}}{2a}$$

이 식을 이차방정식 $ax^2+bx+c=0$의 근의 공식이라 부른다.

치환을 이용한 근의 공식 이차방정식 $ax^2+bx+c=0$의 근을 구하는 다른 방법을 살펴보자. 우선, 이차방정식 $ax^2+bx+c=0$에 적당한 치환을 이용하여 x항을 없애고, $px^2-q=0$와 같은 이항식을 만들자. 그러면, $px^2-q=0$은 다음과 같은 근을 가지게 된다.

$$px^2=q, \quad x^2=\frac{q}{p}, \quad x=\pm\sqrt{\frac{q}{p}}$$

$ax^2+bx+c=0$을 $px^2-q=0$으로 변형시키기 위해, $ax^2+bx+c=0$에서 $x=y-\frac{b}{2a}$로 치환하자. 그러면, 다음을 얻을 수 있다.

$$\begin{aligned} ax^2+bx+c &= a\left(y-\frac{b}{2a}\right)^2+b\left(y-\frac{b}{2a}\right)+c \\ &= a\left(y^2-\frac{b}{a}y+\frac{b^2}{4a^2}\right)+by-\frac{b^2}{2a}+c \\ &= ay^2-by+\frac{b^2}{4a}+by-\frac{b^2}{2a}+c \\ &= ay^2-\frac{b^2-4ac}{4a} \end{aligned}$$

그러면, 이항식 $ay^2-\frac{b^2-4ac}{4a}=0$으로부터 다음의 해가 얻어진다.

$$y=\pm\frac{\sqrt{b^2-4ac}}{2a}$$

이제, $x=y-\frac{b}{2a}$이므로, 여기에 얻어진 y를 대입하면 근의 공식이 얻어진다.

살펴본 방법은 삼차방정식 $ax^3+bx^2+cx+d=0$을 풀 때에도 이용된다. 삼차방정식에서는 $x=y-\frac{b}{3a}$로 치환하면 x^2항의 계수가 0이 되어 $px^3+qx+r=0$인 꼴의 방정식이 얻어지고, 이로부터 3차방정식의 근의 공식을 유도한다.

보조방정식을 이용한 근의 공식 이차방정식 $ax^2+bx+c=0$의 근의 공식을 보조방정식을 이용하여 구하는 방법을 살펴보자. 이차방정식 $ax^2+bx+c=0$에서 양변을 a로 나누면, $x^2+mx+n=0$인 꼴의 방정식이 얻어진다.

이제, $x^2+mx+n=0$의 근을 구하면 된다. 이 근을 구하기 위해, 여기서는 인수분해가 쉽게 되는 방정식 $(x+p)^2-q^2=0$을 보조방정식으로 이용할 것이다.

$(x+p)^2-q^2=(x+p-q)(x+p+q)=0$이므로, $(x+p)^2-q^2=0$의 근은 $x=-p+q, x=-p-q$임을 쉽게 알 수 있다.

이제, 방정식 $x^2+mx+n=0$와 $(x+p)^2-q^2=0$의 계수를 같게 만들면, $x^2+mx+n=0$와 $(x+p)^2-q^2=0$의 근도 같게 될 것이다.

$(x+p)^2-q^2=0$을 전개하면, $x^2+2px+p^2-q^2=0$이다. 이때, 얻어진 식의 계수를 $x^2+mx+n=0$의 계수와 비교하면, 다음을 알 수 있다.

$$m=2p, \quad n=p^2-q^2$$

$m=2p, n=p^2-q^2$에서 p,q를 구하면, 다음과 같다.

$$p=\frac{m}{2}, \quad q=\pm\sqrt{\frac{m^2}{4}-n}$$

이것을 $(x+p)^2-q^2=0$의 근 $x=-p+q$에 대입하면, $x^2+mx+n=0$의 근을 다음과 같이 구할 수 있다.

$$x=-p+q=-\frac{m}{2}\pm\sqrt{\frac{m^2}{4}-n}=\frac{-m\pm\sqrt{m^2-4n}}{2}$$

한편, $x=-p-q$에 대입하면, 다음이 얻어진다.

$$x=-p-q=-\frac{m}{2}\mp\sqrt{\frac{m^2}{4}-n}=\frac{-m\mp\sqrt{m^2-4n}}{2}$$

결국, $x=-p+q$와 $x=-p-q$를 계산하여 얻은 해 x가 모두 같으며, 이차방정식 $x^2+mx+n=0$의 해는 다음과 같음을 알 수 있다.

$$x=-\frac{m}{2}\pm\sqrt{\frac{m^2}{4}-n}=\frac{-m\pm\sqrt{m^2-4n}}{2}$$

살펴본 이차방정식 $ax^2+bx+c=0$의 풀이에서는 보조방정식으로 쉽게 인수분해되는 방정식 $(x+p)^2-q^2=0$을 이용하였다.

보조방정식을 이용하여 이차방정식 $ax^2+bx+c=0$을 푸는 다른 방법을 살펴보자. $ax^2+bx+c=0$에서 양변을 a로 나누면, $x^2+\frac{b}{a}x+\frac{c}{a}=0$이 된다. 이제, $\frac{b}{a}=p, \frac{c}{a}=q$라 놓고, $x^2+px+q=0$을 풀자.

여기서는 보조방정식으로 $(mx+n)^2 = m^2x^2 + 2mnx + n^2 = 0$을 이용하자. 이 보조방정식의 x^2항의 계수는 m^2이고, 방정식 $x^2+px+q=0$의 x^2항의 계수는 1이다. 그러므로, 보조방정식에 x^2항을 만들기 위해, 다음과 같이 변형하자.

$$(mx+n)^2 = m^2x^2 + 2mnx + n^2 + x^2 - x^2 = x^2 + 2mnx + n^2 + m^2x^2 - x^2$$

$(mx+n)^2 = x^2 + 2mnx + n^2 + m^2x^2 - x^2$으로부터, 다음 식을 얻을 수 있다.

$$x^2 + 2mnx + n^2 = (mx+n)^2 - m^2x^2 + x^2$$

다항식 $x^2+2mnx+n^2$과 x^2+px+q의 계수를 비교하면, $2mn = p, n^2 = q$이다. 이로부터 m, n을 구하면 다음과 같다.

$$n = \pm\sqrt{q}, \quad m = \pm\frac{p}{2\sqrt{q}}$$

결국, 방정식 $x^2+px+q=0$을 푸는 것은 방정식 $(mx+n)^2 - m^2x^2 + x^2 = 0$에 $n = \pm\sqrt{q}, m = \pm\frac{p}{2\sqrt{q}}$을 대입하여 푸는 것과 같은 의미를 가진다. 실제로, 대입하면 다음과 같다.

$$(mx+n)^2 - m^2x^2 + x^2 = \left(\frac{p}{2\sqrt{q}}x + \sqrt{q}\right)^2 - \left(\frac{p}{2\sqrt{q}}\right)^2 x^2 + x^2 = 0$$

이 방정식의 양변에 $4q$를 곱해서 정리하면, 다음과 같다.

$$(px+2q)^2 - p^2x^2 + 4qx^2 = 0, \quad (px+2q)^2 = (p^2-4q)x^2$$

이 방정식을 풀면, 다음이 얻어진다.

$$px + 2q = \pm x\sqrt{p^2-4q}, \quad (\pm\sqrt{p^2-4q} - p)x = 2q$$

이로부터 $x = \frac{2q}{\pm\sqrt{p^2-4q}-p}$이며, 분모를 유리화시키면, 다음과 같다.

$$x = \frac{2q}{\pm\sqrt{p^2-4q}-p} = \frac{2q(p \pm \sqrt{p^2-4q})}{-4q} = \frac{-p \pm \sqrt{p^2-4q}}{2}$$

얻어진 식은 방정식 $x^2+px+q=0$의 근이다.

근의 공식 유도에서 작은 아이디어 이차방정식 $ax^2+bx+c=0$에서 근의 공식을 유도할 때, 다음과 같이 x^2항의 계수 a를 묶어내어 완전제곱식을 유도하였다.

$$ax^2+bx+c=a\left(x^2+\frac{b}{a}x+\left(\frac{b}{2a}\right)^2\right)-a\left(\frac{b}{2a}\right)^2+c$$

a를 묶어내지 않고 완전제곱식을 만드는 방법을 생각하자. $ax^2+bx+c=0$의 양변에 $4a$를 곱하자. 그러면, 다음을 얻을 수 있다.

$$4a^2x^2+4abx+4ac=0$$

이제, 다음과 같이 완전제곱식을 만들자.

$$\begin{aligned}4a^2x^2+4abx+4ac&=(4a^2x^2+4abx+b^2)-b^2+4ac\\&=(2ax+b)^2-(b^2-4ac)\end{aligned}$$

$4a^2x^2+4abx+4ac=0$으로부터 $(2ax+b)^2=b^2-4ac$이 얻어진다. 이제, 양변에 제곱근을 취하자. 그러면, 다음과 같은 일차방정식이 얻어지고, 근의 공식을 유도할 수 있다.

$$2ax+b=\pm\sqrt{b^2-4ac},\quad x=\frac{-b\pm\sqrt{b^2-4ac}}{2a}$$

계수가 정수인 이차방정식의 근의 공식 이차방정식 $ax^2+bx+c=0$의 계수 a,b,c가 정수인 경우에 근의 공식을 유도하는 방법을 살펴보자.[1] 우선, $x=\frac{y}{2a}$로 치환하자. 그러면, $ax^2+bx+c=0$은 $y^2+2by+4ac=0$이 된다.

다항식 $y^2+2by+4ac$를 $y-1$에 대한 내림차순으로 다음과 같이 나타내자.

$$\begin{aligned}y^2+2by+4ac&=(y^2-2y+1)+2y-1+2by+4ac\\&=(y-1)^2+(2b+2)y+4ac-1\\&=(y-1)^2+(2b+2)y-(2b+2)+(2b+2)+4ac-1\\&=(y-1)^2+2(b+1)(y-1)+4ac+2b+1\end{aligned}$$

[1] N.Agronomov(1914)의 '이차방정식의 두 가지 해법에 대해'에 제시된 내용을 참고하였다.

얻어진 식에서 $y-1=y_1$이라 놓으면, $y_1^2+2(b+1)y_1+4ac+2b+1=0$을 얻게 된다.

한편, $y^2+2by+4ac$을 $y-1$에 대한 내림차순으로 나타내는 다른 방법으로, 다음과 같이 할 수 있다.

1	1	$2b$	$4ac$
		1	$2b+1$
1	1	$2b+1$	$\boxed{4ac+2b+1}$
		1	
	$\boxed{1}$	$\boxed{2b+2}$	

그림에서 네모칸에 있는 식이 각각 $(y-1)^2=y_1^2, (y-1)=y_1$의 계수, 상수항이 된다. 이로부터, 다음과 같이 쓸 수 있다.

$$y^2+2by+4ac=y_1^2+(2b+2)y_1+(4ac+2b+1)$$

y에 대한 식에서 y_1에 대한 식으로 변화될 때, y^2과 y_1^2의 계수, y와 y_1의 계수 변화, 상수항들의 변화에 주목하자.

y^2과 y_1^2의 계수는 변함없이 1이다. y와 y_1의 계수를 비교하면, y_1의 계수가 y의 계수보다 2만큼 크다. 상수항에서는 $2b+1$만큼 증가되었다.

이제, y_1에 대한 식을 y_1-1에 대한 내림차순으로, 즉 $y_2=y_1-1=y-2$에 대한 식으로 바꿀 때의 y_1^2, y_2^2의 계수, y_1, y_2의 계수, 상수항들의 변화를 앞의 그림으로부터 추측할 수 있다.

y_2^2의 계수는 1이 될 것이고, y_2의 계수는 $(2b+2)+2=2(b+2)$가 될 것이며, 상수항은 $(4ac+2b+1)+(2b+3)=4ac+4b+4$가 될 것이다(실제로 확인해 보자).

결국, 방정식 $y_1^2+2(b+1)y_1+4ac+2b+1=0$을 y_2에 대한 내림차순으로 정리하면, 다음과 같다.

$$y_2^2+2(b+2)y_2+4ac+4b+4=0$$

같은 방법으로, y_2에 대한 방정식을 $y_3=y_2-1=y-3$에 대한 내림차순으로 나타내면, 다음과 같이 된다.

$$y_3^2 + 2(b+3)y_3 + 4ac + 6b + 9 = 0$$

이와 같은 과정을 반복하면, $y_n = y_{n-1} - 1 = y - n$에 대한 다음 방정식을 얻을 수 있다.

$$y_n^2 + 2(b+n)y_n + (4ac + 2nb + n^2) = 0$$

얻어진 y_n에 대한 이차방정식에서 $b = -n$이라 하면(즉, n이 자연수이므로 b를 음의 정수로 잡으면 됨), y_n의 항이 사라지게 된다.

실제로, b를 음의 정수라고 가정하자. y_n에서 n을 $n = -b$가 되도록 반복하자. 그러면 y_n에 대한 이차방정식 $y_n^2 + (4ac + 2nb + n^2) = 0$이 $y_n^2 + (4ac - b^2) = 0$이 되고, 이 방정식을 쉽게 풀 수 있다.

이때 $y_n = \pm\sqrt{b^2 - 4ac}$이다. $y_n = y - n = y + b$이므로, $y = -b \pm \sqrt{b^2 - 4ac}$이다. 이제, $x = \frac{y}{2a}$를 생각하면, 다음과 같은 근의 공식을 얻을 수 있다.

$$x = \frac{-b \pm \sqrt{b^2 - 4ac}}{2a}$$

이제, $ax^2 + bx + c = 0$에서 b가 양의 정수인 경우를 생각하자. 이때 x를 $-t$로 치환하면, $ax^2 + bx + c = 0$이 $t^2 - bt + c = t^2 + (-b)t + c = 0$이 된다. b가 음수인 경우와 마찬가지로, 방정식 $t^2 + (-b)t + c = 0$을 풀면, 다음을 얻을 수 있다.

$$t = \frac{-(-b) \pm \sqrt{b^2 - 4ac}}{2a} = \frac{b \pm \sqrt{b^2 - 4ac}}{2a}$$

이로부터, $x = -t = \frac{-b \pm \sqrt{b^2 - 4ac}}{2a}$가 되어, b가 양의 정수, 음의 정수인 모든 경우에 대해 근의 공식이 유도된다.

근의 공식을 삼각함수로 나타내기 이차방정식의 근의 공식을 삼각함수를 이용하여 나타내자. 이차방정식 $x^2 - bx + c = 0$을 생각하면, 근의 공식에 의해 다음을 얻을 수 있다.

$$x = \frac{b \pm \sqrt{b^2 - 4c}}{2} = \frac{b \pm b\sqrt{1 - \frac{4c}{b^2}}}{2}$$

실근인 경우, 즉 $b^2-4c \geq 0, b^2 \geq 4c$인 경우에 대해 생각하자. 이때 $\frac{4c}{b^2} \leq 1$이므로, $\frac{2\sqrt{c}}{b} = \sin\theta$로 놓을 수 있다(이를 위해, $c \geq 0$이라 하자. 즉, $b \geq 2\sqrt{c} \geq 0$인 경우를 생각한다). $\frac{2\sqrt{c}}{b} = \sin\theta$로 치환하면, 다음과 같이 정리된다.

$$x = \frac{b \pm b\sqrt{1-\frac{4c}{b^2}}}{2} = \frac{b \pm b\sqrt{1-\sin^2\theta}}{2} = \frac{b \pm b|\cos\theta|}{2} = \frac{b \pm b\cos\theta}{2}$$

$x = \frac{b+b\cos\theta}{2}$인 경우에, 반각공식을 이용하여 식을 다음과 같이 정리할 수 있다.

$$x = \frac{b+b\cos\theta}{2} = b \times \frac{1+\cos\theta}{2} = b\cos^2\frac{\theta}{2}$$

$x = \frac{b-b\cos\theta}{2}$인 경우에, 반각공식을 이용하여 식을 유사한 방법으로 정리하면, 다음을 얻을 수 있다.

$$x = \frac{b-b\cos\theta}{2} = b \times \frac{1-\cos\theta}{2} = b\sin^2\frac{\theta}{2}$$

결국, $b \geq 2\sqrt{c} \geq 0$인 이차방정식 $x^2-bx+c=0$에서 $\sin\theta = \frac{2\sqrt{c}}{b}$라 치환하면, 이차방정식의 근을 다음과 같이 나타낼 수 있다.

$$x = b\cos^2\frac{\theta}{2}, \quad x = b\sin^2\frac{\theta}{2}$$

한편, 얻어진 $x = b\cos^2\frac{\theta}{2}, b\sin^2\frac{\theta}{2}$에 $b = \frac{2\sqrt{c}}{\sin\theta}$를 대입하여 정리하면, 다른 식을 얻을 수 있다. 이를 살펴보자.

$$\begin{aligned} b\cos^2\frac{\theta}{2} &= \frac{2\sqrt{c}}{\sin\theta} \times \cos^2\frac{\theta}{2} = \frac{2\sqrt{c}}{2\sin\frac{\theta}{2}\cos\frac{\theta}{2}} \times \cos^2\frac{\theta}{2} \\ &= \frac{\sqrt{c}\cos\frac{\theta}{2}}{\sin\frac{\theta}{2}} = \sqrt{c}\cot\frac{\theta}{2} \\ b\sin^2\frac{\theta}{2} &= \frac{2\sqrt{c}}{\sin\theta} \times \sin^2\frac{\theta}{2} = \frac{2\sqrt{c}}{2\sin\frac{\theta}{2}\cos\frac{\theta}{2}} \times \sin^2\frac{\theta}{2} \\ &= \frac{\sqrt{c}\sin\frac{\theta}{2}}{\cos\frac{\theta}{2}} = \sqrt{c}\tan\frac{\theta}{2} \end{aligned}$$

이로부터 $b \geq 2\sqrt{c} \geq 0$인 이차방정식 $x^2-bx+c=0$의 근을 다음과 같이 나타낼 수도 있다는 것을 알 수 있다.

$$x = \sqrt{c}\cot\frac{\theta}{2}, \quad x = \sqrt{c}\tan\frac{\theta}{2}$$

근과 계수의 관계 이차방정식 $ax^2+bx+c=0$의 근 α, β는 다음과 같다.

$$\alpha = \frac{-b+\sqrt{b^2-4ac}}{2a}, \quad \beta = \frac{-b-\sqrt{b^2-4ac}}{2a}$$

이때, 두 근 α, β에 대해 이들의 합 $\alpha+\beta$과 곱 $\alpha\beta$를 실제로 계산하면 다음을 얻을 수 있다.

$$\alpha+\beta = -\frac{b}{a}, \quad \alpha\beta = \frac{c}{a}$$

이 식을 이차방정식의 근과 계수의 관계라고 부른다.

역으로, α, β가 $\alpha+\beta = -\frac{b}{a}, \alpha\beta = \frac{c}{a}$를 만족시킨다고 하자. 그러면, α, β는 이차방정식 $ax^2+bx+c=0$의 근이라는 것을 증명하자.

α가 이차방정식의 근이라는 것을 보이기 위해, α를 ax^2+bx+c에 대입하여 그 값이 0이되는지 확인하자. α를 대입하면, 다음을 얻을 수 있다.

$$ax^2+bx+c = a\alpha^2+b\alpha+c$$

$\alpha+\beta = -\frac{b}{a}$에서 $b = -a(\alpha+\beta)$이고, $\alpha\beta = \frac{c}{a}$에서 $c = a(\alpha\beta)$이다. 이제, b, c 대신에 $b = -a(\alpha+\beta)$, $c = a(\alpha\beta)$를 $a\alpha^2+b\alpha+c$에 대입하자. 그러면, 다음을 얻을 수 있다.

$$a\alpha^2+b\alpha+c = a\alpha^2-a(\alpha+\beta)\alpha+a(\alpha\beta) = a\alpha^2-a\alpha^2-a\alpha\beta+a\alpha\beta = 0$$

이로부터 α가 이차방정식 $ax^2+bx+c=0$의 근이라는 것을 알 수 있다. β에 대해서도 유사한 방법으로 대입하여 계산하면, β가 이차방정식 $ax^2+bx+c=0$의 근이 됨을 알 수 있다.

이제, 근과 계수의 관계를 이용하여 대칭식을 표현하는 것을 살펴보자. 즉, α, β에 대한 대칭식을 $\alpha+\beta, \alpha\beta$로 나타내는 것을 살펴볼 것이다. 간단한 표기를 위해 $\alpha+\beta = u, \alpha\beta = v$로 나타내자.

α, β에 대한 대칭식은 식에서 α, β를 바꾸어도 식이 변함이 없는 식을 말한다. 예를 들어, $\alpha^4+\beta^4$에서 α와 β를 서로 바꾸면 $\beta^4+\alpha^4$이 되며, $\alpha^4+\beta^4 = \beta^4+\alpha^4$이므로 식은 변하지 않았다. 그러므로 $\alpha^4+\beta^4$는 대칭식이다.

한편, 식 $\alpha^3+2\alpha^2\beta+\beta+1$에서 α와 β를 서로 바꾸면, $\beta^3+2\beta^2\alpha+\alpha+1$이 되어 $\alpha^3+2\alpha^2\beta+\beta+1\neq\beta^3+2\beta^2\alpha+\alpha+1$이다. 그러므로 $\alpha^3+2\alpha^2\beta+\beta+1$은 대칭식이 아니다.

이제, α와 β로 된 대칭식을 $\alpha+\beta=u, \alpha\beta=v$로 나타내는 문제를 살펴보자. α와 β로 된 대칭식은 두 종류가 있다. 첫 번째는 $\alpha^2+\beta^2$, $\alpha^3+\beta^3, \alpha^4+\alpha^4, \alpha^5+\beta^5, \cdots$ 와 같은 $\alpha^n+\beta^n$꼴의 식이다.

두 번째는 $\alpha^2\beta^5+\beta^2\alpha^5, 3\alpha\beta^3+3\beta\alpha^3, -7\alpha^2\beta^6-7\beta^2\alpha^6, -\alpha^4\beta^8-\beta^4\alpha^8+\alpha^3\beta^2+\alpha^2\beta^3$ 등과 같이 $\pm k(\alpha^s\beta^t+\alpha^t\beta^s)$꼴의 식들로 구성된 식이다.

첫 번째 형태의 식들을 $\alpha+\beta=u, \alpha\beta=v$로 나타내보자. $\alpha^2+\beta^2=(\alpha+\beta)^2-2\alpha\beta=u^2-2v$로 나타낸다. $\alpha^3+\beta^3=(\alpha+\beta)(\alpha^2-\alpha\beta+\beta^2)=u(\alpha^2+\beta^2-v)$가 된다. 이때 $\alpha^2+\beta^2=u^2-2v$이므로, 이를 대입하면 다음을 얻을 수 있다.

$$\alpha^3+\beta^3=(\alpha+\beta)(\alpha^2-\alpha\beta+\beta^2)=u(\alpha^2+\beta^2-v)=u^3-3uv$$

살펴본 식에서 $\alpha^3+\beta^3$을 u, v로 나타내기 위해, $\alpha^2+\beta^2=u^2-2v$를 이용했다는 것에 주목하자.

이제, $\alpha^4+\beta^4$을 u, v로 나타내자. 여기서는 두 가지 방법을 살펴볼 것이다. 하나는 $\alpha^4+\beta^4$을 완전제곱식을 이용하여 u, v로 나타내는 것이다.

$$\begin{aligned}\alpha^4+\beta^4&=\alpha^4+2\alpha^2\beta^2+\beta^4-2\alpha^2\beta^2=(\alpha^2+\beta^2)^2-2\alpha^2\beta^2\\&=(u^2-2v)^2-2v^2=u^4+2v^2-4u^2v\end{aligned}$$

다른 방법은 $\alpha^3+\beta^3=u^3-3uv$, $\alpha^2+\beta^2=u^2-2v$를 이용하는 것이다. $\alpha^4+\beta^4$은 $(\alpha^3+\beta^3)(\alpha+\beta)$를 전개하여 얻어질 수 있다. 이제, $(\alpha^3+\beta^3)(\alpha+\beta)$를 전개하여 $\alpha^4+\beta^4$을 구하자.

$$\begin{aligned}(\alpha^3+\beta^3)(\alpha+\beta)&=\alpha^4+\alpha^3\beta+\beta^3\alpha+\beta^4=\alpha^4+\beta^4+\alpha\beta(\alpha^2+\beta^2)\\&=\alpha^4+\beta^4+v(u^2-2v)\end{aligned}$$

이제 $\alpha^3+\beta^3=u^3-3uv$를 대입하면, 다음을 알 수 있다.

$$\alpha^4+\beta^4+v(u^2-2v)=(\alpha^3+\beta^3)(\alpha+\beta)$$
$$\alpha^4+\beta^4=(u^3-3uv)u-v(u^2-2v)$$

얻어진 식 $(u^3-3uv)u-v(u^2-2v)$를 전개하여 정리하면, 다음을 얻을 수 있다.

$$\alpha^4+\beta^4=u^4+2v^2-4u^2v$$

이제, $\alpha^5+\beta^5$을 u,v로 나타내자. 여기서는 위의 두 번째 방법을 이용해 보자. $\alpha^5+\beta^5=(\alpha^4+\beta^4)(\alpha+\beta)-\alpha\beta^4-\alpha^4\beta$이므로, 다음과 같이 계산할 수 있다.

$$\begin{aligned}\alpha^5+\beta^5&=(\alpha^4+\beta^4)(\alpha+\beta)-\alpha\beta^4-\alpha^4\beta\\&=(\alpha^4+\beta^4)(\alpha+\beta)-\alpha\beta(\alpha^3+\beta^3)\end{aligned}$$

이때 $\alpha^5+\beta^5$을 계산하기 위해, $\alpha^4+\beta^4$과 $\alpha^3+\beta^3$의 연산 결과를 이용하면 된다. 이제, $\alpha^4+\beta^4=u^4+2v^2-4u^2v$와 $\alpha^3+\beta^3=u^3-3uv$를 대입하면, 다음과 같이 계산할 수 있다.

$$\begin{aligned}\alpha^5+\beta^5&=(\alpha^4+\beta^4)(\alpha+\beta)-\alpha\beta(\alpha^3+\beta^3)\\&=(u^4+2v^2-4u^2v)u-v(u^3-3uv)\\&=u^5+2uv^2-4u^3v-u^3v+3uv^2\\&=u^5-5u^3v+5uv^2\end{aligned}$$

이로부터, 다음을 알 수 있다.

$$\alpha^5+\beta^5=u^5-5u^3v+5uv^2$$

한편, $\alpha^6+\beta^6,\alpha^7+\beta^7,\cdots$도 유사한 방법으로 u,v를 이용하여 나타낼 수 있다. 이제, $\alpha^6+\beta^6,\alpha^7+\beta^7,\cdots$를 구하는 다른 방법으로, $\alpha^6+\beta^6,\alpha^7+\beta^7,\cdots$에 관련된 규칙성을 찾아보자.

$S_k = \alpha^k + \beta^k$라 하자. 앞에서 $\alpha^4 + \beta^4 = S_4$를 $\alpha^3 + \beta^3 = S_3$과 $\alpha^2 + \beta^2 = S_2$를 이용하여 구했고, S_5를 S_4와 S_3을 이용하여 구했다. 이러한 규칙성을 바탕으로 다음을 얻을 수 있다. 이때 a, b, c는 이차방정식 $ax^2 + bx + c = 0$에서 a, b, c이다.

$$aS_k + bS_{k-1} + cS_{k-2} = 0$$

이제, 이것을 증명하자. 이를 위해, $aS_k + bS_{k-1} + cS_{k-2}$에 $aS_k = a(\alpha^k + \beta^k)$, $bS_{k-1} = b(\alpha^{k-1} + \beta^{k-1})$, $cS_{k-2} = c(\alpha^{k-2} + \beta^{k-2})$를 대입하여 계산하면, 다음과 같다.

$$\begin{aligned} aS_k + bS_{k-1} + cS_{k-2} &= a(\alpha^k + \beta^k) + b(\alpha^{k-1} + \beta^{k-1}) + c(\alpha^{k-2} + \beta^{k-2}) \\ &= (a\alpha^k + b\alpha^{k-1} + c\alpha^{k-2}) + (a\beta^k + b\beta^{k-1} + c\beta^{k-2}) \\ &= \alpha^{k-2}(a\alpha^2 + b\alpha + c) + \beta^{k-2}(a\beta^2 + b\beta + c) \end{aligned}$$

α, β는 이차방정식 $ax^2+bx+c=0$의 근이므로, $a\alpha^2+b\alpha+c=0, a\beta^2+b\beta+c=0$이다. 이로부터, 다음이 증명된다.

$$aS_k + bS_{k-1} + cS_{k-2} = 0$$

이제, 얻어진 식에서 양변을 a로 나누어 정리하면 다음을 얻을 수 있다.

$$S_k + \frac{b}{a}S_{k-1} + \frac{c}{a}S_{k-2} = 0, \quad S_k = -\frac{b}{a}S_{k-1} - \frac{c}{a}S_{k-2}$$

$-\frac{b}{a} = u, -\frac{c}{a} = -v$이므로, 다음과 같이 식이 정리된다.

$$S_k = uS_{k-1} - vS_{k-2}$$

가령, 얻어진 등식을 적용하면 $S_6 = \alpha^6 + \beta^6$을 S_5, S_4를 이용하여 다음과 같이 구할 수 있다.

$$\begin{aligned} S_6 &= uS_5 - vS_4 \\ &= u(u^5 - 5u^3v + 5uv^2) - v(u^4 + 2v^2 - 4u^2v) \\ &= u^6 - 6u^4v + 9u^2v^2 - 2v^3 \end{aligned}$$

식 $S_k = uS_{k-1} - vS_{k-2}$를 이용하면, $\alpha^7 + \beta^7, \alpha^8 + \beta^8, \cdots$도 구할 수 있다.

한편, $S_{-k} = \alpha^{-k} + \beta^{-k} = \frac{1}{\alpha^k} + \frac{1}{\beta^k}$는 S_k를 이용하여 다음과 같이 나타낼 수 있다.

$$S_{-k} = \frac{1}{\alpha^k} + \frac{1}{\beta^k} = \frac{\alpha^k + \beta^k}{\alpha^k \beta^k} = \frac{S_k}{v^k}$$

이제, $\pm k(\alpha^s\beta^t + \alpha^t\beta^s)$꼴의 식들로 구성된 식을 u, v로 나타내자. 가령, $s < t$로 가정하자. 그러면, 지수법칙에 의해 다음을 알 수 있다.

$$\alpha^s\beta^t + \alpha^t\beta^s = \alpha^s\beta^s(\beta^{t-s} + \alpha^{t-s}) = v^s S_{t-s}$$

여기서 S_{t-s}는 u, v로 나타낼 수 있으므로, $\alpha^s\beta^t + \alpha^t\beta^s$인 꼴의 식을 u, v로 나타낼 수 있다.

한편, $\frac{1}{\alpha^s\beta^t} + \frac{1}{\alpha^t\beta^s}$도 다음과 같은 방법으로 u, v로 나타낼 수 있다는 것을 알 수 있다.

$$\frac{1}{\alpha^s\beta^t} + \frac{1}{\alpha^t\beta^s} = \frac{\alpha^{t-s} + \beta^{t-s}}{\alpha^t\beta^t} = \frac{S_{t-s}}{v^t}$$

이제, 다음과 같은 문제를 해결할 수 있다.

> 이차방정식 $x^2 - 3x + 5 = 0$의 두 근을 α, β라 하자. 이때 $\alpha^5 + \beta^5$의 값을 구하여라.

근과 계수의 관계에 의해 $\alpha + \beta = u = 3, \alpha\beta = v = 5$이다. 그리고 $\alpha^5 + \beta^5 = u^5 - 5u^3v + 5uv^2$이므로, 구하는 값은 -57이다.

다른 예를 더 살펴보자.

> 이차방정식 $ax^2 + bx + c = 0$의 두 근을 α, β라 하자. 이때 α^4, β^4을 근으로 가지는 이차방정식을 구하여라.

근과 계수의 관계에 의해 $\alpha + \beta = u = -\frac{b}{a}, \alpha\beta = v = \frac{c}{a}$이다. 이로부터 $\alpha^4\beta^4 = \frac{c^4}{a^4}$이다. 한편, $\alpha^4 + \beta^4 = u^4 + 2v^2 - 4u^2v$이므로, 다음과 같이 a, b, c로 나타낼 수 있다.

$$\begin{aligned}\alpha^4 + \beta^4 &= \left(-\frac{b}{a}\right)^4 + 2\left(\frac{c}{a}\right)^2 - 4\left(-\frac{b}{a}\right)^2\left(\frac{c}{a}\right) \\ &= \frac{b^4}{a^4} + \frac{2c^2}{a^2} - \frac{4b^2c}{a^3} = \frac{b^4}{a^4} - \frac{4b^2c}{a^3} + \frac{2c^2}{a^2}\end{aligned}$$

이로부터, α^4, β^4을 근으로 가지는 다음과 같은 이차방정식을 얻을 수 있다.

$$x^2 - \left(\frac{b^4}{a^4} - \frac{4b^2c}{a^3} + \frac{2c^2}{a^2}\right)x + \frac{c^4}{a^4} = 0$$

이 식의 양변에 a^4을 곱하여 정리하면, 다음과 같은 이차방정식을 얻을 수 있다.

$$a^4x^2 - (b^4 - 4ab^2c + 2a^2c^2)x + c^4 = 0$$

근의 공식의 활용 근의 공식을 활용한 문제를 풀어보자. 우선 다음 문제를 풀어보자.

모든 근이 실수인 일반적인 형태의 이차방정식을 구하여라.

근의 공식에 의해, 이차방정식 $ax^2 + bx + c = 0$의 근은 다음과 같이 나타낼 수 있다.

$$x = \frac{-b \pm \sqrt{b^2 - 4ac}}{2a}$$

항상 실근을 가지려면, 제곱근호 안이 음수가 되면 안된다. 즉 $b^2 - 4ac \geq 0$이어야 한다. 이때 $b^2 \geq 0$이므로, $-4ac$가 음수가 되지 않도록 이차방정식에서 x^2항의 계수와 상수항을 조정하자.

$-4ac$에서 $-$부호가 생기지 않도록 상수항 앞에 $-$를 붙이자. 그런데 상수항 c가 음수이면 상수항 앞의 $-$와 함께 $+$가 되고, 근의 공식에서는 제곱근호 안에 $-$가 생긴다. 그러므로 상수항이 항상 양수가 되도록 하면, 즉 상수항이 c^2이면 상수항 앞의 $-$와 결합하여 근의 공식에서 제곱근 안에 $-$가 생기지 않는다. 이때, 다음과 같은 이차방정식을 생각할 수 있다.

$$ax^2 + bx - c^2 = 0$$

이 이차방정식에 근의 공식을 이용하면, 다음과 같은 근을 구할 수 있다.

$$x = \frac{-b \pm \sqrt{b^2 + 4ac^2}}{2a}$$

한 가지 주의할 것은 얻어진 근에서 a가 음수이면 제곱근호 안의 $4ac^2$이 음의 값을 가질 수 있다는 것이다. 그러므로, a를 항상 양의 값을 갖도록 a^2으로 바꾸자.

이제, 다음 이차방정식을 생각할 수 있으며, 이 방정식은 실근만을 가지게 된다.

$$a^2x^2 + bx - c^2 = 0$$

다음 문제를 살펴보자.

> 이차방정식 $x^2 + ax + b = 0$에서 $a = m + \frac{b}{m}$이면, 이 이차방정식의 근들은 유리수라는 것을 증명하여라. 이때, b, c, m은 유리수이다.

이차방정식 $x^2 + ax + b = 0$에 근의 공식을 이용하면, 다음을 얻을 수 있다.

$$x = \frac{-a \pm \sqrt{a^2 - 4b}}{2}$$

얻어진 근 x에 $a = m + \frac{b}{m}$를 대입하자. 그러면, 다음을 얻을 수 있다.

$$x = \frac{-a \pm \sqrt{a^2 - 4b}}{2} = \frac{-\left(m + \frac{b}{m}\right) \pm \sqrt{\left(m + \frac{b}{m}\right)^2 - 4b}}{2}$$

이제, 제곱근호 안을 다음과 같이 정리하자.

$$\left(m + \frac{b}{m}\right)^2 - 4b = m^2 - 2b + \frac{b^2}{m^2} = \left(m - \frac{b}{m}\right)^2$$

제곱근호 안이 완전제곱식이 되며, 제곱근을 소거하면 다음과 같이 쓸 수 있다.

$$x = \frac{-\left(m + \frac{b}{m}\right) \pm \left(m - \frac{b}{m}\right)}{2}$$

즉, $x = -\frac{2b}{m}, x = -2m$이 되며, 주어진 이차방정식의 근들은 유리수이다.

다른 예를 살펴보자.

> 임의의 양의 실수 ε에 대해 방정식 $ax^2 + bx + c + \varepsilon = 0$의 모든 근이 양의 실수이면, $a = 0$이라는 것을 증명하여라.

가령, $a \neq 0$이라 가정하자. 그러면, 근의 공식에 의해 다음을 알 수 있다.

$$x = \frac{-b \pm \sqrt{b^2 - 4a(c + \varepsilon)}}{2a}$$

이제, (1) $a > 0$인 경우, (2) $a < 0$인 경우로 나누어 살펴보자.

(1) $a > 0$인 경우에 ε으로 $\varepsilon > \frac{b^2}{4a} - c$를 잡자. 양변에 $4a$를 곱하여 정리하면, 다음을 얻을 수 있다.

$$b^2 - 4ac < 4a\varepsilon,\ b^2 - 4a(c + \varepsilon) < 0$$

결국, 얻어진 근 x에서 제곱근호 안이 음수가 되므로 실근을 가지지 않는다. 그러므로 $a > 0$이 될 수 없다.

(2) $a < 0$인 경우를 살펴보자. 이때, ε으로 $\varepsilon > -c$를 잡자. 그러면, $\varepsilon + c > 0$이 된다. $\varepsilon + c > 0, a < 0$이므로 $-4a(c + \varepsilon) > 0$이 되고, $\sqrt{b^2 - 4a(c + \varepsilon)} > b$가 된다.

결국, 한 근 $\frac{-b + \sqrt{b^2 - 4a(c+\varepsilon)}}{2a}$은 양수인 실근이고, 다른 근 $\frac{-b - \sqrt{b^2 - 4a(c+\varepsilon)}}{2a}$은 음수인 실근이다. 그런데, 문제의 조건에서 방정식의 모든 근이 양수라고 했으므로, $a < 0$이 될 수 없다.

$a > 0$인 경우와 (2) $a < 0$인 경우가 모두 불가능하므로, $a = 0$이라는 것이 증명된다.

3. 이차방정식의 근의 작도

이차방정식 $ax^2 + bx + c = 0$의 근을 대수적인 방법으로 구하지 않고, 기하학적인 작도를 통해 선분으로 표현하는 것은 오랜 역사를 가진다. 유클리드 원론에도 이차방정식의 근을 기하학적인 작도를 통해 선분으로 표현하고 있다. 그 이유는 유클리드가 원론을 집필할 당시에 $ax^2 + bx + c = 0$의 근을 대수적으로 표현하는데 필요한 무리수에 대한 이론이 정립되지 않았기 때문이다.

이차방정식의 근을 기하학적인 작도를 통해 선분으로 나타낼 때에는 방정식의 음수인 근을 표현하지 못한다는 한계점을 가진다.

유클리드는 원론에서 피타고라스 정리를 이용하여 이차방정식의 근을 기하학적인 작도를 통해 선분으로 나타냈다. 여기서는 이차방정식의 근을 작도하는 다양한 방법을 살펴보자.

피타고라스 정리를 이용한 근의 작도 $a > 0, b > 0, c < 0$인 경우에 이차방정식 $ax^2 + bx + c = 0$의 근을 작도해 보자. $ax^2 + bx + c = 0$의 근을 다음과 같이 쓸 수 있다.

$$x = \frac{-b \pm \sqrt{b^2 - 4ac}}{2a}$$

이때, $-c = c'$이라 두자. 그러면, $c' > 0$이다. 그리고, 근의 공식의 $-b \pm \sqrt{b^2 - 4ac}$에서 $-b + \sqrt{b^2 - 4ac}$인 경우를 생각하자(양수인 근을 생각하기 위해). 그러면, 근의 공식을 다음과 같이 쓸 수 있다.

$$x = \frac{-b + \sqrt{b^2 + 4ac'}}{2a}$$

이 근을 자와 컴퍼스를 이용하여 작도하는 방법을 피타고라스 정리를 중심으로 살펴보자. 우선, 근의 공식을 변형하여 완전제곱식을 만들자.

$$\begin{aligned} x &= \frac{-b + \sqrt{b^2 + 4ac'}}{2a} = -\frac{b}{2a} + \frac{\sqrt{b^2 + 4ac'}}{2a} \\ \left(x + \frac{b}{2a}\right)^2 &= \frac{b^2 + 4ac'}{4a^2} = \left(\frac{b}{2a}\right)^2 + \frac{c'}{a} \\ &= \left(\frac{b}{2a}\right)^2 + \left(\sqrt{\frac{c'}{a}}\right)^2 \end{aligned}$$

결국, 다음을 알 수 있다.

$$\left(x + \frac{b}{2a}\right)^2 = \left(\frac{b}{2a}\right)^2 + \left(\sqrt{\frac{c'}{a}}\right)^2$$

이제, 피타고라스 정리를 이용하여, x를 작도할 수 있다. 직각을 낀 두 변의 길이가 $\frac{b}{2a}$, $\sqrt{\frac{c'}{a}}$인 직각삼각형 ABC를 작도하자. 그러면, 피타고라스 정리에 의해 빗변의 길이가 $x + \frac{b}{2a}$가 된다. 빗변에서 $\frac{b}{2a}$인 선분을 빼면, 이차방정식의 해를 작도할 수 있다.

살펴본 이차방정식의 근을 작도하는 순서는 다음과 같다.

(1) 직선 l을 긋고, 길이가 $\frac{b}{2a}$인 선분 BC를 작도한다.

(2) 점 C에서 직선 l에 대한 수선을 긋고, 이 수선에 길이가 $\sqrt{\frac{c'}{a}}$인 선분 CA를 표시한다.

(3) 선분 BA를 작도한다.

(4) 점 B를 중심으로 반지름이 BC인 원을 작도하여 선분 BA와의 교점을 D라 한다.

(5) 선분 AD가 구하는 선분이다. 즉, $\overline{AD} = x$이다.

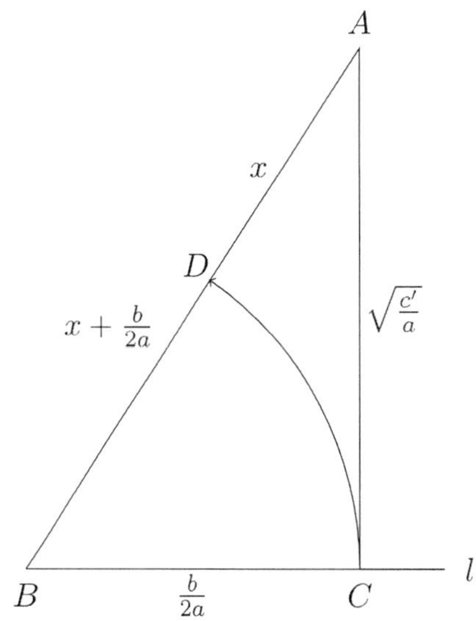

살펴본 이차방정식의 근을 실제로 작도하려면 대수식의 기본 작도를 할 수 있어야 한다. 우선 길이가 p, q인 두 선분이 주어졌을 때 $\frac{q}{p}$를 작도하자. 이 작도는 두 선분이 주어졌을 때, 두 선분의 비를 작도하는 문제로 귀착된다. 이것은 평행인 선분의 비를 이용하여 작도할 수 있다.

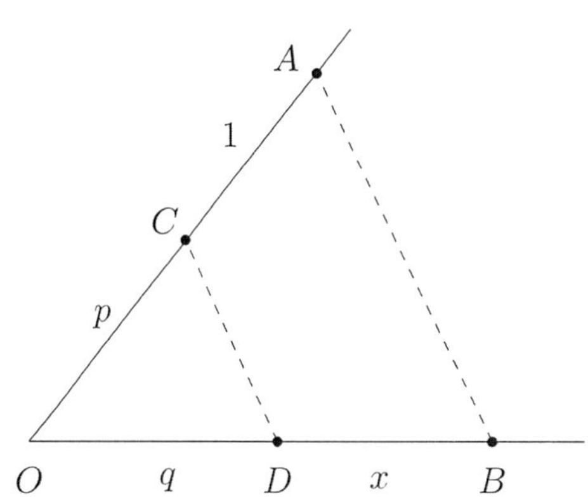

우선 한 점 O에서 두 반직선을 긋고, 반직선에 $\overline{OC} = p, \overline{OD} = q, \overline{CA} = 1$인 선분을 작도한다. 이제, 선분 CD를 긋고, 점 A를 지나 선분 CD에 평행한 선분 AB를 긋자. 그러면 $p : q = 1 : x$이고 $x = \frac{q}{p}$이므로, 선분 DB가 길이가 $\frac{q}{p}$인 선분이다.

이러한 비례식을 이용하면, 길이가 p인 선분이 주어졌을 때, 길이가 $\frac{1}{p}$인 선분도 작도할 수 있다. 즉, 어떤 선분이 주어지면, 길이가 그 역수인 선분도 작도할 수 있다.

살펴본 방법으로, $a > 0, b > 0, c < 0$인 이차방정식 $ax^2 + bx + c = 0$이 주어지면, 즉 a, b, c값이 주어지면, 길이가 $\frac{b}{2a}, -\frac{c}{a}$인 선분을 작도할 수 있다.

이제 길이가 p, q인 선분이 주어졌을 때, 길이가 $\sqrt{pq}$인 선분을 작도해 보자. 즉, $x = \sqrt{pq}$인 길이를 가지는 선분을 작도하자. 이 작도에서도 피타고라스 정리를 이용한다. 우선, 반지름이 $\frac{p+q}{2}$인 원 O를 작도하자. 이제 길이가 $\frac{p-q}{2}$인 선분 OA를 작도하고, 점 A에서 직선 OA에 대한 수선을 긋자. 이 수선과 원 O의 교점을 B라 하면, 선분 AB가 구하는 $\overline{AB} = \sqrt{pq}$인 선분이다.

실제로 피타고라스 정리를 이용하면, 다음을 알 수 있다.

$$\overline{AB}^2 = \overline{OB}^2 - \overline{OA}^2 = \left(\frac{p+q}{2}\right)^2 - \left(\frac{p-q}{2}\right)^2 = pq$$

그러므로 $\overline{AB} = \sqrt{pq}$이다. 이 방법을 이용하면, 제곱근호를 포함하는 무리수들을 자와 컴퍼스로 작도할 수 있다.

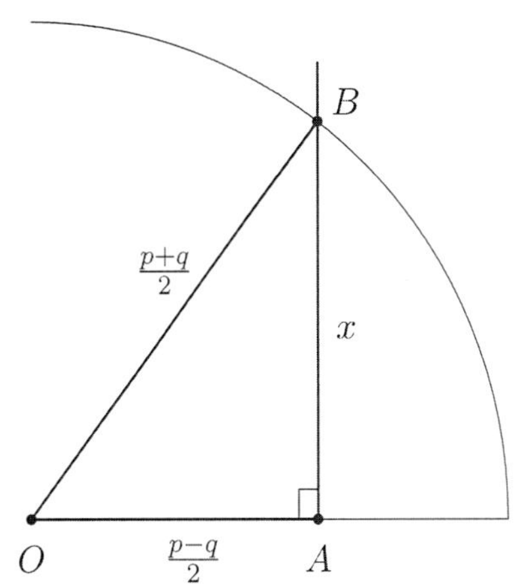

살펴본 방법으로, 이차방정식 $ax^2 + bx + c = 0$의 근을 작도하는 과정에서 나오는

$\sqrt{-\frac{c}{a}}$를 작도할 수 있다. 결국, $a > 0, b > 0, c < 0$인 이차방정식 $ax^2 + bx + c = 0$을 만족시키는 근 x를 자와 컴퍼스를 이용하여 작도할 수 있다. 이때, 주의할 것은 자와 컴퍼스를 이용한 작도에서는 음수인 근은 작도할 수 없다는 것이다.

원의 할선의 성질을 이용한 근의 작도 제곱근을 작도하는, 즉 $x^2 = a$인 이차방정식의 근을 작도하는 다른 방법을 살펴보자. 여기서는 원에서 할선의 성질을 이용할 것이다. 다음 작도 문제를 풀어보자.

> 원과 원밖의 한 점 Q가 주어졌다. 점 Q로부터 원에 할선을 그으려 한다. 할선과 원과의 교점 A, B에 대해 $\overline{QA} = 2\overline{AB}$가 되도록 할선을 작도하여라.

작도 문제에서 원이 주어졌다는 것은 원의 중심 O의 위치와 반지름 r이 주어졌다는 것을 의미한다. 이제, 문제의 조건을 만족시키는 할선이 작도되었다고 가정하고, 문제해결에 관련된 정보들을 탐색하자. 그런 다음, 구한 정보들을 바탕으로 할선의 작도 방법을 찾아보자.

점 Q와 점 O의 위치가 주어졌고 반지름 r이 주어졌다. 이때, $\overline{QO} - r = p$라 하자. 그리고 $\overline{QA} = x, \overline{AB} = \frac{x}{2}$라 하자. 원의 할선의 성질에 의해 $p(p+2r) = x\left(x + \frac{x}{2}\right)$가 성립하므로, 이로부터 x를 다음과 같이 계산할 수 있다.

$$p(p+2r) = x\left(x + \frac{x}{2}\right), \quad \frac{3x^2}{2} = p(p+2r), \quad x^2 = \frac{2p(p+2r)}{3}$$

결국, $x^2 = \frac{2p(p+2r)}{3}$로부터 x는 다음과 같다.

$$x = \sqrt{\frac{2p(p+2r)}{3}}$$

p, r이 문제의 조건에서 주어지므로, $x = \sqrt{\frac{2p(p+2r)}{3}}$을 작도할 수 있다.

얻어진 분석 결과를 바탕으로, 할선 QA의 작도 순서는 다음과 같다.

(1) 직선 QO를 작도하여, p값을 구한다.

(2) $x = \sqrt{\frac{2p(p+2r)}{3}}$을 작도한다.

(3) 점 Q를 중심으로 반지름이 $\sqrt{\frac{2p(p+2r)}{3}}$인 원을 작도한다.

(4) 원 O와 (3)에서 작도한 원의 교점을 A라 한다.

(5) 직선 QA를 작도한다.

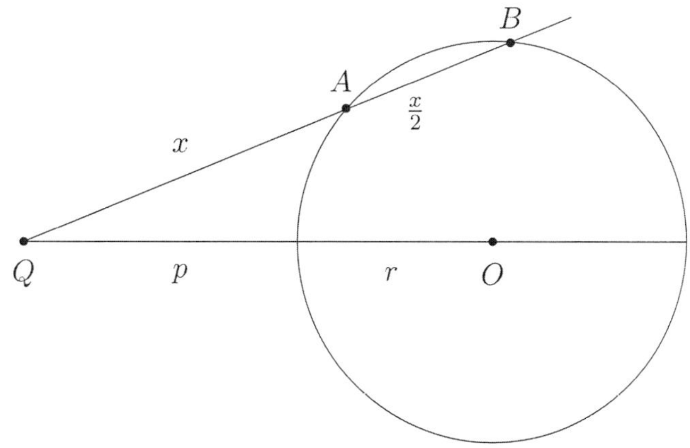

살펴본 작도에서는 이차방정식의 근을 작도할 때에 원의 할선의 성질이 유용하게 사용될 수 있다는 것을 알았다. $x^2 = a$의 형태가 아닌 $x^2 + ax + b = 0$과 같은 형태의 이차방정식의 근의 작도에 관련된 원의 작도 문제를 살펴보자.

> 직선 PQ가 주어졌고, 직선 PQ를 중심으로 같은쪽에 점 A, B가 주어졌다. 두 점 A, B를 지나며 직선 PQ로부터 길이 m인 현을 잘라내는 원을 작도하여라.

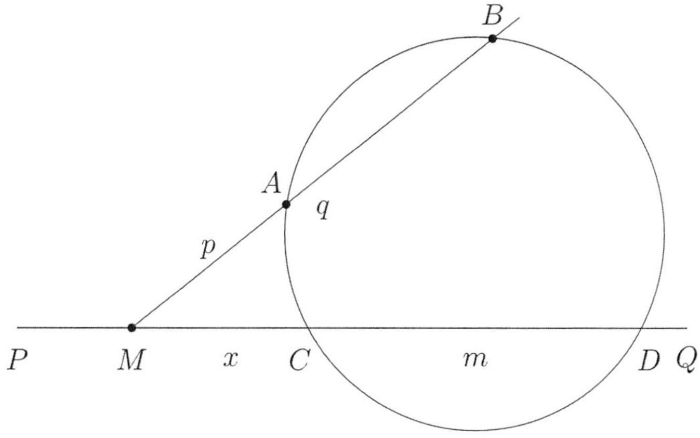

먼저, 문제의 조건을 만족시키는 원이 작도되었다고 가정하고, 작도 방법을 찾아보자. 점 A, B가 주어졌으므로, 직선 AB를 작도할 수 있다. 직선 AB와 직선 PQ의 교점을 M이라 하자. 이때, $\overline{MA} = p, \overline{MB} = q$라 하자. 가령 $\overline{MC} = x$라 놓으면, 원의 할선의 성질에 의해 다음을 알 수 있다.

$$pq = x(x+m), \quad x^2 + mx - pq = 0$$

이차방정식 $x^2 + mx - pq = 0$의 근은 $x = \frac{-m \pm \sqrt{m^2+4pq}}{2}$이다(이때 양수인 근만을 작도할 수 있다). 문제의 조건에서 m, p, q가 주어지므로, $\sqrt{m^2+4pq}$를 작도할 수 있으며, 결국 $x = \frac{-m+\sqrt{m^2+4pq}}{2}$를 자와 컴퍼스로 작도할 수 있다.

이제, 직선 PQ의 점 M으로부터의 길이가 $x = \frac{-m+\sqrt{m^2+4pq}}{2}$인 점 C를 잡을 수 있다. 그러면 구하는 원 위의 세 점 A, B, C가 알려지게 되므로, 원을 작도할 수 있다. 세 점 A, B, C를 지나는 원을 작도하는 방법은 잘 알려져 있다. 선분 AB, AC의 수직이등분선을 그어 이들의 교점을 원의 중심으로 삼아, 점 A, B, C를 지나는 원을 작도하면 된다.

피타고라스 정리가 이차식을 포함하기 때문에, 이차방정식이 피타고라스 정리와 관련된다고 생각할 수 있다. 그런데, 중학교 기하 영역에서 배우는 원의 현의 성질도 선분의 곱의 형태로 표현되므로, 결과적으로 이차식과 관련도리 수 있다.

식들의 차수에 주목하면 표면적으로는 드러나지 않는 식의 다른 특징을 볼 수 있는 가능성을 가질 수 있다. 살펴본 작도 문제는 식의 차수의 관점에서 학생들과 토론할 수 있는 의미있는 문제라 할 수 있다.

포물선의 성질을 이용한 근의 작도 지금까지 이차방정식 $ax^2 + bx + c = 0$의 근을 작도하기 위해, 피타고라스 정리, 원의 현의 성질을 이용하는 방법을 살펴보았다. 여기서는 다른 방법을 살펴보자.

$ax^2 + bx + c = 0$에서

$$y = ax^2 + bx + c = a\left(x + \frac{b}{2a}\right)^2 + \frac{4ac - b^2}{4a}$$

은 포물선이며, 이 포물선과 x축의 교점인 근 x_1, x_2를 작도한다고 하자.

이제, 그림과 같이 근 x_1, x_2가 작도되었다고 가정하고, 문제해결을 위한 정보를 수십하자. 이 포물선의 꼭짓점은 $C\left(-\frac{b}{2a}, \frac{4ac-b^2}{4a}\right)$이다.

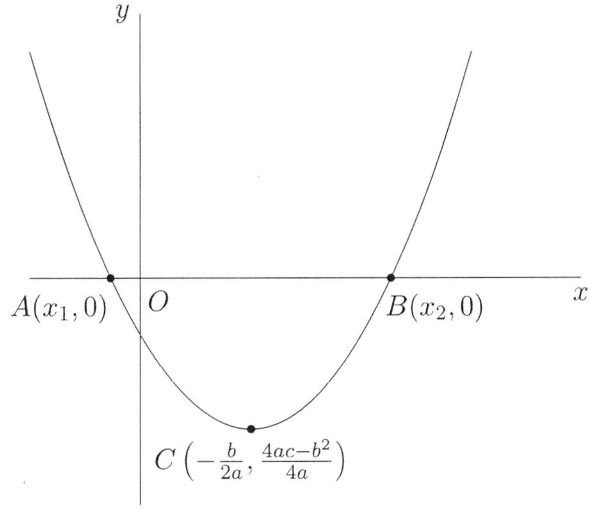

이 그림에서 알 수 있는 것은 무엇인가? 점 C가 원점 O에 오도록 평행이동하여, 포물선의 성질을 이용하여 보자. 이를 위해, x축으로 $\frac{b}{2a}$, y축으로 $\frac{b^2-4ac}{4a}$만큼 평행이동하자. 그러면, $A(x_1, 0)$은 $A'\left(x_1+\frac{b}{2a}, \frac{b^2-4ac}{4a}\right)$로, $B(x_2, 0)$은 $B'\left(x_2+\frac{b}{2a}, \frac{b^2-4ac}{4a}\right)$로 평행이동한다.

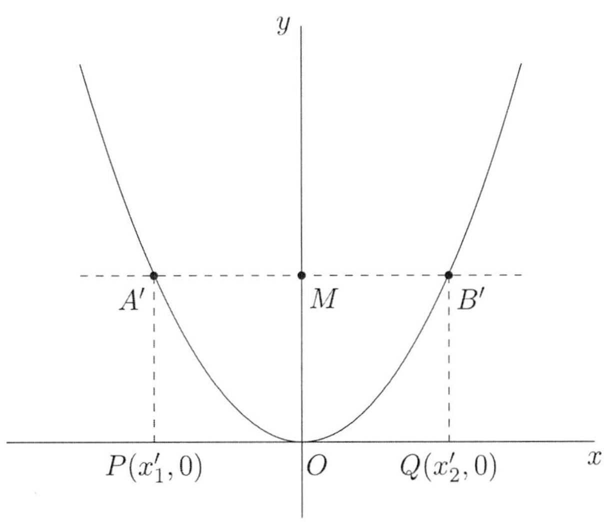

$x+\frac{b}{2a}=x', y+\frac{b^2-4ac}{4a}=y'$이라 하면, 평행이동하여 얻어진 포물선의 방정식은 $y'^2=ax'^2$이 된다. 그러므로 $\overline{PA'}=\overline{OM}=a\overline{OP}^2$이다. 그런데, $\overline{MA'}=\overline{OP}=\overline{MB'}$이므로, $\overline{MB'}^2=\frac{1}{a}\times\overline{OM}$이고, $\overline{MA'}\times\overline{MB'}=\frac{1}{a}\times\overline{OM}$이 된다.

이 등식을 원의 현의 성질에 관련시켜 생각할 수 있다. 즉, 점 M으로부터 점 O의 반대쪽에 길이가 $\frac{1}{a}$인 점 N을 잡으면, $\overline{MA'}\times\overline{MB'}=\frac{1}{a}\times\overline{OM}$이므로 점 O, N, A', B'은 한 원에 속하게 된다(아래 그림을 참고).

역으로, 선분 ON의 중점 L을 원의 중심으로 잡아 반지름이 $\overline{LN}$인 원을 작도하면, $\overline{MA'}\times\overline{MB'}=\frac{1}{a}\times\overline{OM}$이 성립한다. 이로부터, 점 $P(x_1',0), Q(x_2',0)$의 작도 순서를 다음과 같이 정리할 수 있다.

(1) 직선 $y=\frac{b^2-4ac}{4a}$를 작도하여, y축과의 교점을 M이라 하자.

(2) 점 M으로부터 원점 O의 반대쪽에 $\overline{MN}=\frac{1}{a}$인 점 N을 표시하자.

(3) 선분 ON의 중점 L을 잡는다.

(4) 점 L을 중심으로 하고 반지름이 $\overline{OL}$인 원을 작도한다.

(5) (4)에서 작도한 원과 (1)에서 작도한 직선의 교점을 A', B'이라 하자.

(6) 점 A', B'에서 x축에 수선을 그어, 그 발을 P, Q라 하자.

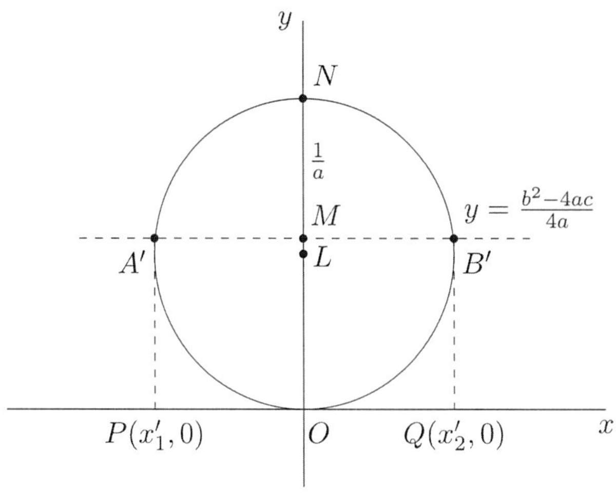

$x_1+\frac{b}{2a}=x_1', x_2+\frac{b}{2a}=x_2'$이고, 점 P, Q의 작도로부터 x_1', x_2'을 구할 수 있다. 즉,

이차방정식 $ax^2+bx+c=0$의 근 x_1, x_2은 $x_1=x_1'-\frac{b}{2a}, x_2=x_2'-\frac{b}{2a}$이며, 자와 컴퍼스를 이용하여 작도할 수 있다.

여기서는 포물선의 성질을 이용하여 선분들의 곱에 대한 등식을 유도하고, 이것을 원의 현의 성질과 관련지어 문제를 해결하였다.

4. 이차방정식의 근의 분포

이차방정식 $ax^2+bx+c=0$의 근의 공식

$$x=\frac{-b\pm\sqrt{b^2-4ac}}{2a}$$

은 이차방정식 $ax^2+bx+c=0$에서 x^2항의 계수 a, x항의 계수 b, 상수항 c에 사칙연산, 제곱근호를 이용하여 얻어진다. 다시 말하면, 이차방정식의 근의 분포는 x^2항의 계수 a와 x항의 계수 b, 상수항 c에 의해 결정된다.

이제, 이차함수 $ax^2+bx+c=0$의 계수와 상수항인 a, b, c가 근의 분포에서 어떤 역할을 하는지 살펴보자. 이차방정식 $ax^2+bx+c=0$의 근은 함수 $y=ax^2+bx+c$, $y=0$의 그래프에서 교점이다. 이때 교점의 개수는 판별식 $D=b^2-4ac$에 의해 결정된다.

양수인 서로 다른 두 실근을 갖는 경우 이차방정식 $ax^2+bx+c=0$의 서로 다른 두 실근이 양수일 조건을 찾아보자. 이때, 두 근이 양수라는 것은 두 근이 모두 0보다 크다는 것을 의미한다.

'이차방정식 $ax^2+bx+c=0$의 서로 다른 두 실근이 양수'라는 것을 이차함수의 그래프와 관련지어 기술하면, 다음과 같다.

> 이차함수 $y=ax^2+bx+c$의 그래프가
>
> (1) x축과 서로 다른 두 점에서 만나며, (2) 두 교점의 x좌표가 0보다 크다.

이때, 이차함수의 그래프와 x축의 교점의 개수는 판별식 $D=b^2-4ac$와 관련되며, 조건 (1)을 만족시키려면 $D>0$이어야 한다. 다시 말하면, $a>0$인 경우에

$D = b^2 - 4ac > 0$이라는 조건에 의해 $f(x) = ax^2 + bx + c$의 그래프는 x축 아래로 내려오게 되며, $a < 0$인 경우에는 x축 위로 올라가서 결국, 이차함수의 그래프가 x축과 두 점에서 만나게 된다.

지금부터는 $a > 0$인 이차함수 $f(x) = ax^2 + bx + c$에 대해 살펴보자(특별히 a값에 대해 언급하지 않으면, $a > 0$으로 가정하자). 다음 그림에서 실선은 $D > 0$인 경우의 그래프로 x축과 두 점에서 만나는 경우이며, 점선은 $D < 0$인 경우를 나타내고 있다.

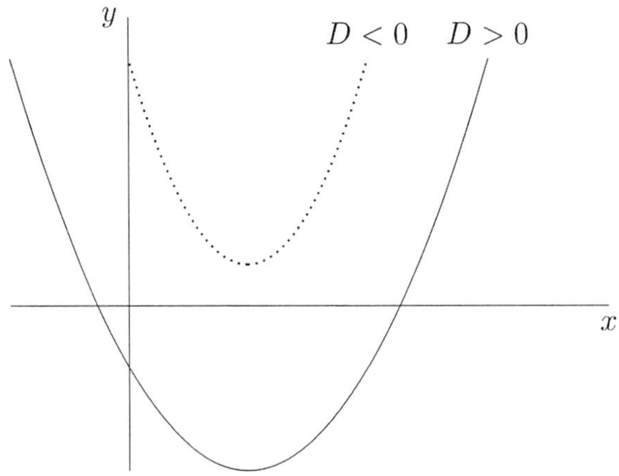

이제 조건 (2), 즉 교점의 x좌표가 모두 0보다 크기 위한 조건을 살펴보자. 이 조건을 만족시키려면, 다음 그림에서 얇은 실선이 굵은 실선으로 이동해야 한다.

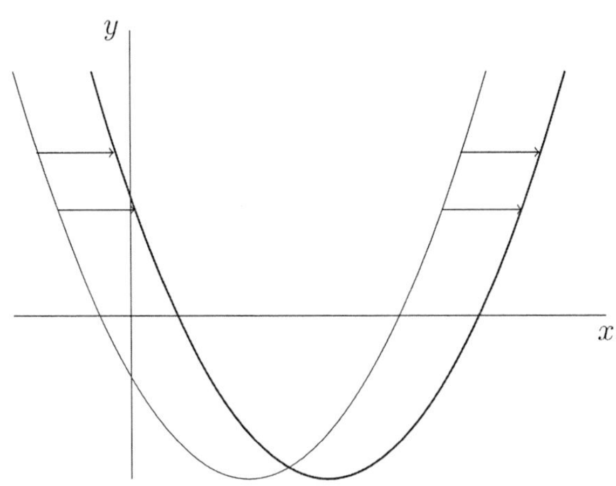

어떤 조건을 이용하면, 위의 그림에서 굵은 실선과 같은 그래프를 얻을 수 있을까?

물론, 얇은 실선의 그래프를 x축으로 m만큼 평행이동해서 굵은 실선의 그래프를 얻을 수 있다. 이때 m의 값에 따라, $y = ax^2 + bx + c$의 그래프와 x축의 교점의 x좌표가 모두 양수가 될 수도 있고, 그렇지 않을 수도 있기 때문에 평행이동을 이용한 접근은 그리 효과적이라 할 수 없다.

$D > 0$인 조건 아래에서 무엇이 조건 (2)를 결정하는가? 단서는 $f(0)$에 있다. 다음 그림의 점선에서처럼, $f(0) < 0$이면 그래프와 x축의 두 교점 중 하나는 $x = 0$보다 왼쪽에 놓이게 된다. 얇은 실선의 경우에서는 $f(0) > 0$이며, 두 교점이 모두 $x = 0$의 오른쪽에 놓이며, 두 근이 모두 양수가 된다.

그렇다면, 조건 (1), 조건 (2)를 만족시키기 위해, $D > 0$, $f(0) > 0$으로 충분한가? 다음의 굵은 실선의 그래프를 보자. 굵은 실선의 그래프는 $D > 0$, $f(0) > 0$를 만족시킨다. 그러면 어떤 조건이 더 필요한가?

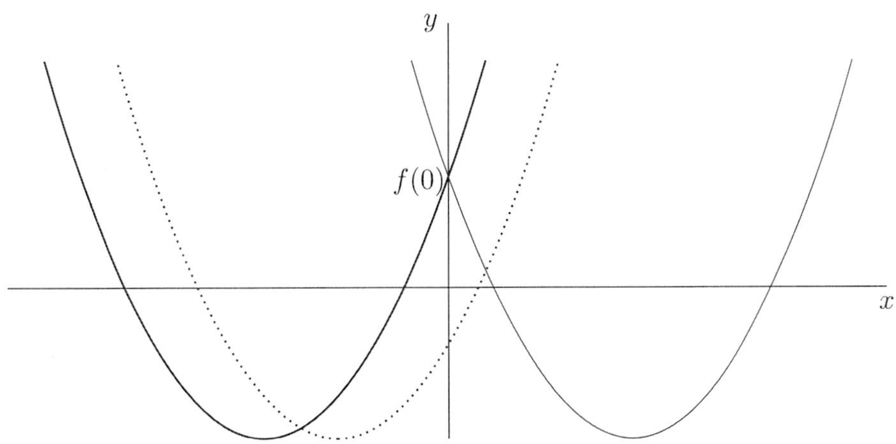

얇은 실선과 굵은 실선의 차이는 축의 위치이다. 얇은 실선은 축이 $x = -\frac{b}{2a} > 0$이며 굵은 실선은 축이 $x = -\frac{b}{2a} < 0$이다. 결국, 얇은 실선처럼 그래프가 결정되려면, 판별식, $f(0)$, 축의 세 조건이 다음을 만족해야 한다.

$$D > 0, \quad f(0) > 0, \quad -\frac{b}{2a} > 0$$

이것을 일반화시켜, 다음과 같은 문제를 생각하자.

이차함수 $y = ax^2 + bx + c$의 그래프가

(1) x축과 서로 다른 두 점에서 만나며, (2) 두 교점의 x좌표가 k보다 크다.

이 문제를 해결하려면 다음의 세 조건을 충족시켜야 한다.

$$D > 0, \quad f(k) > 0, \quad k < -\frac{b}{2a}$$

서로 다른 두 실근이 k보다 작은 경우 서로 다른 두 실근이 모두 k보다 작은 경우를 생각하자. 가령, 서로 다른 두 실근이 음수인 경우가 여기에 속한다. 이 경우는 서로 다른 두 실근이 모두 0보다 작은 경우에 해당하기 때문이다.

다음과 같은 문제를 살펴보자.

이차함수 $y = ax^2 + bx + c$의 그래프가

(1) x축과 서로 다른 두 점에서 만나며, (2) 두 교점의 x좌표가 k보다 작다.

이때, 이차함수의 그래프는 다음과 같게 된다. 이 그래프에서 판별식의 부호, $f(k)$ 값의 부호, 축의 위치를 고려해야 한다.

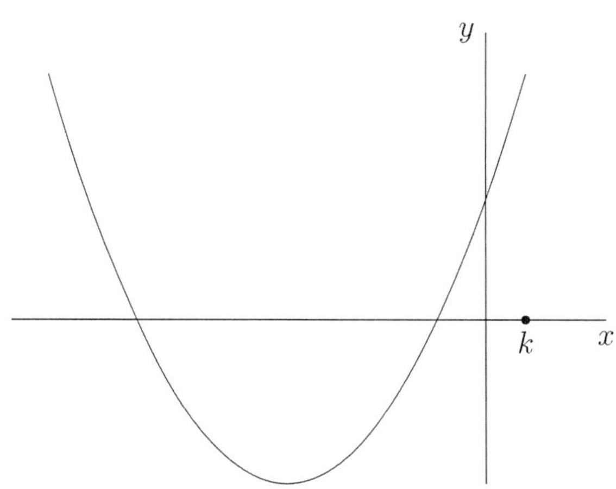

이 문제를 해결하려면 다음의 세 조건을 충족시켜야 한다.

$$D > 0, \quad f(k) > 0, \quad k > -\frac{b}{2a}$$

서로 다른 두 실근 사이에 k가 있는 경우 서로 다른 두 실근 사이에 k가 있는 경우를 생각하자. 가령, 서로 다른 두 실근 중에서 하나는 양수이고 다른 하나는 음수인 경우가 여기에 속한다.

이제, 다음 문제를 생각하자.

> 이차함수 $y = ax^2 + bx + c$의 그래프가
> (1) x축과 서로 다른 두 점에서 만나며, (2) 두 교점의 x좌표사이에 k가 있다.

이때, 이차함수의 그래프는 다음과 같게 된다.

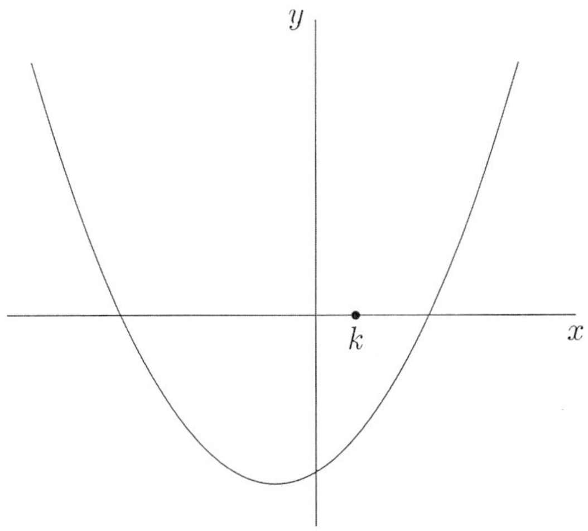

이 문제를 해결하려면 다음의 두 조건을 충족시켜야 한다.

$$D > 0, \quad f(k) < 0$$

여기서는 축에 대한 조건을 필요하지 않다. 왜냐 하면, $D > 0$에 의해 함수의 그래프가 x축과 두 점에서 만나며, $f(k) < 0$이라는 조건에 의해 두 교점 사이에 k가 놓이게 되기 때문이다. 이때 축 $-\frac{b}{2a}$은 k보다 클 수도 있고 작을 수도 있다. 그렇기 때문에, 축은 이러한 경우에서는 함수의 그래프에서 근의 위치를 결정하는 조건에 포함되지 못한다.

서로 다른 두 실근이 m보다는 크고 n보다는 작은 경우 서로 다른 두 실근이 m보다는 크고 n보다는 작은 경우는 두 근이 m과 n사이에 있는 경우를 말한다. 가령, 두 실근이 모두 양수이며 10보다 작을 조건을 찾는 문제가 여기에 속한다.

이제, 다음 문제를 생각하자.

> 이차함수 $y = ax^2 + bx + c$의 그래프가
> (1) x축과 서로 다른 두 점에서 만나며, (2) 두 교점의 x좌표가 m보다는 크고 n보다는 작다.

이때, 이차함수의 그래프는 다음과 같게 된다.

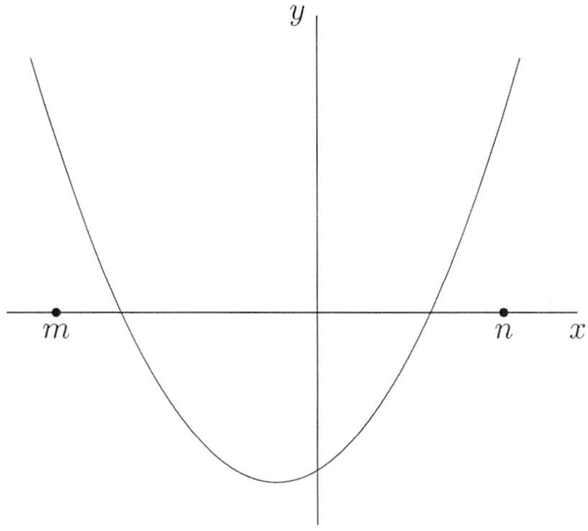

이 문제를 해결하려면 다음의 네 조건을 충족시켜야 한다.

$$D > 0, \quad f(m) > 0, \quad f(n) > 0, \quad m < -\frac{b}{2a} < n$$

여기서는 두 근이 m과 n사이에 놓여있어야 하므로, $f(m) > 0, f(n) > 0$인 조건이 모두 필요하며, 축 $-\frac{b}{2a}$의 조건도 필요하다. 가령, $D > 0, f(m) > 0, f(n) > 0$인 조건만 만족하는 경우에는 다음 그림과 같이 두 근이 모두 m보다 작거나 n보다 큰 경우가 발생할 수 있기 때문이다.

이러한 경우에 축의 위치를 이용하여 두 근을 m과 n사이로 옮겨와서 문제의 조건을 만족시킬 수 있다.

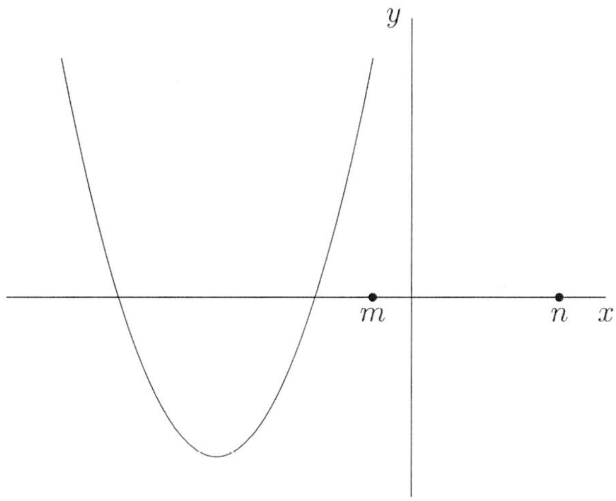

양수인 근의 절댓값이 음수인 근의 절댓값보다 큰 경우 이차방정식 $ax^2+bx+c=0$의 양수인 근의 절댓값이 음수인 근의 절댓값보다 큰 경우에 대한 문제를 본 적이 있을 것이다.

이것은 앞에서 살펴본 이차방정식의 두 실근 사이에 0이 있는 경우에서 파생된다. 두 실근 사이에 0이 있으면, 한 근은 양수인 근이고, 다른 근은 음수인 근이 된다. 이제, 양수인 근의 절댓값이 음수인 근의 절댓값보다 커야 한다는 조건을 추가해 보자.

양수인 근의 절댓값이 음수인 근의 절댓값보다 크려면 이차곡선의 축이 y축보다 오른쪽에 있어야 한다. 즉, 축이 $x=-\frac{b}{2a}>0$을 만족시키면 된다. 물론, 음수인 근의 절댓값이 더 크다고 한다면, 축이 $x=-\frac{b}{2a}<0$이면 된다.

제 3 장.

$x^3 + y^3 + z^3 - 3xyz$

이 장에서는 다항식 $x^3+y^3+z^3-3xyz$를 중심으로 인수분해, 대칭식, 부등식의 생성, 3차방정식의 해법 등의 내용을 기술하였다. 다항식 $x^3+y^3+z^3-3xyz$를 여러 가지 방법으로 인수분해를 하면서, 다항식을 다루는 기법들을 소개하였다. 이때, 같은 식들을 더하거나 빼면서 주어진 다항식을 원하는 형태로 변형시키는 과정을 상세하게 살펴보았으며, 기본대칭다항식을 이용하여 다항식을 인수분해하는 방법도 소개하였다.

이 장에서는 등식들, 부등식들을 만드는 방법들을 소개하였다. 특히 다항식 $x^3 + y^3 + z^3 - 3xyz$를 변형하여 부등식을 만들는 방법을 소개하였고, 기본대칭다항식을 이용하여 부등식을 변형시키고 만드는 방법도 소개하였다. 그리고 다항식 $x^3 + y^3 + z^3 - 3xyz$를 3차방정식과 관련시켜 3차방정식을 푸는 방법을 소개하였다.

특히, 수학 문제를 만드는 것은 주어진 문제를 푸는 것만큼 중요한 수학적 활동인데, 그 방법이 많이 소개되지는 않았다. 이 책에 소개된 방법들을 이용해 다양한 수학 문제들, 등식들, 부등식들을 만들어보기를 권장한다.

이 장은 다음과 같은 소단원들로 구성되었다.

- 인수분해
- 부등식
- 3차방정식

고등학교에서 3차식의 인수분해와 관련하여 다음 등식을 배운다.

$$x^3 + y^3 + z^3 - 3xyz = (x + y + z)(x^2 + y^2 + z^2 - xy - yz - zx)$$

다항식 $x^3 + y^3 + z^3 - 3xyz$를 인수분해 하는 것은 쉽지 않지만, 3차식을 다루는데 많이 활용된다. 여기서는 이 등식에 관련된 몇 가지 수학적인 논의를 살펴볼 것이다.

등식 $x^3 + y^3 + z^3 - 3xyz = (x + y + z)(x^2 + y^2 + z^2 - xy - yz - zx)$의 특징을 생각하면, 첫째 이 식은 3차식으로 대칭식의 형태를 띠고 있다. 즉, x, y, z 중에서 임의의 두 변수를 서로 바꾸어도, 즉 x와 y를, y와 z를, x와 z를 서로 바꾸어도 식이 변함이 없다.

둘째, 등식의 우변에 있는 이차식을 보면, 다음과 같이 완전제곱식을 포함한 형태로 변형할 수 있다.

$$\begin{aligned} &x^2 + y^2 + z^2 - xy - yz - zx \\ &\qquad = \frac{1}{2}(2x^2 + 2y^2 + 2z^2 - 2xy - 2yz - 2zx) \\ &\qquad = \frac{1}{2}\{(x - y)^2 + (y - z)^2 + (z - x)^2\} \end{aligned}$$

셋째, 만약 $x + y + z = 0$이면, $x^3 + y^3 + z^3 - 3xyz = (x + y + z)(x^2 + y^2 + z^2 - xy - yz - zx)$의 우변이 0이 되며, $x^3 + y^3 + z^3 - 3xyz = 0$이 얻어진다.

기술한 것 이외에도 다양한 특징들을 가지고 있을 것이다. 여기서는 등식 $x^3 + y^3 + z^3 - 3xyz = (x + y + z)(x^2 + y^2 + z^2 - xy - yz - zx)$가 수학적 탐구에서 어떻게 쓰이며, 이를 바탕으로 어떠한 수학적인 확장이 가능한지를 살펴보자.

1. 인수분해

다항식 $x^3 + y^3 + z^3 - 3xyz$를 인수분해하는 다양한 방법을 생각할 수 있다. 여기서는 주어진 다항식에 적당한 식을 더하거나 빼서 항들 사이의 규칙성을 찾아 인수분해하는 방법, 다항식의 대칭성을 이용하는 방법, 3차방정식의 근과 계수의 관계를 이용하는 방법 등을 중심으로 살펴보자.

인수분해 방법 1 $x^3+y^3+z^3-3xyz$를 인수분해 하는 널리 알려진 방법은 3차식의 전개 공식

$$(a+b)^3 = a^3+b^3+3a^2b+3ab^2, \quad a^3+b^3 = (a+b)^3-3ab(a+b)$$

를 이용하는 것이다. 이 공식을 이용하기 위해, $x^3+y^3+z^3-3xyz$에 적당한 식을 더하고 빼주자. 그러면 다음과 같이 식을 변형시킬 수 있다.

$$\begin{aligned} x^3+y^3+z^3-3xyz &= x^3+y^3+3x^2y+3xy^2-3x^2y-3xy^2+z^3-3xyz \\ &= (x^3+y^3+3x^2y+3xy^2)+z^3-3x^2y-3xy^2-3xyz \end{aligned}$$

얻어진 식 $(x^3+y^3+3x^2y+3xy^2)+z^3-3x^2y-3xy^2-3xyz$에서 $x^3+y^3+3x^2y+3xy^2=(x+y)^3$이며, $-3x^2y-3xy^2-3xyz=-3xy(x+y+z)$로 인수분해 할 수 있다. 이로부터, 다음을 얻을 수 있다.

$$\begin{aligned} &(x^3+y^3+3x^2y+3xy^2)+z^3-3x^2y-3xy^2-3xyz \\ &\qquad = (x+y)^3+z^3-3xy(x+y+z) \end{aligned}$$

여기서 식을 변형할 때에 조심해야 한다. 얻어진 식 중에서 $(x+y)^3+z^3$는 A^3+B^3과 같은 형태이므로(이것은 대수식의 뼈대를 보는 것에 관련될 수 있다), $(x+y)^3+z^3 = \{(x+y+z)^3-3(x+y)z(x+y+z)\}$와 같이 쓸 수 있다는 것을 생각해야 한다. 이것을 이용하면, 다음을 얻을 수 있다.

$$\begin{aligned} &(x+y)^3+z^3-3xy(x+y+z) \\ &\qquad = \{(x+y+z)^3-3(x+y)z(x+y+z)\}-3xy(x+y+z) \\ &\qquad = (x+y+z)\{(x+y+z)^2-3(x+y)z-3xy\} \\ &\qquad = (x+y+z)(x^2+y^2+x^2-xy-yz-zx) \end{aligned}$$

같은 식을 더하고 뺀 다음, 적당히 항들을 묶어서 인수분해를 하는 것은 다양한 문제에 폭넓게 적용할 수 있는 방법이다. 예를 들어, a^5+a+1과 같은 식의 인수분해에 유용한 방법이다.

a^5+a+1을 인수분해하기 위해, a^5+a+1에 다항식 $(a^4-a^4)+(a^3-a^3)+(a^2-a^2)$을 더하자. 그러면, 다음 식을 얻을 수 있다.

$$a^5+a+1=a^5+(a^4-a^4)+(a^3-a^3)+(a^2-a^2)+a+1$$

여기서 수학적 직관이 필요하다. 우변의 항들을 적당히 묶어 공통인 항들을 찾아야 한다. 이때, 식의 차수, 항들의 개수, 항들의 특징에 주목해야 한다.

얻어진 식에서는 항이 9개이며, $a^5, a^4, a^3, a^2, a, 1$의 항들이 모두 있고, a^4, a^3, a^2 항은 2개씩 있다. 어떻게 이들을 묶을 수 있을까? 다음과 같은 방법을 살펴보자.

$$\begin{aligned} a^5+a+1 &= a^5+(a^4-a^4)+(a^3-a^3)+(a^2-a^2)+a+1 \\ &= (a^5+a^4+a^3)-(a^4+a^3+a^2)+(a^2+a+1) \\ &= a^3(a^2+a+1)-a^2(a^2+a+1)+(a^2+a+1) \\ &= (a^2+a+1)(a^3-a^2+1) \end{aligned}$$

살펴본 것처럼, 다항식 a^5+a+1에 적당한 식들을 더하고 뺀 후에, 항들을 묶어서 공통인수를 찾는 것이 쉬운 방법은 아니다. 그러나, 수학 문제를 풀 때에 자주 활용되는 방법이므로 충분한 연습이 필요하다.

a^5+a+1의 인수분해와 유사한 방법으로 $a^{10}+a^5+1$의 인수분해도 시도할 수 있다.가령, $a^{10}+a^5+1$에 a^5+a+1의 인수분해에서 했던 것처럼, 다음 식을 더한다고 하자.

$$\begin{aligned} &(a^9-a^9)+(a^8-a^8)+(a^7-a^7)+(a^6-a^6) \\ &\qquad +(a^4-a^4)+(a^3-a^3)+(a^2-a^2)+(a-a) \end{aligned}$$

그러면, a^5+a+1을 인수분해했던 것과 유사하게 인수분해를 할 수 있을까? 쉽게 답하기 어려울 것이다. 우선, 이 식들을 더했을 때 얻어지는 항의 개수를 세어보자. $a^{10}+a^5+1$에 항이 3개 있고, 더해지는 식에 항이 16개가 있다. 그러면, 전체 항의 개수가 19개가 된다. 그런데, 19개의 항을 똑같이 나누어 인수분해를 할 수 있는가?

이것이 $a^{10}+a^5+1$의 인수분해와 a^5+a+1의 인수분해의 차이점이라 할 수 있다. $a^{10}+a^5+1$의 인수분해를 위해서는 위에서 기술한 항들 이외에 (a^5-a^5)를 추가로 더해야 한다. 그러면, 21개의 항이 되기 때문에, $3 \times 7 = 21$인 것을 생각하면 3개의 항을 묶어서 공통인수를 찾을 수 있게 된다. 이로부터, $a^{10}+a^5+1$에 대한 다음과 같은 식을 얻을 수 있다.

$$\begin{aligned} & a^{10}+a^5+1 \\ & \quad = a^{10}+a^5+1+(a^9-a^9)+(a^8-a^8)+(a^7-a^7)+(a^6-a^6) \\ & \qquad +(a^5-a^5)+(a^4-a^4)+(a^3-a^3)+(a^2-a^2)+(a-a) \end{aligned}$$

이제, 항들을 적당히 묶자. 여기가 $a^{10}+a^5+1$의 인수분해에서 가장 어려운 지점이 될 것이다. 다음과 같이 묶어보자.

$$\begin{aligned} & a^{10}+a^5+1 \\ & \quad = (a^{10}+a^9+a^8)-(a^9+a^8+a^7)+(a^7+a^6+a^5) \\ & \qquad -(a^6+a^5+a^4)+(a^5+a^4+a^3)-(a^3+a^2+a)+(a^2+a+1) \end{aligned}$$

이제, 각 항들을 인수분해 하여 다음과 같이 a^2+a+1을 꺼낼 수 있다.

$$\begin{aligned} & a^8(a^2+a+1)-a^7(a^2+a+1)+a^5(a^2+a+1)-a^4(a^2+a+1) \\ & \qquad +a^3(a^2+a+1)-a(a^2+a+1)+(a^2+a+1) \end{aligned}$$

인수분해의 나머지 부분의 정리는 독자들에게 남긴다.

인수분해 방법 2 식 $(a+b+c)^3$이 어떻게 전개되는지 살펴보자. $(a+b+c)^3$을 전개하기 위해, $(a+b+c)^3 = (a+b+c)^2(a+b+c)$라는 것을 이용하자. 이때, 식 $(a+b+c)^2$은 다음과 같이 전개할 수 있다.

$$\begin{aligned} (a+b+c)^2 &= a^2+b^2+c^2+2ab+2bc+2ca \\ &= a^2+b^2+c^2+a(b+c)+b(a+c)+c(a+b) \end{aligned}$$

$(a+b+c)^2$의 전개식을 이용하여, $(a+b+c)^3$을 다음과 같이 전개할 수 있다.

$$\begin{aligned}(a+b+c)^3 &= (a+b+c)^2(a+b+c)\\ &= (a^2+b^2+c^2+2ab+2bc+2ca)(a+b+c)\\ &= a^3+b^3+c^3+3a^2b+3a^2c+3ab^2+3b^2c+3ac^2+3bc^2+6abc\end{aligned}$$

이제, $a^3+b^3+c^3+3a^2b+3a^2c+3ab^2+3b^2c+3ac^2+3bc^2+6abc$에서 식 $3a^2b+3a^2c+3ab^2+3b^2c+3ac^2+3bc^2$의 공통인수를 꺼내어 정리하면, 다음을 얻을 수 있다.

$$(a+b+c)^3 = a^3+b^3+c^3+3a^2(b+c)+3b^2(a+c)+3c^2(a+b)+6abc$$

이때, 얻어진 식에서 $3a^2(b+c)+3b^2(a+c)+3c^2(a+b)+6abc$를 a에 대한 내림차순으로 정리하여 인수분해하면, 다음을 얻을 수 있다.

$$\begin{aligned}(a+b+c)^3 &= a^3+b^3+c^3+3a^2(b+c)+3b^2(a+c)+3c^2(a+b)+6abc\\ &= a^3+b^3+c^3+3\{a^2(b+c)+a(b^2+c^2+2bc)+bc(b+c)\}\\ &= a^3+b^3+c^3+3(b+c)\{a^2+a(b+c)+bc\}\\ &= a^3+b^3+c^3+3(b+c)(a+b)(a+c)\end{aligned}$$

한편, 식 $a^3+b^3+c^3+3a^2b+3a^2c+3ab^2+3b^2c+3ac^2+3bc^2+6abc$의 항들을 다른 방법으로 묶어서 정리할 수도 있다. 가령, $3a^2b+3a^2c+3ab^2+3b^2c+3ac^2+3bc^2+6abc$에서 공통인수로 $a+b+c$를 꺼낼 수 있도록 식을 변형한다고 하자. 어떻게 변형하면 될까?

식을 원하는 형태로 변형하는 것은 수학의 탐구에서 꼭 필요한 능력이지만, 모든 사람이 잘하는 것은 아니다. 많은 연습이 필요하며, 수학의 학습에서 매우 중요한 부분이다. 이 식을 다음과 같이 변형시키자.

$$\begin{aligned}&3a^2b+3a^2c+3ab^2+3b^2c+3ac^2+3bc^2+6abc\\ &= (3a^2b+3ab^2)+(3b^2c+3bc^2)+(3a^2c+3ac^2)+6abc\\ &= 3ab(a+b)+3bc(b+c)+3ac(a+c)+6abc\end{aligned}$$

이제, 공통인수 $a+b+c$를 만들기 위해 $6abc$를 이용하자. 얻어진 식의 앞에 있는 3개의 항에 $3abc$가 각각 필요하다. 그러므로, 다음과 같이 식을 변형하면, 원하는 식을 얻을 수 있다.

$$\begin{aligned}&3ab(a+b)+3bc(b+c)+3ac(a+c)+6abc\\&\qquad=\{3ab(a+b)+3abc\}+\{3bc(b+c)+3abc\}\\&\qquad\qquad+\{3ac(a+c)+3abc\}-3abc\\&\qquad=3ab(a+b+c)+3bc(a+b+c)+3ac(a+b+c)-3abc\end{aligned}$$

결국, $(a+b+c)^3$에 대한 다음과 같은 두 가지 전개식을 얻을 수 있다.

$$\begin{aligned}(a+b+c)^3&=a^3+b^3+c^3+3a^2(b+c)+3b^2(a+c)+3c^2(a+b)+6abc\\&=a^3+b^3+c^3+3ab(a+b+c)+3bc(a+b+c)+3ac(a+b+c)-3abc\end{aligned}$$

이제, $(a+b+c)^3=a^3+b^3+c^3+3ab(a+b+c)+3bc(a+b+c)+3ac(a+b+c)-3abc$를 이용하여 $x^3+y^3+z^3-3xyz=(x+y+z)(x^2+y^2+z^2-xy-yz-zx)$를 증명하는 방법을 살펴보자.

등식 $(a+b+c)^3=a^3+b^3+c^3+3ab(a+b+c)+3bc(a+b+c)+3ac(a+b+c)-3abc$의 우변에서 $3ab(a+b+c)+3bc(a+b+c)+3ac(a+b+c)$을 좌변으로 이항하여 정리하면, 다음을 알 수 있다.

$$\begin{aligned}&a^3+b^3+c^3-3abc\\&\qquad=(a+b+c)^3-3ab(a+b+c)-3bc(a+b+c)-3ac(a+b+c)\end{aligned}$$

이로부터, 다음과 같이 인수분해를 할 수 있다.

$$\begin{aligned}&x^3+y^3+z^3-3xyz\\&\qquad=(x+y+z)^3-3xy(x+y+z)-3yz(x+y+z)-3zx(x+y+z)\\&\qquad=(x+y+z)\{(x+y+z)^2-3xy-3yz-3zx\}\\&\qquad=(x+y+z)(x^2+y^2+z^2-xy-yz-zx)\end{aligned}$$

인수분해 방법 2의 결과를 대칭다항식의 관점에서 살펴보자.

1장에서 x, y, z에 대한 다항식 $f(x, y, z)$가 $f(x, y, z) = f(x, z, y) = f(z, y, x) = f(y, x, z)$를 만족시키면, $f(x, y, z)$를 x, y, z에 대한 대칭다항식 또는 대칭식이라 부른다는 것을 배웠다.

x, y, z에 대한 대칭다항식 $f(x, y, z)$ 중에서 $x + y + z, xy + yz + zx, xyz$를 기본대칭다항식이라 부른다. 편의상 $x + y + z = u, xy + yz + zx = v, xyz = w$로 나타내자.

인수분해 방법 2의 결과인

$$x^3 + y^3 + z^3 - 3xyz = (x + y + z)(x^2 + y^2 + z^2 - xy - yz - zx)$$

를 u, v, w를 이용해 나타내면 $x^3 + y^3 + z^3 - 3xyz = u(x^2 + y^2 + z^2 - v)$가 된다. 이때 $x^2 + y^2 + z^2 = (x + y + z)^2 - 2(xy + yz + zx)$이므로, $x^2 + y^2 + z^2 = u^2 - 2v$이다.

결국, 다음을 알 수 있다.

$$x^3 + y^3 + z^3 - 3xyz = u(u^2 - 2v - v) = u(u^2 - 3v)$$

즉, $x^3 + y^3 + z^3$을 기본대칭다항식 u, v, w로 나타내면, $x^3 + y^3 + z^3 = u^3 - 3uv + 3w$가 된다. 대칭다항식들을 기본대칭다항식 u, v, w로 나타내는 것은 문제해결의 유익한 도구가 될 수 있다. 이미 1장과 2장에서 x, y에 대한 대칭다항식을 포함하는 문제를 기본대칭다항식을 이용하여 해결하는 예들을 살펴보았다.

가령, $x^3 + y^3 + z^3 = u^3 - 3uv + 3w$를 알고 있었다고 가정하자. 그러면, $x^3 + y^3 + z^3 - 3xyz$를 기본대칭다항식 u, v, w로 표현할 수 있으며, 이로부터 $x^3 + y^3 + z^3 - 3xyz$의 인수분해를 다음과 같이 할 수 있다.

$$\begin{aligned} x^3 + y^3 + z^3 - 3xyz &= u^3 - 3uv + 3w - 3w \\ &= u^3 - 3uv = u(u^2 - 3v) \end{aligned}$$

이제, u, v 대신에 $x + y + z, xy + yz + zx$를 대입하여, $x^3 + y^3 + z^3 - 3xyz$의

인수분해를 하면 다음을 얻을 수 있다.

$$\begin{aligned} u(u^2 - 3v) &= (x+y+z)\{(x+y+z)^2 - 3(xy+yz+zx)\} \\ &= (x+y+z)(x^2+y^2+z^2-xy-yz-zx) \end{aligned}$$

기본대칭다항식 u, v, w를 이용하여 인수분해를 하는 다른 예를 살펴보자.

가령, $2(x^3+y^3+z^3) + x^2y + x^2z + y^2x + y^2z + z^2x + z^2y - 3xyz$의 인수분해를 한다고 하자. $x^3+y^3+z^3 = u^3 - 3uv + 3w$라는 것을 알고 있다. 이제, $x^2y + x^2z + y^2x + y^2z + z^2x + z^2y$를 u, v, w로 나타내자.

$$\begin{aligned} &x^2y + x^2z + y^2x + y^2z + z^2x + z^2y \\ &\quad = x(xy+xz) + y(xy+yz) + z(xz+yz) \\ &\quad = x(xy+xz) + y(xy+yz) + z(xz+yz) + 3xyz - 3xyz \\ &\quad = x(xy+xz) + xyz + y(xy+yz) + xyz + z(xz+yz) + xyz - 3xyz \\ &\quad = x(xy+xz+yz) + y(xy+yz+xz) + z(xz+yz+xy) - 3xyz \\ &\quad = (x+y+z)(xy+xz+yz) - 3xyz = uv - 3w \end{aligned}$$

이로부터 다음을 알 수 있다.

$$\begin{aligned} 2(x^3+y^3+z^3) &+ x^2y + x^2z + y^2x + y^2z + z^2x + z^2y - 3xyz \\ &= 2(u^3 - 3uv + 3w) + (uv - 3w) - 3w \\ &= 2u^3 - 5uv = u(2u^2 - 5v) \end{aligned}$$

이제, u, v 대신에 $x+y+z, xy+yz+zx$를 대입하여 정리하자. 그러면, 다음을 얻을 수 있다.

$$\begin{aligned} &2(x^3+y^3+z^3) + x^2y + x^2z + y^2x + y^2z + z^2x + z^2y - 3xyz \\ &\quad = u(2u^2 - 5v) \\ &\quad = (x+y+z)\{2(x+y+z)^2 - 5(xy+yz+zx)\} \\ &\quad = (x+y+z)(2x^2+2y^2+2z^2-xy-yz-zx) \end{aligned}$$

살펴본 것과 같이 대칭식을 기본대칭다항식 u, v, w로 나타내면 식이 간단한 형태로 변형되기 때문에, 다항식에 대해 인수분해, 전개와 같은 대수적 연산을 수행하기가 쉬워질 수 있다.

인수분해 방법 3 $(a+b+c)^3 = a^3+b^3+c^3+3a^2(b+c)+3b^2(a+c)+3c^2(a+b)+6abc$를 이용한 인수분해 방법을 살펴보자. 이 식의 우변에 $a^3+b^3+c^3-3abc$를 남기고 이항하여 정리하면, 다음을 얻을 수 있다.

$$\begin{aligned}
&x^3+y^3+z^3-3xyz \\
&\qquad = (x+y+z)^3 - 3x^2(y+z) - 3y^2(x+z) - 3z^2(x+y) - 9xyz
\end{aligned}$$

이제, 우변의 $9xyz$를 $3xyz+3xyz+3xyz$로 나누어 우변의 나머지 항들과 묶어서 정리하자. 그러면, 다음과 같이 인수분해를 할 수 있다.

$$\begin{aligned}
&x^3+y^3+z^3-3xyz \\
&\qquad = (x+y+z)^3 - 3x^2(y+z) - 3y^2(x+z) - 3z^2(x+y) - 9xyz \\
&\qquad = (x+y+z)^3 - 3x(xy+xz) - 3y(xy+yz) - 3z(xz+yz) \\
&\qquad\qquad - 3xyz - 3xyz - 3xyz \\
&\qquad = (x+y+z)^3 - 3x(xy+yz+zx) - 3y(xy+yz+zx) \\
&\qquad\qquad - 3z(xy+yz+zx) \\
&\qquad = (x+y+z)^3 - 3(xy+yz+zx)(x+y+z) \\
&\qquad = (x+y+z)\{(x+y+z)^2 - 3(xy+yz+zx)\} \\
&\qquad = (x+y+z)(x^2+y^2+z^2-xy-yz-zx)
\end{aligned}$$

살펴본 인수분해에서의 어려움은 식의 인위적인 변형에서 발생할 수 있다. $-9xyz$를 $-3xyz-3xyz-3xyz$로 나눈 다음, 우변의 항들과 결합시켜 공통인수로 $xy+yz+zx$를 만들었다. 이 부분에 수학적 직관과 대수식을 보는 안목이 필요한 부분이다.

인수분해 방법 4 여기서는 대칭식의 성질을 이용하여 인수분해를 하자. 1장에서 $(x+y+z)^5 - x^5 - y^5 - z^5$을 인수분해할 때 이용했던 것과 유사한 방법이다.

다항식 $x^3+y^3+z^3-3xyz$가 인수로 $(x+y+z)$를 가진다는 것을 보이기 위해, $x^3+y^3+z^3-3xyz$에서 x대신에 $-y-z$를 대입하여 정리하자.

$$
\begin{aligned}
x^3+y^3+z^3-3xyz &= (-y-z)^3+y^3+z^3-3(-y-z)yz \\
&= -y^3-z^3-3y^2z-3yz^2+y^3+z^3+3y^2z+3yz^2 = 0
\end{aligned}
$$

결국, 인수정리에 의해 $x^3+y^3+z^3-3xyz$는 $(x+y+z)$를 인수로 가진다는 것을 알 수 있다. 특히 $x^3+y^3+z^3-3xyz$는 3차인 대칭식이므로, 다음과 같이 쓸 수 있다.

$$x^3+y^3+z^3-3xyz = (x+y+z)\{m(x^2+y^2+z^2)+n(xy+yz+zx)\}$$

이제, 미정계수 m, n을 구하면 된다. $x^3+y^3+z^3-3xyz = (x+y+z)\{m(x^2+y^2+z^2)+n(xy+yz+zx)\}$에서 $x=1, y=1, z=0$을 대입하면, $2=2(2m+n), 2m+n=1$이다.

한편, $x=1, y=2, z=0$을 대입하면, $9=3(5m+2n), 5m+2n=3$이다. $2m+n=1, 5m+2n=3$을 연립하면, $m=1, n=-1$을 얻을 수 있다. 결국, 다음이 성립한다.

$$
\begin{aligned}
x^3+y^3+z^3-3xyz &= (x+y+z)\{(x^2+y^2+z^2)-(xy+yz+zx)\} \\
&= (x+y+z)(x^2+y^2+z^2-xy-yz-zx)
\end{aligned}
$$

대칭다항식의 성질을 이용하는 것은 복잡한 문제를 효과적으로 해결하는 방법이 될 수 있다. 대수식에서 대칭성, 차수 등의 관점에서 규칙성이나 유사성을 찾을 수 있으면, 문제해결이 훨씬 쉬워질 수 있다.

인수분해 방법 5 3차방정식의 근과 계수의 관계를 이용하여 $x^3+y^3+z^3-3xyz$를 인수분해하는 방법을 살펴보자. a, b, c를 세 근으로 하는 3차방정식

$$x^3-(a+b+c)x^2+(ab+bc+ca)x-abc=0$$

을 생각하자. 이때, x대신에 근 a, b, c를 대입하면, 다음을 얻을 수 있다.

$$a^3 - (a+b+c)a^2 + (ab+bc+ca)a - abc = 0$$

$$b^3 - (a+b+c)b^2 + (ab+bc+ca)b - abc = 0$$

$$c^3 - (a+b+c)c^2 + (ab+bc+ca)c - abc = 0$$

이제, 얻어진 등식들을 적당히 연립하여 $a^3+b^3+c^3-3abc$를 인수분해하는 식을 유도할 수 있다. 얻어진 a, b, c에 대한 세 등식을 변끼리 더해 보자. 그러면, 다음을 얻을 수 있다.

$$\begin{aligned} a^3+b^3+c^3&-(a+b+c)(a^2+b^2+c^2) \\ &+(ab+bc+ca)(a+b+c)-3abc=0 \end{aligned}$$

이제, 등식의 좌변에 $a^3+b^3+c^3-3abc$를 남기고 나머지 항들을 우변으로 이항하자. 그러면, 다음을 얻을 수 있다.

$$\begin{aligned} &a^3+b^3+c^3-3abc \\ &\quad =(a+b+c)(a^2+b^2+c^2)-(ab+bc+ca)(a+b+c) \end{aligned}$$

이제, 우변을 공통인수 $(a+b+c)$로 묶고 $a=x, b=y, c=z$라 두면, 다음과 같은 인수분해를 얻을 수 있다.

$$x^3+y^3+z^3-3xyz=(x+y+z)(x^2+y^2+z^2-xy-yz-zx)$$

살펴본 방법은 세 변수 a, b, c를 포함하는 대칭식들을 인수분해할 때에 다양하게 이용할 수 있다. 예를 들어, $a^4+b^4+c^4+(ab+bc+ca)(a^2+b^2+c^2)$, $(a+b+c)(ab+bc+ca)-abc$와 같은 대칭식의 인수분해를 위와 같은 방법으로 구할 수 있다.

가령, $a^4+b^4+c^4+(ab+bc+ca)(a^2+b^2+c^2)$을 인수분해 한다고 하자.

이를 위해, $a^3-(a+b+c)a^2+(ab+bc+ca)a-abc=0$의 양변에 a를 곱하고, $b^3-(a+b+c)b^2+(ab+bc+ca)b-abc=0$의 양변에 b를 곱하고, $c^3-(a+b+$

$c)c^2+(ab+bc+ca)c-abc=0$의 양변에 c를 곱하자. 그러면, 다음과 같은 세 등식을 얻을 수 있다.

$$a^4-(a+b+c)a^3+(ab+bc+ca)a^2-a^2bc=0$$
$$b^4-(a+b+c)b^3+(ab+bc+ca)b^2-ab^2c=0$$
$$c^4-(a+b+c)c^3+(ab+bc+ca)c^2-abc^2=0$$

이제, 이 등식들을 더하자. 그러면, 다음이 얻어진다.

$$a^4+b^4+c^4-(a+b+c)(a^3+b^3+c^3)$$
$$+(ab+bc+ca)(a^2+b^2+c^2)-abc(a+b+c)=0$$

이제, 등식의 좌변에 $a^4+b^4+c^4+(ab+bc+ca)(a^2+b^2+c^2)$만 남기고 이항하자. 그러면, 다음과 같은 인수분해를 얻을 수 있다.

$$\begin{aligned}&a^4+b^4+c^4+(ab+bc+ca)(a^2+b^2+c^2)\\&=(a+b+c)(a^3+b^3+c^3)+abc(a+b+c)\\&=(a+b+c)(a^3+b^3+c^3-abc)\end{aligned}$$

이제, $(a+b+c)(ab+bc+ca)-abc$의 인수분해를 살펴보자.

인수분해 방법 5에서 다음 등식을 이용하였다.

$$a^3+b^3+c^3-(a+b+c)(a^2+b^2+c^2)$$
$$+(ab+bc+ca)(a+b+c)-3abc=0$$

여기서 좌변의 $(a+b+c)(ab+bc+ca)-abc$만 남기고, 나머지 항들을 우변으로 이항하자. 그러면, 다음을 얻을 수 있다.

$$\begin{aligned}&(a+b+c)(ab+bc+ca)-abc\\&=-a^3-b^3-c^3+(a+b+c)(a^2+b^2+c^2)+2abc\end{aligned}$$

등식의 우변을 전개하여 정리하자. 그러면, 다음을 얻을 수 있다.

$$
\begin{aligned}
-a^3 - b^3 - c^3 + (a+b+c)(a^2+b^2+c^2) + 2abc \\
&= ab^2 + ac^2 + ba^2 + bc^2 + ca^2 + cb^2 + 2abc \\
&= a^2(b+c) + b^2(a+c) + c^2(a+b) + 2abc
\end{aligned}
$$

이제, 얻어진 식을 a에 대한 내림차순으로 정리하자. 그러면, 다음과 같은 인수분해를 얻을 수 있다.

$$
\begin{aligned}
a^2(b+c) + b^2(a+c) + c^2(a+b) + 2abc \\
&= a^2(b+c) + a(b^2+c^2+2bc) + b^2c + c^2b \\
&= a^2(b+c) + a(b+c)^2 + bc(b+c) \\
&= (b+c)(a+b)(a+c)
\end{aligned}
$$

결국, 다음과 같은 인수분해가 얻어진다.

$$(a+b+c)(ab+bc+ca) - abc = (b+c)(a+b)(a+c)$$

$x^3+y^3+z^3-3xyz$를 인수분해 하는 5가지 방법을 살펴보았다.

이제, 문제를 다른 방향에서 접근하자. $x^3+y^3+z^3+txyz$가 $(x+y+z)$를 인수로 가지도록 인수분해를 할 수 있는 t값을 구해보자. 가령, $a^3+b^3+c^3-abc$, $a^3+b^3+c^3+abc$, $a^3+b^3+c^3-7abc$ 등은 $(a+b+c)$를 인수로 가지도록 인수분해가 될 수 있는지에 대한 대답을 찾아보자.

$x^3+y^3+z^3+txyz$가 $(x+y+z)$를 인수로 가지려면, 인수정리에 의해 $x^3+y^3+z^3+txyz$에 $x=-y-z$를 대입하여 식이 0이 되어야 한다. 실제로, $x=-y-z$를 $x^3+y^3+z^3+txyz$에 대입하여 정리하자. 그러면, 다음을 얻을 수 있다.

$$
\begin{aligned}
x^3+y^3+z^3+txyz &= (-y-z)^3 + y^3 + z^3 + t(-y-z)yz \\
&= -y^3 - 3y^3z - 3yz^2 - z^3 + y^3 + z^3 - t(y+z)yz \\
&= -3yz(y+z) - t(y+z)yz \\
&= -(t+3)yz(y+z)
\end{aligned}
$$

결국, $-(t+3)yz(y+z)=0$이려면, $t=-3$이어야 한다. 이로부터 $x^3+y^3+z^3+txyz$인 꼴의 식들 중에서 $t=-3$인 경우에만 $x^3+y^3+z^3+txyz=(x+y+z)\times f(x,y,z)$인 형태로 인수분해가 된다는 것을 알 수 있다.

2. 부등식

등식 $x^3+y^3+z^3-3xyz=(x+y+z)(x^2+y^2+z^2-xy-yz-zx)$를 부등식과 관련시켜 탐구해 보자. 여기서는 이 등식을 이용하여 수들에 대한 부등식을 만들고 증명하는 방법과 등식의 대칭성을 이용하여 부등식을 만들고 증명하는 방법을 살펴보자.

수들의 부등식

$x^3+y^3+z^3-3xyz=(x+y+z)(x^2+y^2+z^2-xy-yz-zx)$를 이용하여 수들에 대한 부등식을 증명하는 Ushakov[1]의 방법을 살펴보자.

등식 $x^3+y^3+z^3-3xyz=(x+y+z)(x^2+y^2+z^2-xy-yz-zx)$에서 $x=a, y=b, z=-c$를 대입하면, 다음을 얻을 수 있다.

$$a^3+b^3-c^3+3abc=(a+b-c)(a^2+b^2+c^2-ab+bc+ca)$$

이제, 등식의 우변을 다음과 같이 정리하자.

$$\begin{aligned}(a+b-c)&(a^2+b^2+c^2-ab+bc+ca)\\ &=\frac{1}{2}(a+b-c)(2a^2+2b^2+2c^2-2ab+2bc+2ca)\\ &=\frac{1}{2}(a+b-c)\{(a-b)^2+(b+c)^2+(c+a)^2\}\end{aligned}$$

결국, 다음을 알 수 있다.

$$a^3+b^3-c^3+3abc=\frac{1}{2}(a+b-c)\{(a-b)^2+(b+c)^2+(c+a)^2\}$$

[1] Ushakov R.P.(2008). Mathematics Etudes 2, Harkiv: Osnova.

이제, 얻어진 등식의 양변에 $(a+b-c)$을 곱하자. 그러면, 다음 등식이 얻어진다.

$$(a^3+b^3-c^3+3abc)(a+b-c)=\frac{1}{2}(a+b-c)^2\{(a-b)^2+(b+c)^2+(c+a)^2\}$$

얻어진 식에서 등식의 우변에는 제곱들만 있으므로 음이 아닌 값을 가진다. 즉, 다음 부등식이 성립한다.

$$(a^3+b^3-c^3+3abc)(a+b-c)\geq 0$$

이 부등식의 의미를 생각해 보자.

$(a^3+b^3-c^3+3abc)(a+b-c)\geq 0$이므로, 식 $a^3+b^3-c^3+3abc$와 $a+b-c$는 같은 부호를 가진다. 가령, $a^3+b^3-c^3+3abc\geq 0$이면 $a+b-c\geq 0$이고, $a^3+b^3-c^3+3abc\leq 0$이면 $a+b-c\leq 0$이다.

이 관계를 이용하면 무리수에 대한 부등식들을 유도할 수 있다.

가령, $a=\sqrt[3]{11}, b=\sqrt[3]{12}, c=\sqrt[3]{91}$이라 하고, $a^3+b^3-c^3+3abc$의 값의 부호를 조사하자.

$$\begin{aligned}a^3+b^3-c^3+3abc&=11+12-91+3\sqrt[3]{11\times 12\times 91}\\&=-68+3\sqrt[3]{11\times 12\times 91}\end{aligned}$$

이때, 계산기를 이용하면 $68^3=314432$이고 $(3\sqrt[3]{11\times 12\times 91})^3=324324$라는 것을 알 수 있다. 그러므로, $68<3\sqrt[3]{11\times 12\times 91}$이다. 결국, $a=\sqrt[3]{11}, b=\sqrt[3]{12}, c=\sqrt[3]{91}$에 대해 $a^3+b^3-c^3+3abc>0$이다.

식 $a^3+b^3-c^3+3abc$와 $a+b-c$는 같은 부호를 가지므로, $a+b>c$이다. $a=\sqrt[3]{11}, b=\sqrt[3]{12}, c=\sqrt[3]{91}$이라는 것을 생각하면, 다음 부등식을 얻을 수 있다.

$$\sqrt[3]{11}+\sqrt[3]{12}>\sqrt[3]{91}$$

같은 방법을 $a=\sqrt[3]{11}, b=\sqrt[3]{12}, c=\sqrt[3]{92}$에 대해 적용하자. 그러면, 다음을 얻을 수 있다.

$$\begin{aligned}a^3+b^3-c^3+3abc&=11+12-92+3\sqrt[3]{11\times 12\times 92}\\&=-69+3\sqrt[3]{11\times 12\times 92}\end{aligned}$$

이때, $69^3 = 328509$이고 $(3\sqrt[3]{11 \times 12 \times 92})^3 = 327888$이다. 그러므로, $69 > 3\sqrt[3]{11 \times 12 \times 92}$이다. 결국, $a = \sqrt[3]{11}, b = \sqrt[3]{12}, c = \sqrt[3]{92}$에 대해 $a^3+b^3-c^3+3abc < 0$이고 $a+b < c$이다. 그러므로, $\sqrt[3]{11} + \sqrt[3]{12} < \sqrt[3]{92}$가 성립한다. 이로부터, 다음과 같은 부등식을 얻을 수 있다.

$$\sqrt[3]{91} < \sqrt[3]{11} + \sqrt[3]{12} < \sqrt[3]{92}$$

살펴본 방법을 이용하면, 다음과 같은 다양한 부등식을 얻을 수 있다.

$$\sqrt[3]{31} < \sqrt[3]{3} + \sqrt[3]{5} < \sqrt[3]{20}$$

$$\sqrt[3]{63} < \sqrt[3]{7} + \sqrt[3]{9} < \sqrt[3]{64}$$

$$\sqrt[3]{75} < \sqrt[3]{9} + \sqrt[3]{10} < \sqrt[3]{76}$$

$$\sqrt[3]{83} < \sqrt[3]{10} + \sqrt[3]{11} < \sqrt[3]{84}$$

$$\sqrt[3]{107} < \sqrt[3]{13} + \sqrt[3]{14} < \sqrt[3]{108}$$

세제곱근에 대한 부등식은 만들기가 쉽지 않다. 자연수의 세제곱근을 세제곱하면 자연수가 된다는 것과 부등식 $(a^3 + b^3 - c^3 + 3abc)(a + b - c) \geq 0$을 이용하여, 세제곱근에 대한 부등식을 만들 수 있었다.

대칭성과 부등식

등식 $x^3 + y^3 + z^3 - 3xyz = (x + y + z)(x^2 + y^2 + z^2 - xy - yz - zx)$에서 식 $x^2 + y^2 + z^2 - xy - yz - zx$를 다음과 같이 쓸 수 있다.

$$x^2 + y^2 + z^2 - xy - yz - zx = \frac{1}{2}\{(x-y)^2 + (y-z)^2 + (z-x)^2\}$$

이때, $x \geq 0, y \geq 0, z \geq 0$이라 가정하면, $x + y + z \geq 0$이므로 $x^3 + y^3 + z^3 \geq 3xyz$가 되며, 다음과 같이 쓸 수 있다.

$$\frac{x^3 + y^3 + z^3}{3} \geq xyz$$

한편, $x^3 = a, y^3 = b, z^3 = c$라 놓으면, 부등식 $\frac{x^3+y^3+z^3}{3} \geq xyz$를 다음과 같이 쓸 수 있다.

$$\frac{a+b+c}{3} \geq \sqrt[3]{abc}$$

이 부등식은 코시부등식으로 알려진 다음 부등식에서 $n = 3$인 경우에 해당한다.

$$\sqrt[n]{a_1 a_2 \cdots a_n} \leq \frac{a_1 + a_2 + \cdots + a_n}{n}$$

즉, 등식 $x^3 + y^3 + z^3 - 3xyz = (x+y+z)(x^2+y^2+z^2-xy-yz-zx)$으로부터 $n = 3$인 경우의 코시부등식이 증명되었다.

이제, $x \geq 0, y \geq 0, z \geq 0$일 때의 부등식 $x^3 + y^3 + z^3 \geq 3xyz$를 기본대칭다항식 $x + y + z = u, xy + yz + zx = v, xyz = w$를 이용하여 나타내고, 이를 이용하여 몇몇 대칭인 부등식을 유도하고 증명하자.

$x^3 + y^3 + z^3 = u^3 - 3uv + 3w$이므로, 대칭인 부등식 $x^3 + y^3 + z^3 \geq 3xyz$를 다음과 같이 기본대칭다항식의 부등식으로 쓸 수 있다.

$$u^3 - 3uv + 3w \geq 3w, \quad u^3 \geq 3uv, \quad u^2 \geq 3v$$

$u^2 \geq 3v$를 x, y, z에 대한 식으로 나타내면, 다음과 같은 대칭인 부등식이 된다.

$$(x+y+z)^2 \geq 3(xy+yz+zx)$$

결국, $x \geq 0, y \geq 0, z \geq 0,\ x + y + z \neq 0$일 때에 부등식 $x^3 + y^3 + z^3 \geq 3xyz$와 $(x+y+z)^2 \geq 3(xy+yz+zx)$는 동치임을 알 수 있다.

이제, $u^2 \geq 3v$를 이용하여 몇몇 부등식을 만들고 증명하여 보자. $u^2 \geq 3v$로부터 부등식을 만드는 쉬운 방법은 이 부등식의 양변에 같은 식을 더하거나 빼는 것이다.

가령, $u^2 \geq 3v$의 양변에서 $9w$를 빼자. 그러면 새로운 부등식 $u^2 - 9w \geq 3v - 9w$가 얻어진다. 이 부등식을 x, y, z에 대한 식으로 바꾸면, $(x+y+z)^2 - 9xyz \geq 3(xy + yz + zx) - 9xyz$가 된다. 이제, 괄호를 열어 전개하면, 다음 부등식이 얻어진다.

$$x^2 + y^2 + z^2 + 2xy + 2yz + 2zx - 9xyz \geq 3xy + 3yz + 3zx - 9xyz$$

이제, 이 부등식을 다음과 같이 쓸 수 있다.

$$x^2 + y^2 + z^2 + 2xy - 2xyz + 2yz - 2xyz + 2zx - 2xyz - 3xyz$$
$$\geq 3xy - 3xyz + 3yz - 3xyz + 3zx - 3xyz$$

이제, 공통인수를 묶어 식을 정리하면, 다음을 얻을 수 있다.

$$x^2 + y^2 + z^2 + 2xy(1-z) + 2yz(1-x) + 2zx(1-y) - 3xyz$$
$$\geq 3xy(1-z) + 3yz(1-x) + 3zx(1-y)$$

얻어진 식의 양변에서 $2xy(1-z)+2yz(1-x)+2zx(1-y)$을 빼면, 다음 부등식을 얻을 수 있다.

$$x^2 + y^2 + z^2 - 3xyz \geq xy(1-z) + yz(1-x) + zx(1-y)$$

부등식 $(x+y+z)^2 \geq 3(xy+yz+zx)$를 다른 방법으로 변형시켜 보자. 이를 위해, $x = ab, y = bc, z = ca$로 치환하자. 그러면, 대칭인 부등식 $(x+y+z)^2 \geq 3(xy+yz+zx)$로부터 다음과 같은 대칭인 부등식이 얻어진다.

$$(ab+bc+ca)^2 \geq 3(ab^2c + abc^2 + a^2bc)$$
$$(ab+bc+ca)^2 \geq 3abc(a+b+c)$$

이것을 기본대칭다항식 u, v, w를 이용해 나타내면, $v^2 \geq 3uw$이다.

여기서 치환 $x = ab, y = bc, z = ca$에 주목하자. 보통은 $x = l, y = m, z = n$과 같이 치환하는 것에 익숙하지만, $x = ab, y = bc, z = ca$도 식의 변형에서 유익하다.

이러한 치환에서 a, b, c를 x, y, z로 표현해 보면, $a = \sqrt{\frac{xz}{y}}, b = \sqrt{\frac{xy}{z}}, c = \sqrt{\frac{yz}{x}}$가 되며, x, y, z에 따라 a, b, c가 유일하게 결정된다.

한편, $x = \frac{1}{a}, y = \frac{1}{b}, z = \frac{1}{c}$과 같은 치환도 생각할 수 있다. 그러면, 부등식 $(x+y+z)^2 \geq 3(xy+yz+zx)$로부터 다음 부등식이 얻어진다.

$$\left(\frac{1}{a} + \frac{1}{b} + \frac{1}{c}\right)^2 \geq 3\left(\frac{1}{ab} + \frac{1}{bc} + \frac{1}{ac}\right)$$

얻어진 식을 정리하면, 다음을 얻을 수 있다.

$$\left(\frac{ab+bc+ca}{abc}\right)^2 \geq 3\left(\frac{a+b+c}{abc}\right), \quad \left(\frac{v}{w}\right)^2 \geq 3\left(\frac{u}{w}\right)$$

결국, 앞에서와 같은 부등식 $v^2 \geq 3uw$가 얻어진다.

이제, $u^2 \geq 3v$와 $v^2 \geq 3uw$를 이용하여 새로운 대칭인 부등식을 만들어 보자.

두 부등식을 항끼리 더하면, 부등식 $u^2 + v^2 \geq 3v + 3uw$를 얻을 수 있다. 이 부등식을 x, y, z에 대한 식으로 바꾸면 다음과 같다.

$$\begin{aligned}(x+y+z)^2 &+ (xy+yz+zx)^2 \\ &\geq 3(xy+yz+zx) + 3xyz(x+y+z) \\ &\geq 3(x^2yz + xy^2z + xyz^2 + xy + yz + zx)\end{aligned}$$

이로부터 $x \geq 0, y \geq 0, z \geq 0$에 대해 다음 대칭부등식을 얻을 수 있다.

$$(x+y+z)^2 + (xy+yz+zx)^2 \geq 3(x^2yz + xy^2z + xyz^2 + xy + yz + zx)$$

이와 같은 방법으로 많은 부등식들을 얻을 수 있다.

다른 예를 하나 더 살펴보자. 이를 위해, 부등식 $v^2 \geq 3uw$의 양변에 v를 곱하여 $v^3 \geq 3uvw$를 생각하자. 이 부등식을 부등식 $u^3 \geq 3uv$와 변끼리 더하면, 다음을 얻을 수 있다.

$$u^3 + v^3 \geq 3uv + 3uvw, \quad u^3 + v^3 \geq 3uv(1+w)$$

얻어진 부등식을 x, y, z에 대한 식으로 바꾸자. 그러면, $x \geq 0, y \geq 0, z \geq 0$에 대해 다음과 같은 대칭부등식을 얻을 수 있다.

$$\begin{aligned}(x+y+z)^3 &+ (xy+yz+zx)^3 \\ &\geq 3(x+y+z)(xy+yz+zx)(xyz+1) \\ &\geq 3(x^2y + xy^2 + y^2z + yz^2 + x^2z + xz^2 + 3xyz)(xyz+1)\end{aligned}$$

이제, 부등식 $u^2 \geq 3v$과 $v^2 \geq 3uw$을 항끼리 곱하자. 그러면, $u^2v^2 \geq 9uvw$, $uv \geq 9w$이 되며, 이것을 x, y, z에 대한 식으로 바꾸자. 그러면, $x \geq 0, y \geq 0, z \geq 0$, $x+y+z \neq 0$에 대해 다음이 성립한다.

$$(x+y+z)(xy+yz+zx) \geq 9xyz$$

부등식의 좌변을 전개하여 정리하면, 다음과 같은 대칭부등식을 얻을 수 있다.

$$x^2y + xy^2 + y^2z + yz^2 + x^2z + xz^2 - 6xyz \geq 0$$

살펴본 것과 같이, 대칭인 부등식 $x^3+y^3+z^3 \geq 3xyz$를 기본대칭다항식을 이용하여 $u^3 \geq 3uv$와 같이 나타낼 수 있었으며, 치환과 대수적인 연산을 이용하여 다양한 대칭인 부등식들을 생성할 수 있었다.

3. 3차방정식

등식

$$a^3+b^3+c^3-3abc = (a+b+c)(a^2+b^2+c^2-ab-bc-ca)$$

를 이용하면, 3차다항식을 이차식으로 인수분해를 할 수 있다. 이때, $c=x$로 치환하면, 다음과 같은 3차방정식을 얻을 수 있다.

$$x^3 - 3abx + (a^3+b^3) = (x+a+b)\{x^2-(a+b)x+a^2-ab+b^2\}$$

이제, 근의 공식을 이용하여 $x^2-(a+b)x+a^2-ab+b^2=0$의 근을 구하여, 이 식을 인수분해 하자. $x^2-(a+b)x+a^2-ab+b^2=0$에서 근의 공식을 이용하면, 다음과 같이 근을 구할 수 있다.

$$x = \frac{(a+b) \pm \sqrt{(a+b)^2-4(a^2-ab+b^2)}}{2}$$

제곱근호 안의 식을 다음과 같이 정리하자.

$$\begin{aligned}(a+b)^2-4(a^2-ab+b^2) &= a^2+2ab+b^2-4a^2+4ab-4b^2 \\ &= -3(a-b)^2\end{aligned}$$

그러면, $x^2-(a+b)x+a^2+ab+b^2=0$의 근을 다음과 같이 쓸 수 있다.

$$x=\frac{(a+b)\pm\sqrt{3(a-b)^2}i}{2}=\frac{(a+b)\pm(a-b)\sqrt{3}i}{2}$$

방정식 $x^2-(a+b)x+a^2-ab+b^2=0$의 한 근은

$$x=\frac{(a+b)+(a-b)\sqrt{3}i}{2}=\frac{1+\sqrt{3}i}{2}a+\frac{1-\sqrt{3}i}{2}b$$

이고, 다른 근은

$$x=\frac{1-\sqrt{3}i}{2}a+\frac{1+\sqrt{3}i}{2}b$$

가 됨을 알 수 있다.

이제, $x^3=1$의 한 허근을 ω라 하자. $x^3=1$에서 $x^3-1=(x-1)(x^2+x+1)=0$이다. 허근은 $x^2+x+1=0$에서 얻어지므로, 근의 공식을 이용하면 허근은 $\frac{-1\pm\sqrt{3}i}{3}$이다.

가령, $\frac{-1-\sqrt{3}i}{3}=\omega$라 놓으면, $\frac{-1+\sqrt{3}i}{3}=\omega^2$이다. 결국, $x^2-(a+b)x+a^2-ab+b^2=0$의 한 근을 다음과 같이 나타낼 수 있다.

$$x=\frac{1+\sqrt{3}i}{2}a+\frac{1-\sqrt{3}i}{2}b=-\omega a-\omega^2 b$$

그러면, 다른 근은 $x=-\omega^2 a-\omega b$가 된다.

결국, $x^3-3abx+(a^3+b^3)=(x+a+b)\{x^2-(a+b)x+a^2-ab+b^2\}$에서 다음을 유도할 수 있다.

$$x^3-3abx+(a^3+b^3)=(x+a+b)(x+\omega a+\omega^2 b)(x+\omega^2 a+\omega b)$$

결국, 3차방정식 $x^3-3abx+(a^3+b^3)=0$의 세 근은 다음과 같다.

$$x_1=-a-b,\ x_2=\frac{1+\sqrt{3}i}{2}a+\frac{1-\sqrt{3}i}{2}b,\ x_3=\frac{1-\sqrt{3}i}{2}a+\frac{1+\sqrt{3}i}{2}b$$

이것을 ω를 이용하여 나타내면, 다음과 같다.

$$x_1=-a-b, x_2=-\omega a-\omega^2 b, x_3=-\omega^2 a-\omega b$$

얻어진 3차방정식의 근은 카르다노의 'Ars Magna'에 있는 3차방정식의 근과 같은 것이다.[2] 'Ars Magna'에는 방정식 $x^3 = px + q$의 근이 제시되어 있다.

가령, 살펴본 $x^3 - 3abx + (a^3 + b^3) = 0$에 대한 근의 공식을 이용하여 $x^3 = px + q$의 근을 구한다고 하자. $x^3 - 3abx + (a^3 + b^3) = 0$과 $x^3 - px - q = 0$을 비교하면, $3ab = p, a^3 + b^3 = -q$이다. 이제, a, b를 p, q로 나타내 위의 근의 공식에 대입하자.

$3ab = p$에서 $b = \frac{p}{3a}$이므로, 이것을 $a^3 + b^3 = -q$에 대입하면 $a^3 + \left(\frac{p}{3a}\right)^3 = -q$이다. 이제, $a^3 + \left(\frac{p}{3a}\right)^3 = -q$를 전개하여 정리하면, 다음을 얻을 수 있다.

$$a^3 + \frac{p^3}{27a^3} = -q, \quad a^6 + qa^3 + \frac{p^3}{27} = 0$$

얻어진 식은 a^3에 대한 이차방정식이므로, 근의 공식에 의해 다음을 얻을 수 있다.

$$a^3 = \frac{-q \pm \sqrt{q^2 - \frac{4p^3}{27}}}{2} = -\frac{q}{2} \pm \sqrt{\frac{q^2}{4} - \frac{p^3}{27}} = -\frac{q}{2} \pm \sqrt{\left(\frac{q}{2}\right)^2 - \left(\frac{p}{3}\right)^3}$$

이로부터 다음과 같이 a값을 구할 수 있다.

$$a = \sqrt[3]{-\frac{q}{2} \pm \sqrt{\left(\frac{q}{2}\right)^2 - \left(\frac{p}{3}\right)^3}}$$

한편, $a^3 + b^3 = -q$이므로 다음이 성립한다.

$$a^3 + b^3 = -\frac{q}{2} \pm \sqrt{\left(\frac{q}{2}\right)^2 - \left(\frac{p}{3}\right)^3} + b^3 = -q$$
$$b^3 = -\frac{q}{2} \mp \sqrt{\left(\frac{q}{2}\right)^2 - \left(\frac{p}{3}\right)^3}$$

결국, 다음과 같은 a, b를 구하였다.

$$a = \sqrt[3]{-\frac{q}{2} \pm \sqrt{\left(\frac{q}{2}\right)^2 - \left(\frac{p}{3}\right)^3}}, \quad b = \sqrt[3]{-\frac{q}{2} \mp \sqrt{\left(\frac{q}{2}\right)^2 - \left(\frac{p}{3}\right)^3}}$$

이때, a, b에서 복부호는 같은 순서이다.

---

[2]카르다노의 'Ars Magna'에 있는 3차방정식의 해법은 '한인기(2019). 수학사도 배우고 수학도 알고, 서울: 교우사'의 10장을 참고할 수 있음.

이제, $x^3 - 3abx + (a^3 + b^3) = 0$에 대해 근들 중에서 하나가 $x = -a - b$였다. 구해진 a, b를 여기에 대입해 보자.

$$\begin{aligned} x = -a - b &= -\sqrt[3]{-\frac{q}{2} + \sqrt{\left(\frac{q}{2}\right)^2 - \left(\frac{p}{3}\right)^3}} - \sqrt[3]{-\frac{q}{2} - \sqrt{\left(\frac{q}{2}\right)^2 - \left(\frac{p}{3}\right)^3}} \\ &= \sqrt[3]{\frac{q}{2} - \sqrt{\left(\frac{q}{2}\right)^2 - \left(\frac{p}{3}\right)^3}} + \sqrt[3]{\frac{q}{2} + \sqrt{\left(\frac{q}{2}\right)^2 - \left(\frac{p}{3}\right)^3}} \end{aligned}$$

이 x값은 'Ars Magna'에 제시된 방정식 $x^3 = ax + b$의 해

$$x = \sqrt[3]{\frac{b}{2} + \sqrt{\left(\frac{b}{2}\right)^2 - \left(\frac{a}{3}\right)^3}} + \sqrt[3]{\frac{b}{2} - \sqrt{\left(\frac{b}{2}\right)^2 - \left(\frac{a}{3}\right)^3}}$$

과 일치한다는 것을 알 수 있다.

제 4 장.

$x^n - 1$

$x^n - 1$는 정n각형의 작도 가능성 문제와 관련하여 오래 전부터 수학자들이 연구해 온 다항식이다. 이 장에서는 이항식 $x^n - 1$에 관련된 이론적인 문제들을 다루고 있다. $x^n - 1$은 학교수학과도 밀접하게 연결되는 다항식이다. 실제로, $x^n - 1$은 정n각형의 작도뿐만 아니라, 인수분해, 등비수열의 합, 3차방정식과 4차방정식의 해법 등과 관련된다.

여기서는 $x^n - 1$을 정수인 계수를 가지는 인수들로 분해하는 문제를 살펴보았다. 그리고 $n = 3, n = 4$인 경우에 방정식 $x^n - 1 = 0$의 해를 이용하여 3차방정식과 4차방정식을 만드는 방법을 소개하였고, 실제로 몇 개의 방정식들을 만들었다.

이 장에서는 복소수의 극형식, 드 무와브르 정리를 살펴보았다. 이를 바탕으로 작도 가능성에 대한 가우스 정리를 살펴보았고, 정17각형을 자와 컴퍼스를 이용하여 작도할 수 있음을 소개하였다.

이 장은 다음의 소단원들로 구성되어 있다.

- 인수분해
- 3차방정식과 4차방정식
- 드 무와브르 정리와 정다각형 작도

1. 인수분해

다항식 $x^n - 1$을 다음과 같이 인수분해하는 것은 알려진 사실이다.

$$x^n - 1 = (x-1)(x^{n-1} + x^{n-2} + \cdots + x^2 + x + 1)$$

이 인수분해의 증명은 등비수열의 합을 구하는 과정과 관련하여 생각할 수 있다. 다음과 같이 공비가 x이며 n개의 항으로 이루어진 등비수열을 생각하자.

$$1,\ x,\ x^2,\ x^3,\ x^4,\ \cdots,\ x^{n-2},\ x^{n-1}$$

이 등비수열의 합 S를 구하자. 이를 위해, S와 xS를 계산하면 다음과 같은 등식을 얻을 수 있다.

$$S = 1 + x + x^2 + x^3 + \cdots + x^{n-2} + x^{n-1}$$

$$xS = x + x^2 + x^3 + x^4 + \cdots + x^{n-1} + x^n$$

이제, xS에 대한 식에서 S에 대한 식을 항끼리 빼자. 그러면, 다음을 얻을 수 있다.

$$xS - S = -1 + (x - x) + (x^2 - x^2) + \cdots + (x^{n-1} - x^{n-1}) + x^n$$

이제, 항들을 소거하여 정리하면, 다음을 얻을 수 있다.

$$xS - S = x^n - 1, \quad S = \frac{x^n - 1}{x - 1}$$

이로부터 다음을 알 수 있다.

$$S = 1 + x + x^2 + x^3 + \cdots + x^{n-2} + x^{n-1} = \frac{x^n - 1}{x - 1}$$

$$x^n - 1 = (x-1)(x^{n-1} + x^{n-2} + \cdots + x^2 + x + 1)$$

이것은 공비가 r이고 초항이 a_1인 등비수열의 n항까지의 합 S를 구하는 공식

$$S = \frac{a_1(1 - r^n)}{1 - r} = \frac{a_1(r^n - 1)}{r - 1}$$

에서 $a_1 = 1, r = x$인 경우이다.

등비수열의 합의 공식을 이용하면, $x^n - a^n$에 대한 인수분해 공식도 얻을 수 있다. 초항이 a^{n-1}이고 공비가 $\frac{x}{a}$이며 n개의 항으로 이루어진 다음 등비수열을 생각하자.

$$a^{n-1},\ a^{n-2}x,\ a^{n-3}x^2,\ \cdots,\ a^2x^{n-3},\ ax^{n-2},\ x^{n-1}$$

이제, 등비수열의 합을 구하자.

$$S = \frac{a^{n-1}\{(\frac{x}{a})^n - 1\}}{(\frac{x}{a}) - 1} = \frac{a^{n-1}\left(\frac{x^n - a^n}{a^n}\right)}{\frac{x-a}{a}} = \frac{x^n - a^n}{x - a}$$

이로부터 $x^n - a^n = (x-a)S$이다. $S = a^{n-1} + a^{n-2}x + \cdots + ax^{n-2} + x^{n-1}$임을 감안하면, 다음과 같은 인수분해를 얻을 수 있다.

$$x^n - a^n = (x-a)(x^{n-1} + ax^{n-2} + \cdots + a^{n-2}x + a^{n-1})$$

얻어진 결과를 이용하면, 홀수인 n에 대해서도 다음을 알 수 있다.

$$x^n + b^n = (x+b)(x^{n-1} - bx^{n-2} + b^2x^{n-3} + \cdots - b^{n-2}x + b^{n-1})$$

이 식은 $x^n - a^n$에 대한 식에서 a대신 $-b$를 대입하면 얻어진다. n이 홀수이므로, $(-b)^n = -b^n$이며 이때 $x^n - a^n$은 $x^n + b^n$이 된다. 그리고, 나머지 우변의 항들에 대해서도 a대신 $-b$를 대입하면 된다.

예를 들어, 홀수인 $n = 3, 5, 7$에 대해 $x^n + 1$을 인수분해 한다고 하자. 그러면, 다음과 같은 인수분해를 얻을 수 있다.

$$x^3 + 1 = x^3 + 1^3 = (x+1)(x^2 - x + 1)$$
$$x^5 + 1 = x^5 + 1^3 = (x+1)(x^4 - x^3 + x^2 - x + 1)$$
$$x^7 + 1 = x^7 + 1^3 = (x+1)(x^6 - x^5 + x^4 - x^3 + x^2 - x + 1)$$

이때, $x^2-x+1, x^4-x^3+x^2-x+1, x^6-x^5+x^4-x^3+x^2-x+1$이 정수인 α에 대해 $x-\alpha$를 인수로 가지는가를 생각하자. 달리 말하면, $x^3+1=0, x^5+1=0, x^7+1=0$이 $x=-1$이외에 다른 정수해를 가지는지를 조사하자.

$x^2-x+1=0$에 근의 공식을 이용하면, 복소수인 두 해를 가진다는 것을 쉽게 알 수 있다. 그러나, $x^4-x^3+x^2-x+1=0, x^6-x^5+x^4-x^3+x^2-x+1=0$이 정수인 해를 가지는지를 확인하는 것은 쉽지 않다. 이러한 경우에, 다음과 같은 정리를 이용하여 대답을 찾을 수 있다.[1]

> 계수가 정수인 다항식 $P(x)=a_nx^n+a_{n-1}x^{n-1}+\cdots+a_1x+a_0$가 기약분수인 근 $x_0=\frac{q}{p}$를 가진다고 하자. 그러면 a_n은 p로 나누어떨어지고, a_0는 q로 나누어떨어진다.

가령, 방정식 $x^6-x^5+x^4-x^3+x^2-x+1=0$을 생각하자. 이 방정식은 계수가 모두 정수이므로, 정수인 근 α를 가진다고 하면 1이 α로 나누어떨어져야 한다. 결국, $\alpha=\pm1$이 가능하다. 그런데, $x^6-x^5+x^4-x^3+x^2-x+1$에 $x=\pm1$을 대입해도 0이 되지 않으므로, $x^6-x^5+x^4-x^3+x^2-x+1=0$은 정수인 해를 가지지 않는다.

이것을 일반화하면, 홀수인 n에 대해 방정식 $x^n+1=(x+1)(x^{n-1}-x^{n-2}+\cdots+x^2-x+1)=0$은 $x=-1$을 제외한 다른 정수인 해를 가지지 않는다는 것을 알 수 있다.

한편, 홀수인 n에 대해 $x^n-1=(x-1)(x^{n-1}+x^{n-2}+\cdots+x^2+x+1)=0$도 비슷하게 생각할 수 있다. 방정식 $x^{n-1}+x^{n-2}+\cdots+x^2+x+1=0$에서 n이 홀수이므로 $n-1$은 짝수가 된다. 그러므로, 홀수인 n에 대해 방정식 $x^{n-1}+x^{n-2}+\cdots+x^2+x+1=0$의 좌변은 홀수 개의 항으로 구성되며, x대신에 ±1을 대입하면 0이 될 수 없다. 결국, $x^n-1=0$도 $x=1$이외에는 정수인 해를 가지지 않는다.

짝수인 $n=2m$에 대해 생각하자. $x^n-1=x^{2m}-1=(x^m+1)(x^m-1)$이 되므로, 짝수인 n에 대해 $x^n-1=0$은 정수인 해로 $x=1, x=-1$을 가진다.

이제, $n=2,3,4,\cdots$에 대해 인수분해 $x^n-1=(x-1)(x^{n-1}+x^{n-2}+\cdots+x^2+x+1)$를 자세히 살펴보자. 이때, 인수분해를 하여 얻어지는 항들의 계수를 정수의 범위에서 생각하자.

[1]이 정리의 증명은 '한인기(2019). 수학사도 배우고 수학도 알고, 서울: 교우사'의 4장을 참고.

어렵지 않게, 다음을 알 수 있다.

$$x^1 - 1 = x - 1$$

$$x^2 - 1 = (x-1)(x+1)$$

$$x^3 - 1 = (x-1)(x^2+x+1)$$

$$x^4 - 1 = (x-1)(x^3+x^2+x+1) = (x-1)(x+1)(x^2+1)$$

이때, $x^4 - 1$은 다음과 같이 생각할 수도 있다.

$$x^4 - 1 = (x^2-1)(x^2+1) = (x-1)(x+1)(x^2+1)$$

이제, $x^5 - 1, x^6 - 1, x^7 - 1$을 살펴보자.

$$\begin{aligned} x^5 - 1 &= (x-1)(x^4+x^3+x^2+x+1) \\ x^6 - 1 &= (x^3-1)(x^3+1) = (x-1)(x^2+x+1)(x+1)(x^2-x+1) \\ &= (x-1)(x+1)(x^2+x+1)(x^2-x+1) \\ x^7 - 1 &= (x-1)(x^6+x^5+x^4+x^3+x^2+x+1) \end{aligned}$$

이때, $x^5 - 1 = (x-1)(x^4+x^3+x^2+x+1)$을 살펴보자. 여기서 다항식 $x^4 + x^3 + x^2 + x + 1$은 정수인 계수를 가지는 인수들로 더이상 분해되지 않는가?

다항식 $x^4+x^3+x^2+x+1$이 정수인 해 α를 가지지 않는다는 것을 이미 말하였다. 즉, 이 다항식은 $(x-\alpha)$인 인수를 가지지는 않는다. 그렇다면, 다항식 $x^4+x^3+x^2+x+1$이 두 이차식의 곱으로는 인수분해되지 않는가? 이를 조사하자.

가령, $x^4+x^3+x^2+x+1$이 계수가 정수인 이차식의 곱으로 인수분해 되었다고 가정하자. 그러면, 다음과 같이 쓸 수 있다.

$$x^4+x^3+x^2+x+1 = (a_1x^2+a_2x+a_3)(b_1x^2+b_2x+b_3)$$

이때 x^4의 계수를 비교해 보면, $a_1b_1 = 1$이다. $a_1b_1 = 1$을 만족하는 정수 (a_1, b_1)은 $(1,1)$ 또는 $(-1,-1)$이다. 그리고, 상수항들을 비교하면, $a_3b_3 = 1$이다. 이를 만족하는 (a_3, b_3)은 $(1,1)$ 또는 $(-1,-1)$이다.

이제, $(a_1, b_1) = (1, 1), (a_3, b_3) = (1, 1)$인 경우를 생각하자. $(a_1, b_1) = (1, 1)$, $(a_3, b_3) = (1, 1)$을 등식에 대입하면, 다음을 얻을 수 있다.

$$x^4 + x^3 + x^2 + x + 1 = (x^2 + a_2 x + 1)(x^2 + b_2 x + 1)$$

등식의 우변을 전개하여 x^2항의 계수와 x항의 계수들을 비교하면, $a_2 b_2 = -1, a_2 + b_2 = 1$이 된다. 그런데, $a_2 b_2 = -1, a_2 + b_2 = 1$을 동시에 만족시키는 정수 a_2, b_2는 존재하지 않는다.

한편, (a_1, b_1)이 $(1, 1)$이고 $(a_3, b_3) = (-1, -1)$인 경우, (a_1, b_1)이 $(-1, -1)$이고 $(a_3, b_3) = (1, 1)$인 경우, (a_1, b_1)이 $(-1, -1)$이고 $(a_3, b_3) = (-1, -1)$인 경우도 유사한 방법으로, $x^4 + x^3 + x^2 + x + 1 = (a_1 x^2 + a_2 x + a_3)(b_1 x^2 + b_2 x + b_3)$을 만족시키는 정수인 a_2, b_2가 존재하지 않는다는 것을 확인할 수 있다. 결국, $x^4 + x^3 + x^2 + x + 1$은 정수인 계수를 가지는 인수들로 더이상 분해되지 않는다.

참고로, 다항식 $x^4 + x^3 + x^2 + x + 1$을 정수인 계수를 가지는 인수들로 분해할 수 있는지 확인하는 대수적인 방법으로 아이젠슈타인 판정법이 있다. 아이젠슈타인 판정법은 다음과 같다.[2]

> 계수가 정수인 다항식 $P(x) = a_n x^n + a_{n-1} x^{n-1} + \cdots + a_2 x^2 + a_1 x + a_0$가 주어졌다. a_n을 제외한 $a_{n-1}, a_{n-2}, \cdots, a_1, a_0$를 나누는 소수 p가 존재한다. 이때, p는 a_n을 나누지 못하며, p^2은 a_0를 나누지 못한다. 그러면, $P(x)$는 정수인 계수를 가지는 인수들로 인수분해 되지 않는다.

가령, 다항식 $x^4 + 2x^3 + 4x^2 + 4x + 2$에 대해 아이젠슈타인 판정법을 사용하자. x^3항, x^2항, x항의 계수 $2, 4, 4$와 상수항 2가 소수 $p = 2$로 나누어 떨어지고, x^4항의 계수는 $p = 2$로 나누어 떨어지지 않는다. 그리고 상수항 2가 $p^2 = 2^2 = 4$로 나누어 떨어지지 않는다. 그러므로, 아이젠슈타인 판정법에 의해 다항식 $x^4 + 2x^3 + 4x^2 + 4x + 2$는 정수인 계수를 가지는 인수들로 분해되지 않는다.

[2]여기서 아이젠슈타인 판정법에 대한 증명은 살펴보지 않을 것이다. 추상대수학 책에 증명이 소개되어 있으므로, 참고하기 바람.

다항식 $P(x) = x^4+x^3+x^2+x+1$에 아이젠슈타인의 판정법을 사용하자. 그런데, x^3항, x^2항, x항의 계수가 1이므로, 이들을 나누는 소수 p를 찾을 수 없다. 이러한 경우에는 $x = y+1$로 치환하여 문제를 해결할 수 있다. 왜냐 하면, $P(x)$를 정수 계수인 $f(x)\times g(x)$로 인수분해할 수 있다는 것과 $P(x+k)$를 정수 계수인 $f(x+k)\times g(x+k)$로 인수분해할 수 있다는 것은 같은 의미를 가지기 때문이다.

$P(y+1)$을 다음과 같이 계산하자.

$$\begin{aligned} P(y+1) &= (y+1)^4+(y+1)^3+(y+1)^2+(y+1)+1 \\ &= y^4+5y^3+10y^2+10y+5 \end{aligned}$$

이때, y^3항, y^2항, y항의 계수와 상수항을 모두 나누는 소수 5를 생각하자. 이때 5는 y^4항의 계수 1을 나누지 못하며, p^2인 25는 상수항 5를 나누지 못한다. 그러므로, 아이젠슈타인의 판정법에 의해, $P(x)$는 정수인 계수를 가지는 인수들로 분해되지 못한다.

$x^7-1 = (x-1)(x^6+x^5+x^4+x^3+x^2+x+1)$에서 아이젠슈타인 판정법을 이용하면, 다항식 $x^6+x^5+x^4+x^3+x^2+x+1$이 정수인 계수를 가지는 인수들로 분해되지 못한다는 것을 확인할 수 있다.

이제, $n = 2, 3, 4, 5, 6, 7$에 대한 x^n-1의 인수분해에서 인수의 개수를 주목하자.

x^2-1은 계수가 정수인 2개의 인수로 인수분해가 되며, x^3-1은 2개의 인수, x^4-1은 3개의 인수, x^5-1은 2개의 인수, x^6-1은 4개의 인수, x^7-1은 2개의 인수로 인수분해가 되었다.

x^n-1을 계수가 정수인 인수들로 인수분해하였다고 하자. 이때, 얻어진 인수들의 개수는 n과 어떤 관계가 있는가? 가령, $n=8$인 경우의 다항식 x^8-1은 몇 개의 인수로 분해될까? 실제로, x^8-1은 다음과 같이 인수분해할 수 있다.

$$\begin{aligned} x^8-1 = (x^4-1)(x^4+1) &= (x^2-1)(x^2+1)(x^4+1) \\ &= (x-1)(x+1)(x^2+1)(x^4+1) \end{aligned}$$

x^8-1은 4개의 인수로 분해되었다. 이 4라는 수는 $n=8$의 약수 $1, 2, 4, 8$의 개수와

일치한다. 살펴본 $x^2-1, x^3-1, x^4-1, x^5-1, x^6-1, x^7-1$에서도 인수분해하여 얻어진 인수의 개수와 $n=2,3,4,5,6,7$의 약수의 개수가 일치한다는 것을 알 수 있다.

이제, $f_1(x)=x-1$이라 하자. 그러면, $x^2-1=f_1(x)\times(x+1)$이 된다. $f_2(x)=x+1$이라 놓으면, $x^2-1=f_1(x)\times f_2(x)$가 된다.

$x^3-1=(x-1)(x^2+x+1)=f_1(x)\times(x^2+x+1)$인데, $x^2+x+1=f_3(x)$라 하자. 그러면, 다음이 성립한다.

$$x^3-1=f_1(x)\times f_3(x)$$

x^3-1에서 x의 지수인 3의 약수가 $1,3$인 것과 $x^3-1=f_1(x)\times f_3(x)$인 것에 주목하자.

$x^4-1=(x-1)(x+1)(x^2+1)=f_1(x)\times f_2(x)\times(x^2+1)$인데, $x^2+1=f_4(x)$라 놓자. 그러면, 다음과 같이 쓸 수 있다.

$$x^4-1=f_1(x)\times f_2(x)\times f_4(x)$$

한편, $x^5-1=(x-1)(x^4+x^3+x^2+x+1)$에서 $x^4+x^3+x^2+x+1=f_5(x)$라 놓으면, $x^5-1=f_1(x)\times f_5(x)$가 된다.

6은 인수로 $1,2,3,6$을 가지므로, $x^6-1=f_1(x)\times f_2(x)\times f_3(x)\times f_6(x)$와 같이 인수분해 될 수 있을까? 라는 추측을 할 수 있다. x^6-1의 인수분해는 다음과 같다.

$$x^6-1=(x-1)(x+1)(x^2+x+1)(x^2-x+1)$$

이때, $f_6(x)=x^2-x+1$로 놓으면, 다음과 같이 쓸 수 있다.

$$x^6-1=f_1(x)\times f_2(x)\times f_3(x)\times f_6(x)$$

항상 이러한 관계가 성립하는가? 즉, x^n-1에서 n의 약수를 $n_1,n_2,\cdots,n_k$라 하면, 다음 관계가 항상 성립하는가?

$$x^n-1=f_{n_1}(x)\times f_{n_2}(x)\times\cdots\times f_{n_k}(x)$$

다항식 $x^n - 1$의 근을 복소수로 나타내면 이 물음에 대해 어렵지 않게 접근할 수 있을 것이다.

안편, $x^7 - 1 = (x-1)(x^6 + x^5 + x^4 + x^3 + x^2 + x + 1)$이므로, $f_7(x) = x^6 + x^5 + x^4 + x^3 + x^2 + x + 1$라 놓자. 그러면, 다음이 성립한다.

$$x^7 - 1 = f_1(x) \times f_7(x)$$

$x^8 - 1$의 경우를 살펴보자. $x^8 - 1 = (x^4 - 1)(x^4 + 1)$이므로, 다음과 같이 계수가 정수인 인수들로 인수분해 할 수 있다.

$$\begin{aligned} x^8 - 1 &= (x^4 - 1)(x^4 + 1) = (x^2 - 1)(x^2 + 1)(x^4 + 1) \\ &= (x-1)(x+1)(x^2+1)(x^4+1) \end{aligned}$$

이때, $f_8(x) = x^4 + 1$이라 하면, 다음과 같이 쓸 수 있다.

$$x^8 - 1 = f_1(x) \times f_2(x) \times f_4(x) \times f_8(x)$$

다항식 x^4+1이 더이상 정수 계수인 인수들로 분해되지 않는다는 것도 아이젠슈타인 판정법을 이용하여 확인할 수 있다. 앞에서와 같이 $x = y + 1$로 치환하자. 그러면, 다음 식을 얻을 수 있다.

$$x^4 + 1 = (y+1)^4 + 1 = y^4 + 4y^3 + 6y^2 + 4y + 2$$

얻어진 다항식에서 y^3항, y^2항, y항의 계수와 상수항 2는 소수 $p = 2$로 나누어 떨어지며, y^4항의 계수는 2로 나누어 떨어지지 않고 $p^2 = 4$는 상수항 2를 나누지 못한다. 그러므로, 다항식 $y^4 + 4y^3 + 6y^2 + 4y + 2$는 정수 계수인 인수들로 분해되지 않으며, $x^4 + 1$도 정수 계수인 인수들로 분해되지 않는다.

이제, $n = 9, 10, 11, 12, 13, 14, 15$에 대해 $x^n - 1$을 정수인 계수로 인수분해 하는 것을 살펴보자.

$$\begin{aligned} x^9 - 1 &= (x^3 - 1)(x^6 + x^3 + 1) = (x-1)(x^2 + x + 1)(x^6 + x^3 + 1) \\ &= f_1(x) \times f_3(x) \times f_9(x) \end{aligned}$$

$$\begin{aligned} x^{10}-1 &= (x^5-1)(x^5+1) = (x-1)(x^4+x^3+x^2+x+1)(x^5+1) \\ &= (x-1)(x^4+x^3+x^2+x+1)(x+1)(x^4-x^3+x^2-x+1) \\ &= (x-1)(x+1)(x^4+x^3+x^2+x+1)(x^4-x^3+x^2-x+1) \\ &= f_1(x)\times f_2(x)\times f_5(x)\times f_{10}(x) \\ x^{11}-1 &= (x-1)(x^{10}+x^9+x^8+\cdots+x^2+x+1) \\ &= f_1(x)\times f_{11}(x) \end{aligned}$$

여기서 $f_9(x)=x^6+x^3+1$, $f_{10}(x)=x^4-x^3+x^2-x+1$, $f_{11}(x)=x^{10}+x^9+x^8+\cdots+x^2+x+1$이다.

이제, $x^{12}-1$을 계수가 정수인 인수들로 분해하자.

$$\begin{aligned} x^{12}-1 &= (x^4-1)(x^8+x^4+1) \\ &= (x-1)(x+1)(x^2+1)(x^8+x^4+1) \end{aligned}$$

이때, $x^8+x^4+1=x^8+2x^4+1-x^4=(x^4+1)^2-x^4=(x^4+x^2+1)(x^4-x^2+1)$이 되며, 다시 $x^4+x^2+1=x^4+2x^2+1-x^2=(x^2+1)^2-x^2=(x^2+x+1)(x^2-x+1)$이 된다. 결국, $x^{12}-1$은 다음과 같이 계수가 정수인 인수들로 인수분해 된다.

$$\begin{aligned} x^{12}-1 &= (x-1)(x+1)(x^2+x+1)(x^2+1)(x^2-x+1)(x^4-x^2+1) \\ &= f_1(x)\times f_2(x)\times f_3(x)\times f_4(x)\times f_6(x)\times f_{12}(x) \end{aligned}$$

이때, $x^4-x^2+1=f_{12}(x)$이다.

$x^{13}-1$은 다음과 같이 계수가 정수인 인수들로 인수분해 된다.

$$x^{13}-1=(x-1)(x^{12}+x^{11}+x^{10}+x^9+\cdots+x^3+x^2+x+1)$$

이때, $x^{12}+x^{11}+x^{10}+x^9+\cdots+x^3+x^2+x+1=f_{13}(x)$라 두면, 다음을 알 수 있다.

$$x^{13}-1=f_1(x)\times f_{13}(x)$$

$x^{14}-1$을 계수가 정수인 인수들로 분해하면, 다음과 같다.

$$\begin{aligned} x^{14}-1 &= (x^7-1)(x^7+1) \\ &= (x-1)(x^6+x^5+x^4+x^3+x^2+x+1)\times \\ &\qquad \times (x+1)(x^6-x^5+x^4-x^3+x^2-x+1) \\ &= (x-1)(x+1)(x^6+x^5+x^4+x^3+x^2+x+1)\times \\ &\qquad \times (x^6-x^5+x^4-x^3+x^2-x+1) \\ &= f_1(x)\times f_2(x)\times f_7(x)\times f_{14}(x) \end{aligned}$$

이때, $x^6-x^5+x^4-x^3+x^2-x+1=f_{14}(x)$이다.

$x^{15}-1$을 $(x^3)^5-1$로 보고 다음과 같이 인수분해 할 수 있다.

$$\begin{aligned} x^{15}-1 = (x^3)^5-1 &= (x^3-1)(x^{12}+x^9+x^6+x^3+1) \\ &= (x-1)(x^2+x+1)(x^{12}+x^9+x^6+x^3+1) \end{aligned}$$

이제, $x^{12}+x^9+x^6+x^3+1$을 인수분해 하자.

$x^{12}+x^9+x^6+x^3+1$의 인수를 찾는 것은 쉽지 않다. $x^{15}-1=f_1(x)\times f_3(x)\times f_5(x)\times f_{15}(x)$가 될 것이라는 생각으로부터 인수분해를 위한 아이디어를 찾자.

$f_5(x)=x^4+x^3+x^2+x+1$이므로, $x^{12}+x^9+x^6+x^3+1$을 $x^4+x^3+x^2+x+1$로 나누어보자. 그러면, 몫으로 $x^8-x^7+x^5-x^4+x^3-x+1$을 얻을 수 있다. 결국, $x^{15}-1$을 다음과 같이 인수분해 할 수 있다.

$$\begin{aligned} x^{15}-1 &= (x-1)(x^2+x+1)(x^{12}+x^9+x^6+x^3+1) \\ &= (x-1)(x^2+x+1)(x^4+x^3+x^2+x+1)(x^8-x^7+x^5-x^4+x^3-x+1) \\ &= f_1(x)\times f_3(x)\times f_5(x)\times f_{15}(x) \end{aligned}$$

이때, $x^8-x^7+x^5-x^4+x^3-x+1=f_{15}(x)$이다.

x^n-1의 인수분해에서 n이 소수인 경우를 살펴보자. 살펴본 것들 중에서는 $n=$

$3, 5, 7, 11, 13$인 경우가 여기에 속한다. 이들의 인수분해를 정리하면 다음과 같다.

$$x^3 - 1 = f_1(x) \times f_3(x) = (x-1)(x^2 + x + 1)$$
$$x^5 - 1 = f_1(x) \times f_5(x) = (x-1)(x^4 + x^3 + x^2 + x + 1)$$
$$x^7 - 1 = f_1(x) \times f_7(x) = (x-1)(x^7 + x^6 + \cdots + x^2 + x + 1)$$
$$x^{11} - 1 = f_1(x) \times f_{11}(x) = (x-1)(x^{10} + x^9 + \cdots + x^2 + x + 1)$$
$$x^{13} - 1 = f_1(x) \times f_{13}(x) = (x-1)(x^{12} + x^{11} + \cdots + x^2 + x + 1)$$

소수 p에 대해 살펴본 인수분해로부터 다음을 알 수 있다.

$$\begin{aligned} x^p - 1 &= f_1(x) \times f_p(x) \\ &= (x-1)(x^{p-1} + x^{p-2} + \cdots + x^2 + x + 1) \end{aligned}$$

2. 3차방정식과 4차방정식

$x^3 - 1 = 0$과 $x^4 - 1 = 0$의 해를 어렵지 않게 구할 수 있다. $x^3 - 1 = (x-1)(x^2+x+1)$이므로, $x^3 - 1 = 0$의 해를 복소수 범위에서 구하면 다음과 같다.

$$x_1 = 1, \quad x_2 = \frac{-1+\sqrt{3}i}{2}, \quad x_3 = \frac{-1-\sqrt{3}i}{2}$$

한편, $x^4 - 1 = (x-1)(x+1)(x^2+1)$이므로, $x^4 - 1 = 0$의 해를 복소수 범위에서 구하면 다음과 같다.

$$x_1 = 1, \quad x_2 = -1, \quad x_3 = i, \quad x_4 = -i$$

이제, $x^3 - 1 = 0$과 $x^4 - 1 = 0$의 해를 이용하여, 다양한 3차방정식과 4차방정식을 만들고 그 해를 찾아보자. 우선, 3차방정식을 만들자.

방정식 $x^3 - 1 = 0$의 해 $x_1 = 1, x_2 = \frac{-1+\sqrt{3}i}{2}, x_3 = \frac{-1-\sqrt{3}i}{2}$와 다항식 $f(x)$를 생각하여, $f(x_1) \times f(x_2) \times f(x_3)$를 계산하자. 가령, $f(x) = a_0 + a_1x + a_2x^2$을 생각하자.

그러면, $f(x_1) = a_0 + a_1 + a_2$가 얻어진다. 이제, $f(x_2)$를 계산하자.

$$\begin{aligned} f(x_2) &= a_0 + \left(\frac{-1+\sqrt{3}i}{2}\right) a_1 + \left(\frac{-1+\sqrt{3}i}{2}\right)^2 a_2 \\ &= a_0 + \left(\frac{-1+\sqrt{3}i}{2}\right) a_1 + \left(\frac{-2-2\sqrt{3}i}{4}\right) a_2 \\ &= a_0 + \left(\frac{-1+\sqrt{3}i}{2}\right) a_1 + \left(\frac{-1-\sqrt{3}i}{2}\right) a_2 \end{aligned}$$

이때, $\frac{-1+\sqrt{3}i}{2} = \omega$라 두자. 그러면, $\omega^2 = \frac{-1-\sqrt{3}i}{2}$이므로, $f(x_2) = a_0 + a_1\omega + a_2\omega^2$이다. 유사한 방법으로 계산하면, $f(x_3) = a_0 + a_1\omega^2 + a_2\omega$가 됨을 알 수 있다.

이제, $f(x_1) \times f(x_2) \times f(x_3)$를 다음과 같이 계산할 수 있다. 이때, $\omega^3 = 1, \omega + \omega^2 = -1$임을 생각하자.

$$\begin{aligned} f(x_1) \times f(x_2) \times f(x_3) &= (a_0 + a_1 + a_2)(a_0 + a_1\omega + a_2\omega^2)(a_0 + a_1\omega^2 + a_2\omega) \\ &= (a_0 + a_1 + a_2)(a_0^2 + a_0a_1\omega^2 + a_0a_2\omega + a_0a_1\omega + a_1^2\omega^3 + a_1a_2\omega^2 \\ &\qquad + a_0a_2\omega^2 + a_1a_2\omega^4 + a_2^2\omega^3) \\ &= (a_0 + a_1 + a_2)(a_0^2 + a_0a_1\omega^2 + a_0a_2\omega + a_0a_1\omega + a_1^2 + a_1a_2\omega^2 \\ &\qquad + a_0a_2\omega^2 + a_1a_2\omega + a_2^2) \\ &= (a_0 + a_1 + a_2)\{a_0^2 + a_1^2 + a_2^2 + a_0a_1(\omega + \omega^2) + a_0a_2(\omega + \omega^2) \\ &\qquad + a_1a_2(\omega + \omega^2)\} \\ &= (a_0 + a_1 + a_2)(a_0^2 + a_1^2 + a_2^2 - a_0a_1 - a_0a_2 - a_1a_2) \\ &= a_0^3 + a_1^3 + a_2^3 - 3a_0a_1a_2 \end{aligned}$$

결국, $f(x_1) \times f(x_2) \times f(x_3)$의 계산으로부터 다음과 같은 인수분해를 얻을 수 있다.

$$a_0^3 + a_1^3 + a_2^3 - 3a_0a_1a_2 = (a_0 + a_1 + a_2)(a_0 + a_1\omega + a_2\omega^2)(a_0 + a_1\omega^2 + a_2\omega)$$

이제, $a_0 = x$라 두면, $a_0^3 + a_1^3 + a_2^3 - 3a_0a_1a_2 = x^3 - 3a_1a_2x + a_1^3 + a_2^3$이다. 결국, 다음과 같은 3차방정식의 근의 공식을 얻을 수 있다.

$$x^3 - 3a_1a_2x + a_1^3 + a_2^3 = (x + a_1 + a_2)(x + a_1\omega + a_2\omega^2)(x + a_1\omega^2 + a_2\omega)$$

예를 들어, $a_1=3, a_2=7$이라 하자. 그러면, $x^3-3a_1a_2x+a_1^3+a_2^3$은 $x^3-63x+27+343$이 되고, 다음과 같은 인수분해를 얻게 된다.

$$x^3-63x+27+343=(x+3+7)(x+3\omega+7\omega^2)(x+3\omega^2+7\omega)$$

결국, 3차방정식 $x^3-63x+370=0$의 해는 $x_1=-10, x_2=-3\omega-7\omega^2=3-4\omega^2, x_3=-3\omega^2-7\omega=3-4\omega$라는 것을 알 수 있다. 이때, $\omega=\frac{-1+\sqrt{3}i}{2}$이다.

지금까지 $x^3-1=0$의 해 $x_1=1, x_2=\frac{-1+\sqrt{3}i}{2}=\omega, x_3=\frac{-1-\sqrt{3}i}{2}=\omega^2$에 대해 $f(x)=a_0+a_1x+a_2x^2$를 생각하여, $f(x_1)\times f(x_2)\times f(x_3)$를 계산하였다. 이를 통해, 3차식을 인수분해하는 흥미로운 식을 얻을 수 있었다.

이제, $f(x)=a_0+a_1x+a_2x^3$에 대해 같은 방법을 적용해 보자. 우선, $f(x_1)$, $f(x_2)$, $f(x_3)$를 계산하자.

$$f(x_1)=f(1)=a_0+a_1+a_2$$

$$f(x_2)=f(\omega)=a_0+a_1\omega+a_2\omega^3=a_0+a_1\omega+a_2$$

$$f(x_3)=f(\omega^2)=a_0+a_1\omega^2+a_2(\omega^2)^3=a_0+a_1\omega^2+a_2$$

$f(x_1)\times f(x_2)\times f(x_3)$을 계산하면, 다음과 같다.

$$\begin{aligned}f(x_1)\times f(x_2)\times f(x_3)&=(a_0+a_1+a_2)(a_0+a_1\omega+a_2)(a_0+a_1\omega^2+a_2)\\&=(a_0+a_1+a_2)(a_0^2+a_0a_1\omega^2+a_0a_2+a_0a_1\omega+a_1^2\omega^3+a_1a_2\omega\\&\qquad+a_0a_2+a_1a_2\omega^2+a_2^2)\\&=(a_0+a_1+a_2)\{a_0^2+a_0a_1(\omega^2+\omega)+2a_0a_2\\&\qquad+a_1^2+a_2^2+a_1a_2(\omega+\omega^2)\}\\&=(a_0+a_1+a_2)(a_0^2+a_1^2+a_2^2-a_0a_1+2a_0a_2-a_1a_2)\end{aligned}$$

이제, 얻어진 식을 전개하여 a_0에 대한 내림차순으로 정리하자. 그러면, 다음을 얻을 수 있다.

$$\begin{aligned}&f(x_1)\times f(x_2)\times f(x_3)\\&\qquad=a_0^3+3a_2a_0^2+3a_2^2a_0+a_1^3+a_2^3\end{aligned}$$

이제, $a_0 = x$라 두면, 다음과 같은 3차식의 인수분해를 얻을 수 있다.

$$\begin{aligned} &x^3 + 3a_2x^2 + 3a_2^2x + a_1^3 + a_2^3 \\ &\qquad = (x + a_1 + a_2)(x + a_1\omega + a_2)(x + a_1\omega^2 + a_2) \end{aligned}$$

얻어진 다항식에서 a_1, a_2에 적당한 수를 대입하여 3차방정식을 만들고, 그 해를 구하자. 가령, 다항식 $x^3 + 3a_2x^2 + 3a_2^2x + a_1^3 + a_2^3$에 $a_1 = 1, a_2 = 1$을 대입하자. 그러면, x^3+3x^2+3x+2가 얻어진다. 위에서 얻어진 결과에 의해, 다음을 알 수 있다.

$$x^3 + 3x^2 + 3x + 2 = (x + 2)(x - \omega^2)(x - \omega)$$

결국, 3차방정식 $x^3+3x^2+3x+2 = 0$의 해는 $x_1 = -2, x_2 = \omega^2, x_3 = \omega$가 된다는 것을 알 수 있다.

이제, $x^3+3a_2x^2+3a_2^2x+a_1^3+a_2^3$에 $a_1 = \sqrt{2}, a_2 = \sqrt{3}$을 대입해서 다른 방정식을 만들어 보자. $a_1 = \sqrt{2}, a_2 = \sqrt{3}$을 대입하면, 다음과 같은 3차방정식을 얻을 수 있다.

$$x^3 + 3\sqrt{3}x^2 + 9x + 2\sqrt{2} + 3\sqrt{3} = 0$$

이 3차방정식은 $x^3 + 3a_2x^2 + 3a_2^2x + a_1^3 + a_2^3 = (x + a_1 + a_2)(x + a_1\omega + a_2)(x + a_1\omega^2 + a_2)$에 의해, 다음과 같이 인수분해 된다.

$$\begin{aligned} &x^3 + 3\sqrt{3}x^2 + 9x + 2\sqrt{2} + 3\sqrt{3} \\ &\qquad = (x + \sqrt{2} + \sqrt{3})(x + \sqrt{2}\omega + \sqrt{3})(x + \sqrt{2}\omega^2 + \sqrt{3}) \end{aligned}$$

즉, 3차방정식 $x^3 + 3\sqrt{3}x^2 + 9x + 2\sqrt{2} + 3\sqrt{3} = 0$은 다음과 같은 해를 가진다.

$$x = -\sqrt{2} - \sqrt{3}, \quad x = -\sqrt{2}\omega - \sqrt{3}, \quad x = -\sqrt{2}\omega^2 - \sqrt{3}$$

얻어진 해를 방정식 $x^3+3\sqrt{3}x^2+9x+2\sqrt{2}+3\sqrt{3} = 0$에 대입하여 검산을 해보는 것도 의미있을 것이다.

살펴본 것과 같이, $x^3 + 3a_2x^2 + 3a_2^2x + a_1^3 + a_2^3$에 다양한 a_1, a_2의 값을 대입하면, 많은 3차방정식을 만들 수 있다. 이렇게 만들어진 3차방정식은 그 해를 쉽게 알 수 있다는 장점이 있다.

이제, 4차방정식의 경우를 살펴보자. $x^4 - 1 = 0$의 해는 $x_1 = 1, x_2 = -1, x_3 = i, x_4 = -i$이다. 이제, 앞에서 했던 것처럼 다항식 $f(x) = a_0 + a_1 x + a_2 x^2 + a_3 x^3$을 생각하여, 다음을 계산하자.

$$f(x_1) \times f(x_2) \times f(x_3) \times f(x_4) = f(1) \times f(-1) \times f(i) \times f(-i)$$

우선, $f(x_1), f(x_2), f(x_3), f(x_4)$는 다음과 같다.

$$f(x_1) = f(1) = a_0 + a_1 + a_2 + a_3$$

$$f(x_2) = f(-1) = a_0 - a_1 + a_2 - a_3$$

$$f(x_3) = f(i) = a_0 + a_1 i - a_2 - a_3 i$$

$$f(x_4) = f(-i) = a_0 - a_1 i - a_2 + a_3 i$$

얻어진 식들을 곱하여 $f(x_1) \times f(x_2) \times f(x_3) \times f(x_4)$을 다음과 같이 정리하자.

$$\begin{aligned}
f(x_1) \times f(x_2) \times f(x_3) \times f(x_4) &= (a_0 + a_1 + a_2 + a_3)(a_0 - a_1 + a_2 - a_3)(a_0 + a_1 i \\
&\qquad - a_2 - a_3 i)(a_0 - a_1 i - a_2 + a_3 i) \\
&= \{(a_0 + a_2) + (a_1 + a_3)\}\{(a_0 + a_2) - (a_1 + a_3)\}\{(a_0 - a_2) \\
&\qquad + (a_1 - a_3)i\}\{(a_0 - a_2) - (a_1 - a_3)i\} \\
&= \{(a_0 + a_2)^2 - (a_1 + a_3)^2\}\{(a_0 - a_2)^2 + (a_1 - a_3)^2\} \\
&= (a_0 + a_2)^2(a_0 - a_2)^2 + (a_0 + a_2)^2(a_1 - a_3)^2 - (a_1 + a_3)^2(a_0 - a_2)^2 \\
&\qquad - (a_1 + a_3)^2(a_1 - a_3)^2 \\
&= \{(a_0 + a_2)(a_0 - a_2)\}^2 + \{(a_0 + a_2)(a_1 - a_3)\}^2 - \{(a_1 + a_3)(a_0 - a_2)\}^2 \\
&\qquad - \{(a_1 + a_3)(a_1 - a_3)\}^2 \\
&= (a_0^2 - a_2^2)^2 + (a_0 a_1 - a_0 a_3 + a_1 a_2 - a_2 a_3)^2 - (a_0 a_1 - a_1 a_2 + a_0 a_3 \\
&\qquad - a_2 a_3)^2 - (a_1^2 - a_3^2)^2 \\
&= a_0^4 - (2a_2^2 + 4a_1 a_3)a_0^2 + (4a_1^2 a_2 + 4a_2 a_3^2)a_0 + (a_2^4 - a_1^4 - a_3^4 \\
&\qquad - 4a_1 a_2^2 a_3 + 2a_1^2 a_3^2)
\end{aligned}$$

이제, $a_0 = x$로 두면, 4차식에 대한 다음의 인수분해를 얻을 수 있다.

$$x^4 - (2a_2^2 + 4a_1a_3)x^2 + (4a_1^2a_2 + 4a_2a_3^2)x + a_2^4 - a_1^4 - a_3^4 - 4a_1a_2^2a_3 + 2a_1^2a_3^2$$
$$= (x + a_1 + a_2 + a_3)(x - a_1 + a_2 - a_3)(x + a_1i - a_2 - a_3i)(x - a_1i - a_2 + a_3i)$$

가령, 얻어진 식에 $a_1 = 1, a_2 = 2, a_3 = 2$를 대입하자. 그러면, 다음과 같은 인수분해를 얻을 수 있다.

$$x^4 - 16x^2 + 40x - 25 = (x + 5)(x - 1)(x - 2 - i)(x - 2 + i)$$

이 4차방정식의 해 $x = -5, x = 1, x = 2 + i, x = 2 - i$이다.

한편, $a_1 = 1, a_2 = -1, a_3 = 2$를 대입하면, 4차식 $x^4 - 10x^2 - 20x - 16$을 얻게 되며, 이 식은 $(x+2)(x-4)(x+1-i)(x+1+i)$로 인수분해가 된다.

3. 드 무와브르 정리와 정다각형 작도

복소수의 극형식과 드 무와브르 정리

이제, 다항식 $x^n - 1$을 복소수 범위에서 인수분해 하자. 즉, 인수분해하여 얻어진 식들의 계수를 복소수까지 확장하여 살펴보자. 이를 위해, 복소수에 관한 약간의 지식을 공부하자.

복소수 $z = a + bi$를 나타내는 점 $P(a, b)$를 좌표평면에 표시하고, $\overline{OP} = r$이라 하자. 그리고 $\overline{OP}$와 x축이 이루는 각을 θ라 하면, $a = r\cos\theta, b = r\sin\theta$가 된다.

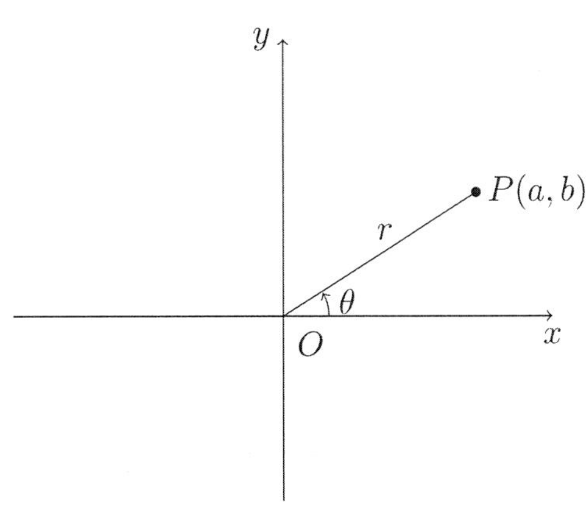

결국, $z = a + bi = r\cos\theta + ir\sin\theta = r(\cos\theta + i\sin\theta)$로 나타낼 수 있다. 이와 같이, 복소수 $z = a+bi$를 $r = \sqrt{a^2+b^2}$과 $\tan\theta = \frac{b}{a}$, $\theta = \tan^{-1}\frac{b}{a}$를 이용하여 나타낸 것을 복소수 z의 극형식이라 부른다. 즉, 복소수 z의 극형식은 다음과 같다.

$$z = r(\cos\theta + i\sin\theta)$$

복소수 $z_1 = a_1 + b_1 i, z_2 = a_2 + b_2 i$에 대해 다음과 같은 연산이 성립한다는 것을 알고 있다.

$$z_1 z_2 = (a_1 + b_1 i)(a_2 + b_2 i) = (a_1 a_2 - b_1 b_2) + (a_1 b_2 + a_2 b_1)i$$
$$\frac{z_1}{z_2} = \frac{a_1 + b_1 i}{a_2 + b_2 i} = \frac{(a_1 a_2 + b_1 b_2) + (a_2 b_1 - a_1 b_2)i}{a_2^2 + b_2^2}$$

이제, z_1, z_2를 극형식으로 나타내어 $z_1 z_2, \frac{z_1}{z_2}$를 계산하자. 가령, z_1, z_2를 다음과 같이 극형으로 나타냈다고 하자.

$$z_1 = r_1(\cos\theta_1 + i\sin\theta_1), \quad z_2 = r_2(\cos\theta_2 + i\sin\theta_2)$$

이때, $z_1 z_2$를 $\cos(\alpha+\beta) = \cos\alpha\cos\beta - \sin\alpha\sin\beta$, $\sin(\alpha+\beta) = \sin\alpha\cos\beta + \cos\alpha\sin\beta$를 이용하여 계산하면, 다음과 같다.

$$\begin{aligned} z_1 z_2 &= \{r_1(\cos\theta_1 + i\sin\theta_1)\}\{r_2(\cos\theta_2 + i\sin\theta_2)\} \\ &= r_1 r_2(\cos\theta_1\cos\theta_2 + i\cos\theta_1\sin\theta_2 + i\sin\theta_1\cos\theta_2 - \sin\theta_1\sin\theta_2) \\ &= r_1 r_2\{(\cos\theta_1\cos\theta_2 - \sin\theta_1\sin\theta_2) + i(\sin\theta_1\cos\theta_2 + \cos\theta_1\sin\theta_2)\} \\ &= r_1 r_2\{\cos(\theta_1+\theta_2) + i\sin(\theta_1+\theta_2)\} \end{aligned}$$

결국, 두 복소수 $z_1 = r_1(\cos\theta_1 + i\sin\theta_1), z_2 = r_2(\cos\theta_2 + i\sin\theta_2)$를 곱하면, 다음과 같이 된다.

$$z_1 z_2 = r_1 r_2\{\cos(\theta_1+\theta_2) + i\sin(\theta_1+\theta_2)\}$$

이로부터 복소수 $z_1 z_2$이 나타내는 점 Q는 원점으로부터 $r_1 r_2$만큼 떨어져 있고, $\overline{OQ}$와 x축이 이루는 각은 $\theta_1 + \theta_2$라는 것을 알 수 있다.

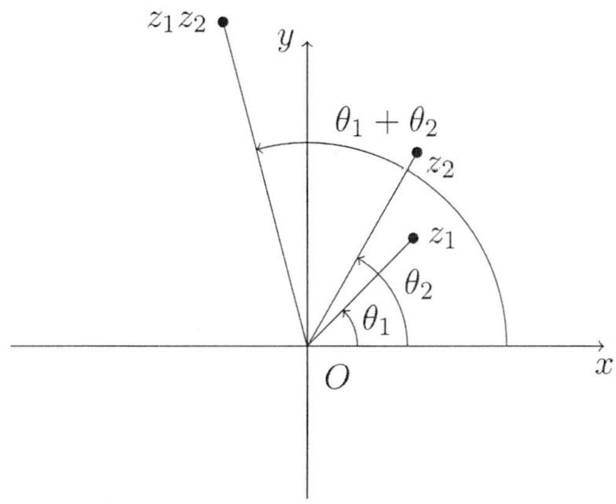

한편, $\frac{z_1}{z_2}$도 z_1z_2에서와 같이 극형식과 코사인 합차 공식과 사인 합차 공식을 이용하여 다음과 같이 계산할 수 있다.

$$\begin{aligned}\frac{z_1}{z_2}&=\frac{r_1}{r_2}\cdot\frac{\cos\theta_1+i\sin\theta_1}{\cos\theta_2+i\sin\theta_2}\\&=\frac{r_1}{r_2}\cdot\frac{(\cos\theta_1+i\sin\theta_1)(\cos\theta_2-i\sin\theta_2)}{(\cos\theta_2+i\sin\theta_2)(\cos\theta_2-i\sin\theta_2)}\\&=\frac{r_1}{r_2}\cdot\frac{(\cos\theta_1\cos\theta_2+\sin\theta_1\sin\theta_2)+i(\sin\theta_1\cos\theta_2-\sin\theta_2\cos\theta_1)}{\cos^2\theta_2+\sin^2\theta_2}\\&=\frac{r_1}{r_2}\{\cos(\theta_1-\theta_2)+i\sin(\theta_1-\theta_2)\}\end{aligned}$$

결국, 두 복소수의 곱 z_1z_2를 나타내는 점이 x축과 이루는 각은 $(\theta_1+\theta_2)$였는데, $\frac{z_1}{z_2}$을 나타내는 점이 x축과 이루는 각은 $(\theta_1-\theta_2)$라는 것을 알 수 있다.

이제, 드 무아브르 정리를 살펴보자.

정수 n에 대해, $(\cos\theta+i\sin\theta)^n=\cos n\theta+i\sin n\theta$이다.

드 무아브르 정리는 수학적 귀납법을 이용하여 증명할 수 있다. 우선, 양의 정수 n에 대해 증명하자.

(1) $n=1$인 경우에 다음이 성립한다.

$$(\cos\theta+i\sin\theta)^1=\cos\theta+i\sin\theta$$

(2) $n=k$일 때 드 무아브르 정리가 성립한다고 가정하자. 즉, $(\cos\theta+i\sin\theta)^k=\cos k\theta+i\sin k\theta$가 성립한다.

(3) $n=k+1$일 때 다음 등식을 증명하자.

$$(\cos\theta+i\sin\theta)^{k+1}=\cos(k+1)\theta+i\sin(k+1)\theta$$

$(\cos\theta+i\sin\theta)^{k+1}=(\cos\theta+i\sin\theta)^k(\cos\theta+i\sin\theta)$인데, 수학적 귀납법의 가정에 의해 $(\cos\theta+i\sin\theta)^k=\cos k\theta+i\sin k\theta$이 된다. 이것을 대입하면, 다음을 얻을 수 있다.

$$\begin{aligned}(\cos\theta+i\sin\theta)^{k+1}&=(\cos\theta+i\sin\theta)^k(\cos\theta+i\sin\theta)\\&=(\cos k\theta+i\sin k\theta)(\cos\theta+i\sin\theta)\\&=\cos k\theta\cos\theta+i\cos k\theta\sin\theta+i\sin k\theta\cos\theta-\sin k\theta\sin\theta\\&=(\cos k\theta\cos\theta-\sin k\theta\sin\theta)+i(\cos k\theta\sin\theta+\sin k\theta\cos\theta)\\&=\cos(k\theta+\theta)+i\sin(k\theta+\theta)=\cos(k+1)\theta+i\sin(k+1)\theta\end{aligned}$$

이로부터, $n=k+1$에 대해 드 무아브르 정리가 성립한다는 것을 알 수 있다. 즉, 양의 정수 n에 대해, $(\cos\theta+i\sin\theta)^n=\cos n\theta+i\sin n\theta$이다.

$n=0$인 경우를 살펴보자. $(\cos\theta+i\sin\theta)^0=1$이고 $\cos 0+i\sin 0=1$이므로, $(\cos\theta+i\sin\theta)^0=\cos 0\times\theta+i\sin 0\times\theta$이 성립한다.

이제, n이 음의 정수인 경우를 살펴보자. 양의 정수 m에 대해 $n=-m$이라 하자. 그러면, 다음이 성립한다.

$$\begin{aligned}(\cos\theta+i\sin\theta)^n&=\frac{1}{(\cos\theta+i\sin\theta)^m}=\frac{1}{\cos m\theta+i\sin m\theta}\\&=\frac{\cos m\theta-i\sin m\theta}{(\cos m\theta+i\sin m\theta)(\cos m\theta-i\sin m\theta)}\\&=\frac{\cos m\theta-i\sin m\theta}{\cos^2 m\theta+\sin^2 m\theta}=\cos m\theta-i\sin m\theta\\&=\cos m\theta+i\sin(-m\theta)=\cos(-m\theta)+i\sin(-m\theta)\\&=\cos n\theta+i\sin n\theta\end{aligned}$$

살펴본 것과 같이, 음의 정수 n에 대해서도 $(\cos\theta + i\sin\theta)^n = \cos n\theta + i\sin n\theta$이 성립한다.

방정식 $x^n = 1$의 해와 정다각형

드 무와브르 정리를 이용하여 복소수에서 방정식 $x^n = 1$의 해를 구하자. 가령, $x^n = 1$의 해를 극형식으로 $r(\cos\theta + i\sin\theta)$로 나타냈다고 하자(이때 $r > 0$). 이제, 방정식 $x^n = 1$의 좌변에 있는 x^n에 이 해를 대입하고, 드 무와브르 정리를 이용하면 다음을 얻을 수 있다.

$$x^n = r^n(\cos\theta + i\sin\theta)^n = r^n(\cos n\theta + i\sin n\theta)$$

방정식 $x^n = 1$의 우변에 있는 1을 극형식으로 나타내자. 원점으로부터 좌표가 $(1, 0)$인 점 P까지의 거리는 1이고, 점 P와 원점 x축이 이루는 각은 $0, 2\pi, 4\pi, \cdots$이다. 그러므로, 정수 k에 대해 1을 극형식으로 다음과 같이 나타낼 수 있다.

$$1 = \cos 2k\pi + i\sin 2k\pi$$

방정식에서 $x^n = 1$이므로 $r^n(\cos n\theta + i\sin n\theta) = \cos 2k\pi + i\sin 2k\pi$이며, 이때 $r = 1$이고 $n\theta = 2k\pi$, $\theta = \frac{2k}{n}\pi$이다. 이로부터, 방정식 $x^n = 1$의 해 ε_k를 다음과 같이 쓸 수 있다(이때, k는 정수).

$$\varepsilon_k = \cos\frac{2k}{n}\pi + i\sin\frac{2k}{n}\pi$$

이제, $\varepsilon_1, \varepsilon_2, \varepsilon_3, \cdots$ 사이의 관계를 살펴보자. $\varepsilon_1 = \cos\frac{2}{n}\pi + i\sin\frac{2}{n}\pi$인데, 양변을 제곱해 보자. 그러면, 드 무와브르 정리에 의해 다음이 성립한다.

$$\varepsilon_1^2 = \left(\cos\frac{2}{n}\pi + i\sin\frac{2}{n}\pi\right)^2 = \cos\left(2\times\frac{2}{n}\pi\right) + i\sin\left(2\times\frac{2}{n}\pi\right)$$

이때, $\cos\left(2\times\frac{2}{n}\pi\right) + i\sin\left(2\times\frac{2}{n}\pi\right) = \cos\left(\frac{2\times 2}{n}\pi\right) + i\sin\left(\frac{2\times 2}{n}\pi\right) = \varepsilon_2$가 된다. 같은 이유로 $\varepsilon_3 = \varepsilon_1^3, \varepsilon_4 = \varepsilon_1^4, \cdots$가 됨을 알 수 있다. 그리고 $\varepsilon_1^n = \cos\left(\frac{2\times n}{n}\pi\right) + i\sin\left(\frac{2\times n}{n}\pi\right) = \varepsilon_n = \cos 2\pi + i\sin 2\pi = 1$이므로, 다음이 성립한다.

$$\varepsilon_1,\ \varepsilon_2 = \varepsilon_1^2,\ \varepsilon_3 = \varepsilon_1^3,\ \varepsilon_4 = \varepsilon_1^4,\ \cdots,\ \varepsilon_n = \varepsilon_1^n = 1$$

한편, ε_{n+1}에 대해서는 다음이 성립한다.

$$\begin{aligned}\varepsilon_{n+1} = \varepsilon_1^{n+1} &= \cos\left(\frac{2(n+1)}{n}\pi\right) + i\sin\left(\frac{2(n+1)}{n}\pi\right)\\ &= \cos\left(2\pi + \frac{2}{n}\pi\right) + i\sin\left(2\pi + \frac{2}{n}\pi\right)\\ &= \cos\frac{2}{n}\pi + i\sin\frac{2}{n}\pi = \varepsilon_1\end{aligned}$$

이로부터, 다음을 알 수 있다.

$$\varepsilon_{n+1} = \varepsilon_1,\ \varepsilon_{n+2} = \varepsilon_2,\ \cdots,\ \varepsilon_{n+k} = \varepsilon_k,\ \cdots,\ \varepsilon_{2n} = \varepsilon_n = \varepsilon_1$$

이제, $\varepsilon_s \times \varepsilon_t, \frac{\varepsilon_s}{\varepsilon_t}$를 계산하자. $\varepsilon_s \times \varepsilon_t$는 다음과 같다.

$$\begin{aligned}\varepsilon_s \times \varepsilon_t &= \left(\cos\frac{2s}{n}\pi + i\sin\frac{2s}{n}\pi\right)\left(\cos\frac{2t}{n}\pi + i\sin\frac{2t}{n}\pi\right)\\ &= \cos\frac{2(s+t)}{n}\pi + i\sin\frac{2(s+t)}{n}\pi = \varepsilon_{s+t}\end{aligned}$$

$\frac{\varepsilon_s}{\varepsilon_t}$는 다음과 같이 계산된다.

$$\begin{aligned}\frac{\varepsilon_s}{\varepsilon_t} &= \left(\cos\frac{2s}{n}\pi + i\sin\frac{2s}{n}\pi\right) \div \left(\cos\frac{2t}{n}\pi + i\sin\frac{2t}{n}\pi\right)\\ &= \cos\frac{2(s-t)}{n}\pi + i\sin\frac{2(s-t)}{n}\pi = \varepsilon_{s-t}\end{aligned}$$

결국, $\varepsilon_s \times \varepsilon_t = \varepsilon_{s+t}, \frac{\varepsilon_s}{\varepsilon_t} = \varepsilon_{s-t}$이므로, 이들도 모두 방정식 $x^n - 1 = 0$의 해라는 것을 알 수 있다.

이제, $\varepsilon_1, \varepsilon_2 = \varepsilon_1^2, \varepsilon_3 = \varepsilon_1^3, \varepsilon_4 = \varepsilon_1^4, \cdots, \varepsilon_n = \varepsilon_1^n = 1$의 의미를 좌표평면에서 살펴보자. $\varepsilon_1 = \cos\frac{2}{n}\pi + i\sin\frac{2}{n}\pi$는 좌표평면에서 한 점 P_1을 나타낸다. 이 점은 원점 O에서 1만큼 떨어져 있고, $\overline{OP_1}$과 x축이 이루는 각은 $\frac{2}{n}\pi$이다.

한편, $\varepsilon_2 = \cos\frac{4}{n}\pi + i\sin\frac{4}{n}\pi$가 나타내는 점 P_2는 원점 O에서 1만큼 떨어져 있고, $\overline{OP_2}$와 x축은 $\frac{4}{n}\pi$인 각을 이룬다. 이때 $\angle P_2OP_1 = \frac{2}{n}\pi$이다. 이것은 점 P_1을 O를 중심으로 $\frac{2}{n}\pi$만큼 회전시켜 P_2를 얻었다는 것을 의미하기도 한다.

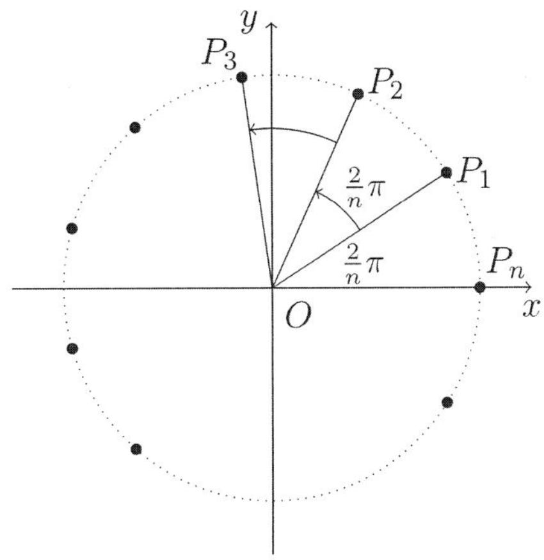

이와 같은 방법으로, $\varepsilon_3, \varepsilon_4, \cdots, \varepsilon_n$을 나타내는 점 $P_3, P_4, \cdots, P_n$을 표시할 수 있으며, 이 점들을 연결하면 정n각형 $P_1P_2 \cdots P_n$이 작도된다.

이제, 구체적인 n값에 대해 $x^n - 1 = 0$의 해 ε_k에 대해 살펴보자.

$n = 2$**인 경우** $x^2 - 1 = 0$의 해는 $(x-1)(x+1) = 0$과 같이 인수분해하여 $x = \pm 1$을 구할 수 있다. 이 해를 $\varepsilon_k = \cos\frac{2k}{n}\pi + i\sin\frac{2k}{n}\pi$에 $n = 2$를 대입하여서도 구해보자.

$n = 2$를 대입하면, $\varepsilon_k = \cos\frac{2k}{2}\pi + i\sin\frac{2k}{2}\pi = \cos k\pi + i\sin k\pi$이 된다.

이제, $k = \cdots, -2, -1, 0, 1, 2, \cdots$를 대입하자. $k = -1$이면 $\varepsilon_{-1} = \cos(-\pi) + i\sin(-\pi) = -1$이다. $k = 0$이면 $\varepsilon_0 = 1$이며, $k = 1$이면 $\varepsilon_1 = -1$, $k = 2$이면 $\varepsilon_2 = 1$이 된다. 결국, 홀수인 m에 대해 $\varepsilon_m = -1$, 짝수인 n에 대해 $\varepsilon_n = 1$이다.

$n = 3$**인 경우** $x^3 - 1 = f_1(x) \times f_3(x) = (x-1)(x^2+x+1)$과 같이 인수분해 하여, 방정식 $x^3 - 1 = (x-1)(x^2+x+1) = 0$의 해를 다음과 같이 구하였다.

$$1, \quad \frac{-1+\sqrt{3}i}{2}, \quad \frac{-1-\sqrt{3}i}{2}$$

한편, $n = 3$인 경우에 $x^3 - 1 = 0$의 해 ε_k를 극형식을 이용하여, 다음과 같이 구할 수 있다.

$$\varepsilon_k = \cos\frac{2k}{3}\pi + i\sin\frac{2k}{3}\pi$$

$k=1$을 대입하면, ε_1을 다음과 같이 구할 수 있다.

$$\varepsilon_1 = \cos\frac{2}{3}\pi + i\sin\frac{2}{3}\pi = -\frac{1}{2} + \frac{\sqrt{3}}{2}i = \frac{-1+\sqrt{3}i}{2}$$

$k=2$를 대입하면, ε_2는 다음과 같다.

$$\varepsilon_2 = \cos\frac{4}{3}\pi + i\sin\frac{4}{3}\pi = -\frac{1}{2} - \frac{\sqrt{3}}{2}i = \frac{-1-\sqrt{3}i}{2}$$

$k=3$을 대입하면, ε_3은 다음과 같다.

$$\varepsilon_3 = \cos\frac{6}{3}\pi + i\sin\frac{6}{3}\pi = \cos 2\pi + i\sin 2\pi = 1$$

$k=4$를 대입하면, ε_4는 다음과 같다.

$$\varepsilon_4 = \cos\frac{8}{3}\pi + i\sin\frac{8}{3}\pi = \cos\frac{2}{3}\pi + i\sin\frac{2}{3}\pi = \varepsilon_1$$

$k=0$인 경우에는 $\varepsilon_0=1$이 되고, $\varepsilon_0=\varepsilon_3$이다. 이제, $k=5,6,7,\cdots$, 그리고 $k=-1,-2,-3,\cdots$ 등을 대입하면, 다음을 얻을 수 있다.

$$\varepsilon_4=\varepsilon_1,\ \varepsilon_5=\varepsilon_2,\ \varepsilon_6=\varepsilon_3,\ \varepsilon_7=\varepsilon_1,\ \varepsilon_8=\varepsilon_2,\ \varepsilon_9=\varepsilon_3,\ \varepsilon_{10}=\varepsilon_1,\ \cdots$$

$$\varepsilon_0=\varepsilon_3,\ \varepsilon_{-1}=\varepsilon_2,\ \varepsilon_{-2}=\varepsilon_1,\ \varepsilon_{-3}=\varepsilon_3,\ \varepsilon_{-4}=\varepsilon_2,\ \varepsilon_{-5}=\varepsilon_1,\ \cdots$$

이로부터, $f_3(x)=x^2+x+1$는 $\varepsilon_1,\varepsilon_2$를 근으로 하는 방정식이며, $f_1(x)=x-1$은 ε_3을 근으로 하는 방정식임을 알 수 있다.

이제, 방정식 $x^3-1=0$의 해 $\varepsilon_1=\frac{-1+\sqrt{3}i}{2}, \varepsilon_2=\frac{-1-\sqrt{3}i}{2}, \varepsilon_3=1$을 좌표평면에 점으로 나타내자. 1이 나타내는 점을 $P(\varepsilon_3)$, $\frac{-1+\sqrt{3}i}{2}$가 나타내는 점을 $Q(\varepsilon_1)$, $\frac{-1-\sqrt{3}i}{2}$가 나타내는 점을 $R(\varepsilon_2)$라 하자.

원점 O에 대해 $\overline{PO}$와 x축이 이루는 각은 $0°$이고, $\overline{QO}$와 x축이 이루는 각은 $\frac{2}{3}\pi$, $\overline{RO}$와 x축이 이루는 각은 $\frac{4}{3}\pi$이다. 반직선 OP, OQ, OR은 좌표평면을 3등분하며 $\overline{OP}=\overline{OQ}=\overline{OR}=1$이므로, 삼각형 PQR은 정삼각형이다.

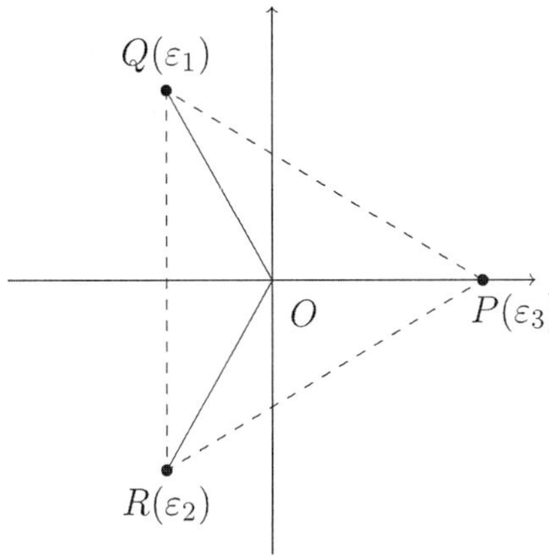

$n = 4$**인 경우** $x^4 - 1 = f_1(x) \times f_2(x) \times f_4(x) = (x-1)(x+1)(x^2+1)$이므로, $x^4 - 1 = 0$의 해는 $x = \pm 1, \pm i$이다.

이제, $x^4 - 1 = 0$의 해를 $\varepsilon_k = \cos \frac{2k}{4}\pi + i \sin \frac{2k}{4}\pi$를 이용하여 구할 수도 있다. 이때, 다음을 알 수 있다.

$$\varepsilon_1 = \cos \frac{2}{4}\pi + i \sin \frac{2}{4}\pi = i, \quad \varepsilon_2 = \cos \frac{4}{4}\pi + i \sin \frac{4}{4}\pi = -1$$
$$\varepsilon_3 = \cos \frac{6}{4}\pi + i \sin \frac{6}{4}\pi = -i, \quad \varepsilon_4 = \cos \frac{8}{4}\pi + i \sin \frac{8}{4}\pi = 1$$

그리고, $\varepsilon_5 = \varepsilon_1, \varepsilon_6 = \varepsilon_2, \varepsilon_7 = \varepsilon_3, \varepsilon_8 = \varepsilon_4, \varepsilon_9 = \varepsilon_1, \cdots$ 등이 성립함을 알 수 있다.

이제, 얻어진 해 ε_k를 좌표평면에 나타내면, 다음과 같은 정사각형이 얻어진다.

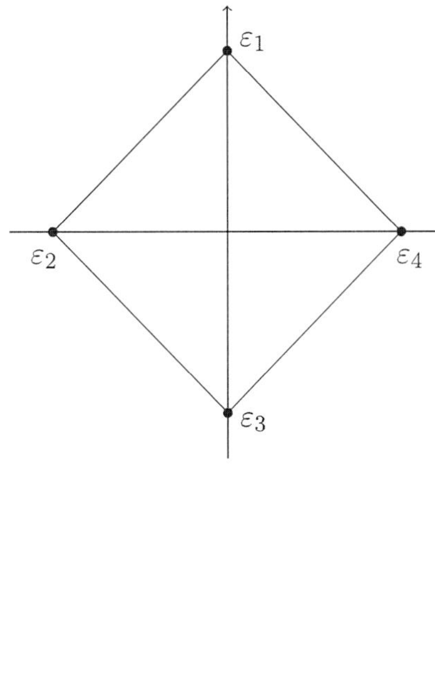

$n = 5$인 경우 $x^5 - 1 = f_1(x) \times f_5(x) = (x-1)(x^4 + x^3 + x^2 + x + 1)$이므로, $x^5 - 1 = 0$의 해 $x = 1$은 쉽게 구할 수 있지만, $f_5(x) = 0$으로부터는 해를 구하기가 어렵다. $f_5(x) = x^4 + x^3 + x^2 + x + 1 = 0$의 해를 다음의 ε_k를 이용하여 구해보자.

$$\varepsilon_k = \cos\frac{2k}{5}\pi + i\sin\frac{2k}{5}\pi$$

$k = 1, 2, 3, 4$를 대입하면, $f_5(x) = 0$의 해 $\varepsilon_1, \varepsilon_2, \varepsilon_3, \varepsilon_4$를 다음과 같이 얻을 수 있다.

$$\begin{aligned}
\varepsilon_1 &= \cos\frac{2}{5}\pi + i\sin\frac{2}{5}\pi \\
\varepsilon_2 &= \cos\frac{4}{5}\pi + i\sin\frac{4}{5}\pi \\
\varepsilon_3 &= \cos\frac{6}{5}\pi + i\sin\frac{6}{5}\pi \\
\varepsilon_4 &= \cos\frac{8}{5}\pi + i\sin\frac{8}{5}\pi
\end{aligned}$$

해 $x = 1$은 ε_5이다. $\varepsilon_0 = \varepsilon_5$이고, $\varepsilon_{-1} = \varepsilon_4, \varepsilon_{-2} = \varepsilon_3, \varepsilon_{-3} = \varepsilon_2, \varepsilon_{-4} = \varepsilon_1, \varepsilon_{-5} = \varepsilon_5, \cdots$이다. 그리고 $\varepsilon_6 = \varepsilon_1, \varepsilon_7 = \varepsilon_2, \varepsilon_8 = \varepsilon_3, \varepsilon_9 = \varepsilon_4, \varepsilon_{10} = \varepsilon_5, \cdots$가 성립한다.

이제, $\varepsilon_1, \varepsilon_2, \varepsilon_3, \varepsilon_4, \varepsilon_5$를 좌표평면에 나타내자. 이를 위해선, $\varepsilon_1, \varepsilon_2, \varepsilon_3, \varepsilon_4$에서 cos값과 sin값을 계산하여 좌표를 구해야 한다. 먼저, $\varepsilon_1 = \cos\frac{2}{5}\pi + i\sin\frac{2}{5}\pi$에서 $\cos\frac{2}{5}\pi$와 $\sin\frac{2}{5}\pi$의 값을 구하자. 그런데, ε_1만 좌표평면에 표시하면, $\varepsilon_2, \varepsilon_3, \varepsilon_4, \varepsilon_5$의 위치는 ε_1을 각각 $\frac{2}{5}\pi, \frac{4}{5}\pi, \frac{6}{5}\pi, \frac{8}{5}\pi$만큼 회전시켜 얻어질 수 있다.

$\cos\frac{2}{5}\pi$와 $\sin\frac{2}{5}\pi$의 값을 삼각함수 공식들을 이용하여 계산할 수도 있지만, 여기서는 삼각함수의 지식들을 이용하지 않는 다른 접근을 살펴보자.

$f_5(x) = 0$의 해 $\varepsilon_1, \varepsilon_2, \varepsilon_3, \varepsilon_4$에 주목하자. $\varepsilon_1, \varepsilon_2, \varepsilon_3, \varepsilon_4$에서 $\varepsilon_2 + \varepsilon_3 = t_1, \varepsilon_1 + \varepsilon_4 = t_2$라 하자.[3] 그러면, 다음을 얻을 수 있다.

$$\begin{cases} \varepsilon_1^2 + \varepsilon_1^3 = t_1 \\ \varepsilon_1 + \varepsilon_1^4 = t_2 \end{cases}$$

[3] $\varepsilon_1, \varepsilon_2, \varepsilon_3, \varepsilon_4$를 임의로 조합하여 t_1, t_2를 잡으면, 문제가 해결되지 않는 경우가 있다. 그 이유는 무엇인가? 책에 있는 것과 다르게 t_1, t_2를 잡는 방법을 찾아라.

이제, $\varepsilon_1^5 = 1$임을 염두에 두고, $t_1 + t_2$와 $t_1 t_2$를 계산하자.

$$t_1 + t_2 = (\varepsilon_1^2 + \varepsilon_1^3) + (\varepsilon_1 + \varepsilon_1^4) = \varepsilon_1 + \varepsilon_1^2 + \varepsilon_1^3 + \varepsilon_1^4$$

$$t_1 t_2 = (\varepsilon_1^2 + \varepsilon_1^3)(\varepsilon_1 + \varepsilon_1^4) = \varepsilon_1^3 + \varepsilon_1^6 + \varepsilon_1^4 + \varepsilon_1^7 = \varepsilon_1^3 + \varepsilon_1 + \varepsilon_1^4 + \varepsilon_1^2$$

이때, $f_5(\varepsilon_1) = 0$이므로 $f_5(\varepsilon_1) = \varepsilon_1^4 + \varepsilon_1^3 + \varepsilon_1^2 + \varepsilon_1 + 1 = 0$이다. 즉, $t_1 + t_2 = -1$이고, $t_1 t_2 = -1$이다.

이제, t_1, t_2를 근으로 가지는 2차방정식을 생각하면, $x^2 + x - 1 = 0$이 얻어진다. 이 2차방정식을 풀면, 근이 $\frac{-1 \pm \sqrt{5}}{2}$이다. 양수인 근이 t_1인지 t_2인지를 조사하자. t_1은 $\varepsilon_2 + \varepsilon_3$이다. 이때 $\varepsilon_2, \varepsilon_3$은 실수부분이 모두 음의 값이 되므로, $\varepsilon_2 + \varepsilon_3$는 실수부분이 음의 값을 가진다. 그러므로, 얻어진 해 $\frac{-1 \pm \sqrt{5}}{2}$ 중에서 양수인 근은 t_2가 되고, 음수인 근은 t_1이 된다. 이로부터, 다음과 같이 t_1, t_2를 얻을 수 있다.

$$t_1 = \frac{-1 - \sqrt{5}}{2}, \quad t_2 = \frac{-1 + \sqrt{5}}{2}$$

$\varepsilon_1 + \varepsilon_4 = \frac{-1 + \sqrt{5}}{2}$를 좀더 살펴보자. $\varepsilon_4 = \varepsilon_{-1}$이므로, 다음과 같이 쓸 수 있다.

$$\varepsilon_1 + \varepsilon_{-1} = \varepsilon_1 + \varepsilon_1^{-1} = \varepsilon_1 + \frac{1}{\varepsilon_1} = \frac{-1 + \sqrt{5}}{2}$$

이제, $\varepsilon_1 + \frac{1}{\varepsilon_1} = \frac{-1 + \sqrt{5}}{2}$를 풀면 ε_1을 구할 수 있다.

$$\varepsilon_1^2 - \left(\frac{-1 + \sqrt{5}}{2} \right) \varepsilon_1 + 1 = 0, \quad \varepsilon_1 = \frac{-1 + \sqrt{5} \pm \sqrt{10 + 2\sqrt{5}} i}{4}$$

여기서 ε_1의 허수부분이 양수라는 것을 감안하면, ε_1은 다음과 같다.

$$\varepsilon_1 = \frac{-1 + \sqrt{5} + \sqrt{10 + 2\sqrt{5}} i}{4}$$

$f_5(x) = x^4 + x^3 + x^2 + x + 1 = 0$의 한 해 ε_1을 구했다. 이 방법을 살펴보면, 첫째 $\varepsilon_1, \varepsilon_2, \varepsilon_3, \varepsilon_4$ 중에서 적당히 두 개씩 잡아서 t_1, t_2라 놓았다. 둘째, $t_1 + t_2$와 $t_1 t_2$를 계산하여, t_1, t_2를 해로 가지는 2차방정식을 만들었다. 셋째, 구한 t_1, t_2를 이용하여 ε_1에 대한 2차방정식을 만들었다. 넷째, 2차방정식으로부터 ε_1을 구하였다.

ε_1를 좌표평면에 나타내려면, 다음과 같은 작도를 순서대로 수행해야 한다.

$$\sqrt{5},\ 2\sqrt{5},\ 10+2\sqrt{5},\ \sqrt{10+2\sqrt{5}},\ \frac{\sqrt{10+2\sqrt{5}}}{4},\ -1+\sqrt{5},\ \frac{-1+\sqrt{5}}{4}$$

이 작도들은 자와 컴퍼스를 이용해서 작도할 수 있다. 이제, ε_1을 좌표평면에 나타내기 위해 $\frac{-1+\sqrt{5}}{4}$를 x좌표로, $\frac{\sqrt{10+2\sqrt{5}}}{4}$를 y좌표로 하는 점 P를 표시하면 된다.

이제, 점 P를 $\frac{2}{5}\pi, \frac{4}{5}\pi, \frac{6}{5}\pi, \frac{8}{5}\pi$만큼 회전시켜 Q, R, S, T라 하면, 정오각형 $PQRST$를 작도할 수 있다.

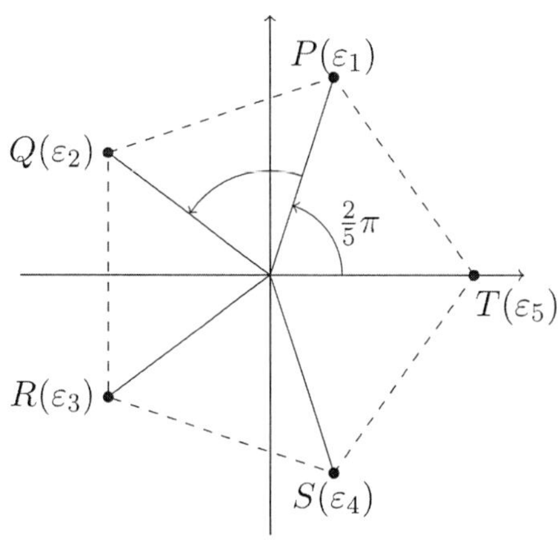

그림에서 Q는 ε_2이고, R은 ε_3, S는 ε_4를 나타낸 점이다. 이때, ε_1과 ε_4는 x축에 대해 대칭이고, ε_2와 ε_3도 x축에 대해 대칭이라는 것을 알 수 있다.

$n=6$**인 경우** 방정식 $x^6-1=0$의 해를 극형식을 이용하여 나타내면, 다음과 같다.

$$\varepsilon_k = \cos\frac{2k}{6}\pi + i\sin\frac{2k}{6}\pi$$

$k=1$이면, $\varepsilon_1 = \cos\frac{2}{6}\pi + i\sin\frac{2}{6}\pi = \frac{1+\sqrt{3}i}{2}$이다. $k=2$이면 $\varepsilon_2 = \cos\frac{4}{6}\pi + i\sin\frac{4}{6}\pi = \frac{-1+\sqrt{3}i}{2}$, $k=3$이면 $\varepsilon_3 = \cos\frac{6}{6}\pi + i\sin\frac{6}{6}\pi = -1$, $k=4$이면 $\varepsilon_4 = \cos\frac{8}{6}\pi + i\sin\frac{8}{6}\pi = \frac{-1-\sqrt{3}i}{2}$, $k=5$이면 $\varepsilon_5 = \cos\frac{10}{6}\pi + i\sin\frac{10}{6}\pi = \frac{1-\sqrt{3}i}{2}$이다. $k=6$이면 $\varepsilon_6 = \cos\frac{12}{6}\pi + i\sin\frac{12}{6}\pi = 1$이다.

한편, $\varepsilon_7 = \varepsilon_1, \varepsilon_8 = \varepsilon_2, \varepsilon_9 = \varepsilon_3, \cdots$가 된다. $\varepsilon_0 = \cos\frac{0}{6}\pi + i\sin\frac{0}{6}\pi = 1 = \varepsilon_6$이며, $\varepsilon_{-1} = \cos\left(-\frac{2}{6}\pi\right) + i\sin\left(-\frac{2}{6}\pi\right) = \frac{1-\sqrt{3}i}{2} = \varepsilon_5$이다. 그리고 $\varepsilon_{-2} = \varepsilon_4, \varepsilon_{-3} = \varepsilon_3, \varepsilon_{-4} = \varepsilon_2, \varepsilon_{-5} = \varepsilon_1, \varepsilon_{-6} = \varepsilon_6, \cdots$가 성립한다.

결국, $x^6 - 1 = 0$은 복소수 범위에서 다음과 같은 6개의 해를 가진다.

$$\varepsilon_1 = \frac{1+\sqrt{3}i}{2}, \varepsilon_2 = \frac{-1+\sqrt{3}i}{2}, \varepsilon_3 = -1, \varepsilon_4 = \frac{-1-\sqrt{3}i}{2}, \varepsilon_5 = \frac{1-\sqrt{3}i}{2}, \varepsilon_6 = 1$$

여기서 $\varepsilon_2 = \frac{-1+\sqrt{3}i}{2}, \varepsilon_4 = \frac{-1-\sqrt{3}i}{2}, \varepsilon_6 = 1$은 $x^3 - 1 = 0$의 해와 일치하며, 여기에 $\varepsilon_1 = \frac{1+\sqrt{3}i}{2}, \varepsilon_3 = -1, \varepsilon_5 = \frac{1-\sqrt{3}i}{2}$가 추가되어 $x^6 - 1 = 0$의 해를 이룬다.

앞에서 $x^6 - 1 = f_1(x) \times f_2(x) \times f_3(x) \times f_6(x)$임을 보았다. 이것을 얻어진 해 ε_k와 관련시켜 살펴보자. $f_1(x) = x - 1$이므로 $f_1(x) = 0$에서 해 $\varepsilon_6 = 1$이 얻어진다. 그리고 $f_2(x) = x + 1$이므로, $f_2(x) = 0$에서 해 $\varepsilon_3 = -1$이 얻어진다. $f_3(x) = x^2 + x + 1 = 0$에서 얻어진 해는 $\varepsilon_2, \varepsilon_4$이며, $\varepsilon_1, \varepsilon_5$는 $f_6(x) = x^2 - x + 1 = 0$에서 얻어지는 해들이다.

$\varepsilon_1, \varepsilon_2, \varepsilon_3, \varepsilon_4, \varepsilon_5, \varepsilon_6$을 좌표평면에 표시하면, 정육각형 $PLQMRN$이 작도된다. 이 정육각형의 꼭짓점은 정삼각형 PQR의 꼭짓점(좌표가 $\varepsilon_2, \varepsilon_4, \varepsilon_6$인)을 포함한다. 그러므로, 정삼각형 PQR의 꼭짓점 좌표를 생성하는 다항식 $f_1(x), f_3(x)$는 $x^6 - 1$의 인수가 되어야 한다. 그리고, 짝수인 n에 대해 $x^n - 1 = 0$은 $x = -1$을 해로 가지므로, 짝수인 n에 대해 $x^n - 1$은 $f_2(x)$를 인수로 가지게 된다. 결국, $x^6 - 1$은 인수로 $f_1(x), f_2(x), f_3(x), f_6(x)$를 가진다.

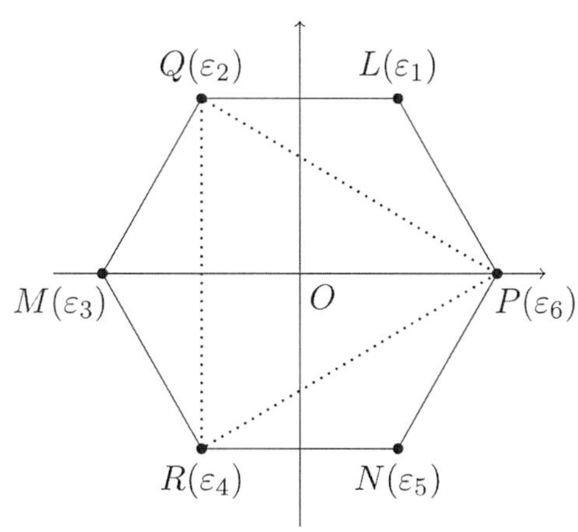

$n = 12$인 경우 $x^{12} - 1 = 0$의 해를 극형식 $\varepsilon_k = \cos\frac{2k}{12}\pi + i\sin\frac{2k}{12}\pi$를 이용하여 구할 수 있다. 이때, ε_k를 좌표평면에 표시하고 연결하면 정12각형이 작도된다.

다르게 생각하면, $12 = 6 \times 2$이므로 작도한 정육각형으로부터 정12각형을 얻을 수도 있다. 앞의 정육각형 그림에서 각 LOP, LOQ, QOM, MOR, RON, NOP의 이등분선을 긋자. 그런 다음, 이 이등분선 위에 원점으로부터 거리가 1만큼 떨어진 점을 표시하여 연결하면 정12각형을 얻을 수도 있다.

6이 12의 약수라는 것을 감안하면, 정육각형의 꼭짓점을 생성하는 다항식 $f_1(x)$, $f_2(x)$, $f_3(x)$, $f_6(x)$는 동시에 정12각형의 꼭짓점을 생성한다. 즉, $f_1(x)$, $f_2(x)$, $f_3(x)$, $f_6(x)$은 $x^{12} - 1$의 약수이다. 12의 다른 약수 4에 대해서도 유사하게 생각할 수 있다. 이로부터, $f_1(x), f_2(x), f_3(x), f_4(x), f_6(x)$는 $x^{12} - 1$의 약수가 된다는 것을 알 수 있다.

다항식 $f_1(x), f_2(x), f_3(x), f_4(x), f_6(x)$에 의해 정12각형의 8개의 꼭짓점이 결정된다. 나머지 4개의 꼭짓점은 $f_{12}(x) = x^4 - x^2 + 1$로부터 얻어진다. 왜냐 하면, $f_{12}(x) = f_1(x) \times f_2(x) \times f_3(x) \times f_4(x) \times f_6(x) \times f_{12}(x)$로 인수분해 되기 때문이다.

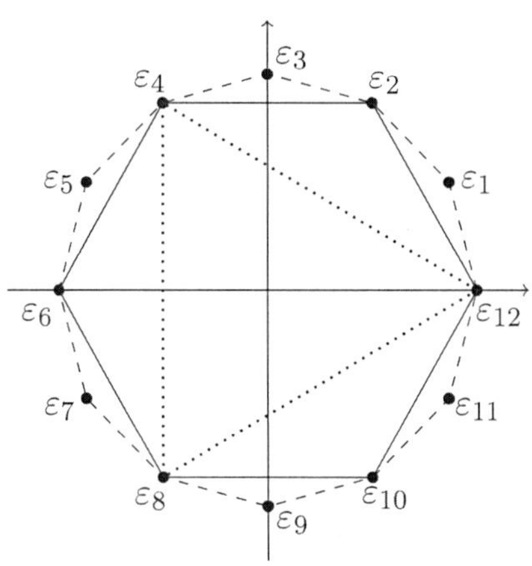

$n = 17$인 경우 $x^{17} - 1 = 0$의 해를 살펴보자. $x^{17} - 1$을 인수분해 하면, 다음을 알 수 있다.

$$x^{17} - 1 = f_1(x) \times f_{17}(x) = (x-1)(x^{16} + x^{15} + x^{14} + \cdots + x^2 + x + 1)$$

이때, $f_{17}(x) = x^{16} + x^{15} + x^{14} + \cdots + x^2 + x + 1$을 인수분해하여 해를 구하는 것이 쉽지 않다. 한편, 방정식 $x^{17} - 1 = 0$의 해를 극형식을 이용하여 나타내면, $\varepsilon_k = \cos\frac{2k}{17}\pi + i\sin\frac{2k}{17}\pi$이다.

이제, $\varepsilon_k = \cos\frac{2k}{17}\pi + i\sin\frac{2k}{17}\pi$를 이용하여, $x^{16} + x^{15} + x^{14} + \cdots + x^2 + x + 1 = 0$의 해를 제곱근을 이용하여 나타내고, 얻어진 해를 자와 컴퍼스를 이용하여 작도할 수 있는지를 살펴보자. 여기서는 $x^5 - 1 = 0$의 해를 구할 때 이용했던 방법을 일반화하여 접근할 것이다.

1단계. $\varepsilon_1, \varepsilon_2, \varepsilon_3, \cdots, \varepsilon_{16}$을 적당히 8개씩 나누어 t_1, t_2로 놓자. 나누는 방법을 살펴보자. $2, 3, 4, \cdots, 16$ 중에서 임의의 한 수를 잡자. 가령 5를 잡았다고 하자. 그러면 5가 첫 번째 수가 된다. 이제, $5 \times 5 = 25$를 계산하여, 얻어진 25를 17로 나누어 나머지 8을 얻는다. 8이 두 번째 수이다. 다시 $8 \times 5 = 40$을 계산하고, 40을 17로 나눈 나머지 6을 얻는다. 6이 세 번째 수가 된다.

이제 $6 \times 5 = 30$을 계산하여 30을 17로 나누어 나머지 13을 얻는다. 13이 네 번째 수이다. 이와 같은 과정을 반복하면, 다음과 같은 16개의 수열을 얻을 수 있다.

$$5,\ 8,\ 6,\ 13,\ 14,\ 2,\ 10,\ 16,\ 12,\ 9,\ 11,\ 4,\ 3,\ 15,\ 7,\ 1$$

이 수열에 대응하는 ε_k를 배열하면, 다음과 같다.

$$\varepsilon_5,\ \varepsilon_8,\ \varepsilon_6,\ \varepsilon_{13},\ \varepsilon_{14},\ \varepsilon_2,\ \varepsilon_{10},\ \varepsilon_{16},\ \varepsilon_{12},\ \varepsilon_9,\ \varepsilon_{11},\ \varepsilon_4,\ \varepsilon_3,\ \varepsilon_{15},\ \varepsilon_7,\ \varepsilon_1$$

이제, 홀수 번째에 있는 수들의 합을 t_1, 짝수 번째에 있는 수들의 합을 t_2라 두면 다음을 얻을 수 있다.

$$\varepsilon_5 + \varepsilon_6 + \varepsilon_{14} + \varepsilon_{10} + \varepsilon_{12} + \varepsilon_{11} + \varepsilon_3 + \varepsilon_7 = t_1$$

$$\varepsilon_8 + \varepsilon_{13} + \varepsilon_2 + \varepsilon_{16} + \varepsilon_9 + \varepsilon_4 + \varepsilon_{15} + \varepsilon_1 = t_2$$

참고로, 처음에 수 5를 잡아서 수열을 만들었다. 다른 수를 잡아서 수열을 만들어서 같은 과정을 진행할 수 있다. 가령, 수 3을 잡았다고 하자. 그러면, 다음과 같은 수열을 얻을 수 있다.

$$3,\ 9, 1\ 0,\ 13,\ 5,\ 15,\ 11,\ 16,\ 14,\ 8,\ 7,\ 4,\ 12,\ 2,\ 6,\ 1$$

그러면, t_1, t_2를 다음과 같이 놓으면 된다.

$$\varepsilon_3+\varepsilon_{10}+\varepsilon_5+\varepsilon_{11}+\varepsilon_{14}+\varepsilon_7+\varepsilon_{12}+\varepsilon_6=t_1$$

$$\varepsilon_9+\varepsilon_{13}+\varepsilon_{15}+\varepsilon_{16}+\varepsilon_8+\varepsilon_4+\varepsilon_2+\varepsilon_1=t_2$$

2단계. t_1+t_2, t_1t_2를 계산하여, t_1, t_2를 근으로 하는 이차방정식을 만들어 그 해를 구하자. t_1+t_2를 다음과 같이 계산할 수 있다.

$$t_1+t_2=\varepsilon_1+\varepsilon_2+\varepsilon_3+\cdots+\varepsilon_{16}=\varepsilon_1+\varepsilon_1^2+\varepsilon_1^3+\cdots+\varepsilon_1^{16}$$

이때, ε_1은 방정식 $x^{16}+x^{15}+x^{14}+\cdots+x^2+x+1=0$의 해이므로, $t_1+t_2=\varepsilon_1+\varepsilon_1^2+\varepsilon_1^3+\cdots+\varepsilon_1^{16}=-1$이다.

이제, t_1t_2를 다음과 같이 계산할 수 있다.

$$\begin{aligned}t_1t_2=&(\varepsilon_5+\varepsilon_6+\varepsilon_{14}+\varepsilon_{10}+\varepsilon_{12}+\varepsilon_{11}+\varepsilon_3+\varepsilon_7)\times\\&\times(\varepsilon_8+\varepsilon_{13}+\varepsilon_2+\varepsilon_{16}+\varepsilon_9+\varepsilon_4+\varepsilon_{15}+\varepsilon_1)\\=&\varepsilon_5\varepsilon_8+\varepsilon_5\varepsilon_{13}+\varepsilon_5\varepsilon_2+\varepsilon_5\varepsilon_{16}+\varepsilon_5\varepsilon_9+\varepsilon_5\varepsilon_4+\varepsilon_5\varepsilon_{15}+\varepsilon_5\varepsilon_1+\varepsilon_6\varepsilon_8+\\&+\cdots+\varepsilon_7\varepsilon_{16}+\varepsilon_7\varepsilon_9+\varepsilon_7\varepsilon_4+\varepsilon_7\varepsilon_{15}+\varepsilon_7\varepsilon_1\\=&4(\varepsilon_1+\varepsilon_2+\varepsilon_3+\cdots+\varepsilon_{16})=-4\end{aligned}$$

결국, $t_1+t_2=-1, t_1t_2=-4$가 된다.

이제, t_1, t_2를 근으로 하는 이차방정식을 생각하면, $x^2+x-4=0$이다. 근의 공식을 이용하여 t_1, t_2를 구하면, $\frac{-1\pm\sqrt{17}}{2}$이다. 이들 중에서 어느 것이 t_1, t_2인지 확인해보자.

$t_1=\varepsilon_5+\varepsilon_6+\varepsilon_{14}+\varepsilon_{10}+\varepsilon_{12}+\varepsilon_{11}+\varepsilon_3+\varepsilon_7$에서 ε_5와 ε_{12}, ε_6과 ε_{11}, ε_7과 ε_{10}, ε_3과 ε_{14}는 x축에 대해 대칭 위치에 놓여있다. 그 이유를 살펴보자. 우선, $\varepsilon_5=$

$\cos\frac{10}{17}\pi + i\sin\frac{10}{17}\pi$이며, ε_{12}는 다음과 같이 변형시킬 수 있다.

$$\begin{aligned}\varepsilon_{12} &= \cos\frac{24}{17}\pi + i\sin\frac{24}{17}\pi \\ &= \cos\left(2\pi - \frac{10}{17}\pi\right) + i\sin\left(2\pi - \frac{10}{17}\pi\right) \\ &= \cos\frac{10}{17}\pi - i\sin\frac{10}{17}\pi\end{aligned}$$

살펴본 것과 같이, ε_5와 ε_{12}는 x좌표$(\cos\frac{10}{17}\pi)$는 같고 y좌표$(\sin\frac{10}{17}\pi)$의 부호만 반대이다. 그러므로 ε_5와 ε_{12}는 x축에 대해 대칭 위치에 놓여있다. 그리고 $\varepsilon_5 + \varepsilon_{12} = 2\cos\frac{10}{17}\pi$이다. 같은 방법으로, 다음을 알 수 있다.

$$\varepsilon_6 + \varepsilon_{11} = 2\cos\frac{12}{17}\pi, \quad \varepsilon_7 + \varepsilon_{10} = 2\cos\frac{14}{17}\pi, \quad \varepsilon_3 + \varepsilon_{14} = 2\cos\frac{6}{17}\pi$$

결국, t_1을 다음과 같이 쓸 수 있다.

$$t_1 = 2\cos\frac{6}{17}\pi + 2\cos\frac{10}{17}\pi + 2\cos\frac{12}{17}\pi + 2\cos\frac{14}{17}\pi$$

이때, $\cos\frac{10}{17}\pi$, $\cos\frac{12}{17}\pi$, $\cos\frac{14}{17}\pi$는 모두 0보다 작고, $\left|\cos\frac{6}{17}\pi\right| < \left|\cos\frac{14}{17}\pi\right|$이므로, $t_1 < 0$이다. 결국, $\frac{-1\pm\sqrt{17}}{2}$에서 $t_1 = \frac{-1-\sqrt{17}}{2}$이고 $t_2 = \frac{-1+\sqrt{17}}{2}$이 된다.

3단계. t_1, t_2를 4개의 항들의 합으로 각각 나누자.

$$\begin{aligned}t_1 &= \varepsilon_5 + \varepsilon_6 + \varepsilon_{14} + \varepsilon_{10} + \varepsilon_{12} + \varepsilon_{11} + \varepsilon_3 + \varepsilon_7 \\ t_2 &= \varepsilon_8 + \varepsilon_{13} + \varepsilon_2 + \varepsilon_{16} + \varepsilon_9 + \varepsilon_4 + \varepsilon_{15} + \varepsilon_1\end{aligned}$$

t_1을 4개의 항들로 나누자. 이때, t_1에서 첫 번째 가수인 ε_5, 세 번째 가수인 ε_{14}, 다섯 번째 가수인 ε_{12}, 일곱 번째 가수인 ε_3을 더하여 t_{11}이라 하고, 나머지 항들을 더하여 t_{12}라 하자. t_2에 대해서도 유사한 방법으로 나누어 t_{21}, t_{22}를 다음과 같이 만들자.

$$\begin{aligned}t_{11} &= \varepsilon_5 + \varepsilon_{14} + \varepsilon_{12} + \varepsilon_3, \qquad t_{12} = \varepsilon_6 + \varepsilon_{10} + \varepsilon_{11} + \varepsilon_7 \\ t_{21} &= \varepsilon_8 + \varepsilon_2 + \varepsilon_9 + \varepsilon_{15}, \qquad t_{22} = \varepsilon_{13} + \varepsilon_{16} + \varepsilon_4 + \varepsilon_1\end{aligned}$$

이제, $t_{11}+t_{12}, t_{11}t_{12}, t_{21}+t_{22}, t_{21}t_{22}$를 계산하면, 다음을 알 수 있다.

$$t_{11}+t_{12}=(\varepsilon_5+\varepsilon_{14}+\varepsilon_{12}+\varepsilon_3)+(\varepsilon_6+\varepsilon_{10}+\varepsilon_{11}+\varepsilon_7)=t_1$$

$$t_{11}t_{12}=(\varepsilon_5+\varepsilon_{14}+\varepsilon_{12}+\varepsilon_3)(\varepsilon_6+\varepsilon_{10}+\varepsilon_{11}+\varepsilon_7)=-1$$

$$t_{21}+t_{22}=(\varepsilon_8+\varepsilon_2+\varepsilon_9+\varepsilon_{15})+(\varepsilon_{13}+\varepsilon_{16}+\varepsilon_4+\varepsilon_1)=t_2$$

$$t_{21}t_{22}=(\varepsilon_8+\varepsilon_2+\varepsilon_9+\varepsilon_{15})(\varepsilon_{13}+\varepsilon_{16}+\varepsilon_4+\varepsilon_1)=-1$$

이제, t_{11}, t_{12}를 근으로 하는 이차방정식을 생각하면, $t_1=\frac{-1-\sqrt{17}}{2}$이므로 다음을 얻을 수 있다.

$$x^2+\frac{1+\sqrt{17}}{2}x-1=0$$

이 방정식의 근은 다음과 같다.

$$\frac{\frac{-1-\sqrt{17}}{2}\pm\sqrt{\left(\frac{1+\sqrt{17}}{2}\right)^2+4}}{2}=\frac{-1-\sqrt{17}\pm\sqrt{34+2\sqrt{17}}}{4}$$

이들 중에서 t_{11}, t_{12}를 결정하자. $t_{11}=\varepsilon_5+\varepsilon_{14}+\varepsilon_{12}+\varepsilon_3$이다. 이때, ε_{14}를 다음과 같이 쓸 수 있다.

$$\varepsilon_{14}=\cos\frac{28}{17}\pi+i\sin\frac{28}{17}\pi=\cos\left(2\pi-\frac{6}{17}\pi\right)+i\sin\left(2\pi-\frac{6}{17}\pi\right)$$

결국, $\varepsilon_{14}=\cos\frac{6}{17}\pi-i\sin\frac{6}{17}\pi$가 되며 $\varepsilon_3=\cos\frac{6}{17}\pi+i\sin\frac{6}{17}\pi$이므로, $\varepsilon_3+\varepsilon_{14}=2\cos\frac{6}{17}\pi$가 된다. 유사한 방법으로 생각하면, $\varepsilon_5+\varepsilon_{12}=2\cos\frac{10}{17}\pi$가 된다는 것을 알 수 있다. 이로부터, 다음을 알 수 있다.

$$t_{11}=\varepsilon_5+\varepsilon_{14}+\varepsilon_{12}+\varepsilon_3=2\cos\frac{6}{17}\pi+2\cos\frac{10}{17}\pi$$

이때, $\cos\frac{6}{17}\pi=\cos\left(\frac{\pi}{2}-\frac{5}{34}\pi\right)=\sin\frac{5}{34}\pi$이고, $\cos\frac{10}{17}\pi=\cos\left(\frac{\pi}{2}+\frac{3}{34}\pi\right)=-\sin\frac{3}{34}\pi$이다. 그러므로 $t_{11}>0$이 되며, 다음을 알 수 있다.

$$t_{11}=\frac{-1-\sqrt{17}+\sqrt{34+2\sqrt{17}}}{4}, t_{12}=\frac{-1-\sqrt{17}-\sqrt{34+2\sqrt{17}}}{4}$$

한 가지 주목할 것은 얻어진 t_{11}, t_{12}는 자와 컴퍼스로 작도가 가능하다는 것이다. 가령 t_{11}을 자와 컴퍼스를 이용해 작도한다고 하자. 그러면, 다음과 같은 순서로 작도하면 된다.

$$\sqrt{17}, 2\sqrt{17}, 34+2\sqrt{17}, \sqrt{34+2\sqrt{17}}, -1-\sqrt{17}, -1-\sqrt{17}+\sqrt{34+2\sqrt{17}}$$

이제, $-1-\sqrt{17}+\sqrt{34+2\sqrt{17}}$을 4등분하면, $t_{11} = 2\cos\frac{6}{17}\pi + 2\cos\frac{10}{17}\pi$가 자와 컴퍼스로 작도된다. t_{12}도 유사하게 작도할 수 있다.[4]

한편, t_{21}, t_{22}를 근으로 가지는 이차방정식은 $x^2 - \frac{-1+\sqrt{17}}{2}x - 1 = 0$이며, 그 해는 다음과 같다.

$$\frac{-1+\sqrt{17} \pm \sqrt{34-2\sqrt{17}}}{4}$$

t_{21}, t_{22}를 t_{11}, t_{12}에서 했던 것과 유사한 방법으로 조사하면, t_{21}, t_{22}를 다음과 같이 결정할 수 있다.

$$t_{21} = \frac{-1+\sqrt{17}-\sqrt{34-2\sqrt{17}}}{4}, t_{22} = \frac{-1+\sqrt{17}+\sqrt{34-2\sqrt{17}}}{4}$$

t_{11}, t_{12}이 자와 컴퍼스로 작도될 수 있었던 것처럼, t_{21}, t_{22}도 자와 컴퍼스를 이용하여 작도할 수 있다.

4단계. t_{11}을 2개의 항들의 합으로 나누자. 이때, t_1, t_2를 나눌 때와 유사한 방법을 이용하자. $t_{11} = \varepsilon_5 + \varepsilon_{14} + \varepsilon_{12} + \varepsilon_3$에서 첫 번째 항과 세 번째 항의 합을 t_{111}로 하자. 즉, $t_{111} = \varepsilon_5 + \varepsilon_{12}$로 하고, $t_{112} = \varepsilon_{14} + \varepsilon_3$이라 하자.

유사한 방법으로 t_{12}, t_{21}, t_{22}을 t_{121}와 t_{122}, t_{211}와 t_{212}, t_{221}와 t_{222}로 각각 나눌 수 있다. 우선 t_{111}와 t_{112}을 살펴보기로 하자.

$t_{111} + t_{112}$, $t_{111}t_{112}$를 계산하자. 쉽게 $t_{111} + t_{112} = t_{11}$임을 알 수 있다. 한편, $t_{111}t_{112}$는 다음과 같이 계산할 수 있다.

$$t_{111}t_{112} = (\varepsilon_5 + \varepsilon_{12})(\varepsilon_{14} + \varepsilon_3) = \varepsilon_2 + \varepsilon_8 + \varepsilon_9 + \varepsilon_{15} = t_{21}$$

[4] $\sqrt{17}$ 등과 같은 제곱근의 작도나 작도가능한 선분에 대한 논의는 '한인기(2019). 수학사도 배우고 수학도 알고, 서울: 교우사'의 4장을 참고.

이제, t_{111}, t_{112}를 근으로 하는 이차방정식은 $x^2 - t_{11}x + t_{21} = 0$이며, 그 근은 다음과 같다.

$$\frac{t_{11} \pm \sqrt{t_{11}^2 - 4t_{21}}}{2}$$

여기에 $t_{11} = \frac{-1-\sqrt{17}+\sqrt{34+2\sqrt{17}}}{4}, t_{21} = \frac{-1+\sqrt{17}-\sqrt{34-2\sqrt{17}}}{4}$을 대입하자. 이때, 식이 복잡하므로 $\sqrt{34+2\sqrt{17}} = a, \sqrt{34-2\sqrt{17}} = b$라 두자. 즉, $t_{11} = \frac{-1-\sqrt{17}+a}{4}, t_{21} = \frac{-1+\sqrt{17}-b}{4}$를 대입하면, t_{111}, t_{112}는 다음과 같다.

$$\frac{t_{11} \pm \sqrt{t_{11}^2 - 4t_{21}}}{2} = \frac{-1-\sqrt{17}+a \pm \sqrt{68-12\sqrt{17}-(2+2\sqrt{17})a+16b}}{8}$$

이때, t_{111}, t_{112}의 부호를 조사하면, 다음을 알 수 있다.

$$t_{111} = \frac{-1-\sqrt{17}+a-\sqrt{68-12\sqrt{17}-(2+2\sqrt{17})a+16b}}{8}$$
$$t_{112} = \frac{-1-\sqrt{17}+a+\sqrt{68-12\sqrt{17}-(2+2\sqrt{17})a+16b}}{8}$$

얻어진 t_{111}, t_{112}는 모두 자와 컴퍼스를 이용하여 작도가 가능하다. 예를 들어, t_{111}를 다음과 같은 순서로 작도할 수 있다.

$$\sqrt{17}, 2\sqrt{17}, 34+2\sqrt{17}, \sqrt{34+2\sqrt{17}}, \sqrt{34-2\sqrt{17}}, 16\sqrt{34-2\sqrt{17}}, 2+2\sqrt{17},$$
$$(2+2\sqrt{17})\sqrt{34+2\sqrt{17}}, 68-12\sqrt{17}, 68-12\sqrt{17}-(2+2\sqrt{17})\sqrt{34+2\sqrt{17}},$$
$$68-12\sqrt{17}-(2+2\sqrt{17})\sqrt{34+2\sqrt{17}}+16\sqrt{34-2\sqrt{17}}$$

$(2+2\sqrt{17})\sqrt{34+2\sqrt{17}}+16\sqrt{34-2\sqrt{17}}$를 작도하면, 나머지 식들을 차례로 작도하여 t_{111}이 나타내는 선분을 작도할 수 있다. 비슷한 방법으로 t_{112}가 나타내는 선분도 작도할 수 있다.

앞에서 $\varepsilon_5 + \varepsilon_{12} = t_{111} = 2\cos\frac{10}{17}\pi$임을 보였다. t_{111}이 자와 컴퍼스를 이용하여 작도가 되기 때문에, $\cos\frac{10}{17}\pi$도 자와 컴퍼스를 이용하여 작도할 수 있다. 그리고

$$\sin\frac{10}{17}\pi = \sqrt{1-\cos^2\frac{10}{17}\pi}$$

이므로, $\sin\frac{10}{17}\pi$도 자와 컴퍼스로 작도할 수 있다. 이로부터, $\varepsilon_5 = \cos\frac{10}{17}\pi + i\sin\frac{10}{17}\pi$를 나타내는 점을 자와 컴퍼스를 이용하여 좌표평면에 작도할 수 있다. 이 점의 x좌표는 $\cos\frac{10}{17}\pi$이고, y좌표는 $\sin\frac{10}{17}\pi$이다.

한편, $\varepsilon_5 = \cos\frac{10}{17}\pi + i\sin\frac{10}{17}\pi$를 t_{111}을 이용하여 대수식으로 나타내면 다음과 같다.

$$\varepsilon_5 = \cos\frac{10}{17}\pi + i\sin\frac{10}{17}\pi = \frac{t_{111}}{2} + \frac{\sqrt{4-t_{111}^2}}{2}i$$

이때, t_{111}은 제곱근을 이용하여 나타낸 대수식이므로, ε_5를 위와 같이 대수식으로 나타낼 수 있다. 그리고 $t_{111} = \varepsilon_5 + \varepsilon_{12}$에서 ε_{12}를 다음과 같이 나타낼 수 있다.

$$\varepsilon_{12} = t_{111} - \varepsilon_5 = t_{111} - \left(\frac{t_{111}}{2} + \frac{\sqrt{4-t_{111}^2}}{2}i\right) = \frac{t_{111}}{2} - \frac{\sqrt{4-t_{111}^2}}{2}i$$

t_{111}이 자와 컴퍼스로 작도가 가능하다는 것을 감안하면, ε_{12}도 자와 컴퍼스로 작도가 가능하다는 것을 알 수 있다.

이제, $t_{112} = \varepsilon_{14} + \varepsilon_3$을 이용하면, $\varepsilon_3, \varepsilon_{14}$를 대수식으로 나타낼 수 있으며, 자와 컴퍼스를 이용하여 작도할 수 있다는 것을 유도할 수 있다.

5단계. 방정식의 해와 작도가능성에 대해 결론을 내리자. $t_{111} = \varepsilon_5 + \varepsilon_{12}$, $t_{112} = \varepsilon_{14} + \varepsilon_3$으로부터 방정식 $x^{16} + x^{15} + \cdots + x^2 + x + 1 = 0$의 해인 $\varepsilon_5, \varepsilon_{12}, \varepsilon_{14}, \varepsilon_3$을 대수적으로 나타냈고, 이 해들을 자와 컴퍼스를 이용하여 작도할 수 있음을 보였다.

이제, $t_{12} = \varepsilon_6 + \varepsilon_{10} + \varepsilon_{11} + \varepsilon_7$에서 $t_{121} = \varepsilon_6 + \varepsilon_{11}, t_{122} = \varepsilon_{10} + \varepsilon_7$로 놓자. 그러면, 앞에서와 같은 방법으로 ε_6과 ε_{11}, ε_{10}과 ε_7의 대수식을 구하고, 자와 컴퍼스를 사용한 작도가능성에 대한 대답을 찾을 수 있다. 한편, t_{21}, t_{22}로부터도 방정식 $x^{16} + x^{15} + \cdots + x^2 + x + 1 = 0$의 나머지 해들을 얻을 수 있다.

결국, 방정식 $x^{16} + x^{15} + \cdots + x^2 + x + 1 = 0$의 해 $\varepsilon_1, \varepsilon_2, \varepsilon_3, \cdots, \varepsilon_{15}, \varepsilon_{16}$의 해를 대수적으로 나타낼 수 있으며, 정17각형을 자와 컴퍼스를 이용하여 작도할 수 있다는 것을 알 수 있다. 실제로 정17각형을 작도하여, $\varepsilon_1, \varepsilon_2, \varepsilon_3, \cdots, \varepsilon_{15}, \varepsilon_{16}$을 표시하면 다음과 같다.

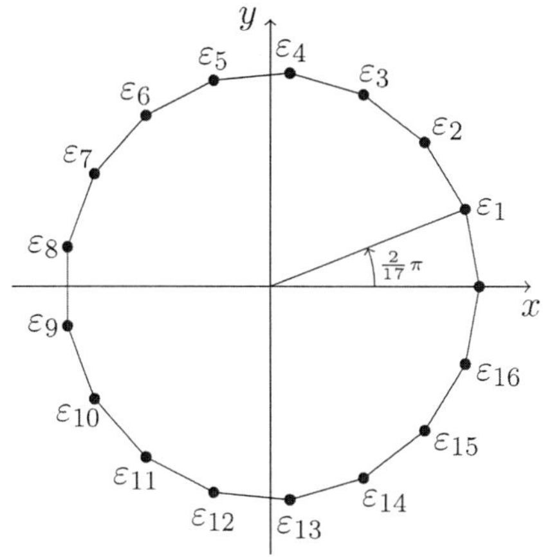

작도된 정17각형에서 ε_1은 ε_{16}과 x축에 대해 대칭이고, ε_2는 ε_{15}와 대칭이고, ε_3은 ε_{14}와 대칭이 된다는 것을 알 수 있다.

정n각형의 작도가능성과 가우스 정리

가우스(1777−1855)는 어떠한 정 n각형을 자와 컴퍼스를 이용하여 작도할 수 있는가에 대해 다음 정리를 증명하였다.

> 자연수 n을 $n = 2^m \cdot p_1 p_2 \cdots p_k$와 같은 형태로 소인수분해를 할 수 있으면(이때, m은 $0, 1, 2, 3, \cdots$과 같은 음이 아닌 정수이고, $p_1, p_2, \cdots, p_k$는 $2^{2^k} + 1$인 꼴로 나타낼 수 있는 서로 다른 소수이다), 정n각형을 자와 컴퍼스를 이용하여 작도할 수 있다.

이때, $2^{2^k} + 1$과 같이 나타낼 수 있는 소수를 페르마 소수라고 부른다. 지금까지 알려진 페르마 소수는 $k = 0, 1, 2, 3, 4$를 대입하여 얻어지는 $3, 5, 17, 257, 65537$의 5개이며, $k = 5$를 대입하여 얻어지는 $2^{2^5} + 1$은 소수가 아니라는 것이 증명되었다.

앞에서 $n = 2^2 = 4$인 정사각형을 작도하였고, $n = 3$인 정삼각형, $n = 2 \times 3 = 6$인 정육각형, $n = 2^2 \times 3 = 12$인 정12각형, $n = 17$인 정17각형을 자와 컴퍼스를 이용하여 작도할 수 있음을 보였다.

가우스 정리에 대해 살펴보자. 우선, $n = 2^m \cdot p_1 p_2 \cdots p_k$의 각 인수 $2^m, p_1, p_2, \cdots, p_k$에 대해 정$2^m$각형, 정$p_1$각형, 정$p_2$각형, $\cdots$, 정p_k각형을 자와 컴퍼스를 이용하여 작도할 수 있음을 살펴보자.

원 O에 지름 A_1A_3을 긋자. 이제, 지름 A_1A_3의 수직이등분선 A_2A_4를 그어, 이들을 연결하면 정사각형 $A_1A_2A_3A_4$를 얻을 수 있다. 이때, 자와 컴퍼스 만을 이용하여 이러한 작도를 수행할 수 있다는 것에 주목하자. 다시금, 각 A_1OA_2를 이등분하는 선분 OB_1을 긋고, 각 A_2OA_3을 이등분하는 선분 OB_2를 긋고, 각 A_3OA_4를 이등분하는 선분 OB_3을 긋고, 각 A_4OA_1을 이등분하는 선분 OB_4를 긋자. 그러면, 원주를 $8 = 2^3$등분하는 점 $A_1, B_1, A_2, B_2, \cdots, A_4, B_4$를 얻을 수 있다. 이 점들을 연결하면 정8각형을 자와 컴퍼스를 이용하여 작도하게 된다.

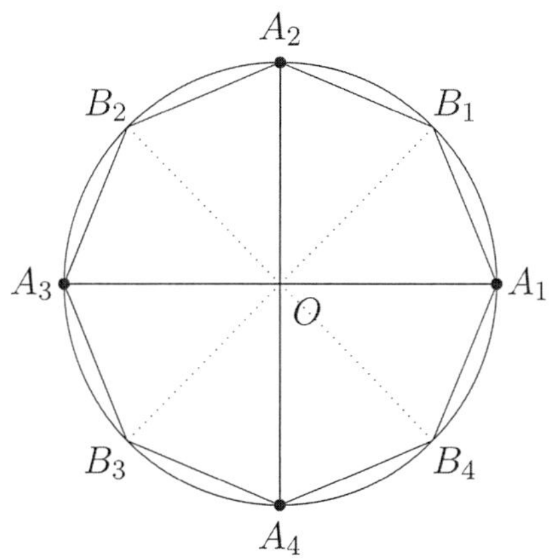

$\angle A_1OB_1$, $\angle B_1OA_2$, $\angle A_2OB_2$, $\angle B_2OA_3$, $\cdots$, $\angle B_4OA_1$을 이등분하는 선분을 그으면, 원주를 $2^4 = 16$등분하는 점을 얻을 수 있고, 정16각형을 작도할 수 있다. 이와 같은 방법으로, 정2^m각형을 자와 컴퍼스를 이용하여 작도할 수 있다.

이제, $p = 2^{2^k} + 1$인 페르마 소수에 대해 정p각형을 자와 컴퍼스를 이용하여 작도할 수 있는지를 알아보자. 이를 위해, 페르마 소수인 $5, 17$에 대해 정5각형과 정17각형을 작도했던 방법을 살펴보자.

정5각형의 작도를 위해, (1) $\varepsilon_1, \varepsilon_2, \varepsilon_3, \varepsilon_4$를 $t_1 = \varepsilon_2 + \varepsilon_3, t_2 = \varepsilon_1 + \varepsilon_4$로 나누었다.

(2) t_1, t_2를 근으로 가지는 2차방정식을 만들었다. 이때 2차방정식을 만드는 것은 중요하다. 왜냐 하면, 2차방정식의 근은 제곱근으로 표현되는데, 제곱근은 자와 컴퍼스를 이용하여 작도할 수 있기 때문이다. (3) t_1, t_2를 근으로 가지는 2차방정식으로부터 t_1, t_2를 제곱근을 이용하여 나타냈다.

정17각형도 유사한 방법을 이용했다. (1) $\varepsilon_1, \varepsilon_2, \varepsilon_3, \cdots, \varepsilon_{14}, \varepsilon_{15}, \varepsilon_{16}$을 반으로 나누어 $t_1 = \varepsilon_5+\varepsilon_6+\varepsilon_{14}+\varepsilon_{10}+\varepsilon_{12}+\varepsilon_{11}+\varepsilon_3+\varepsilon_7, t_2 = \varepsilon_8+\varepsilon_{13}+\varepsilon_2+\varepsilon_{16}+\varepsilon_9+\varepsilon_4+\varepsilon_{15}+\varepsilon_1$로 나누었다.

(2) t_1, t_2를 근으로 가지는 2차방정식을 만들었다. 그러면 2차방정식의 근 t_1, t_2가 제곱근($\sqrt{\ }$)을 이용하여 표현된다. 즉, 8개의 항들의 합으로 표현된 식 t_1, t_2가 각각 제곱근으로 표현된다.

(3) t_1, t_2가 두 항의 합으로 표현되지 않기 때문에, t_1, t_2를 더 나누었다. t_1, t_2를 반으로 나누어 $t_{11} = \varepsilon_5+\varepsilon_{14}+\varepsilon_{12}+\varepsilon_3$, $t_{12} = \varepsilon_6+\varepsilon_{10}+\varepsilon_{11}+\varepsilon_7$, $t_{21} = \varepsilon_8+\varepsilon_2+\varepsilon_9+\varepsilon_{15}$, $t_{22} = \varepsilon_{13}+\varepsilon_{16}+\varepsilon_4+\varepsilon_1$으로 나누었다.

(4) t_{11}, t_{12}, t_{21}, t_{22}를 근으로 가지는 2차방정식을 각각 만들었다. 4개의 항으로 된 t_{11}, t_{12}, t_{21}, t_{22}를 각각 제곱근($\sqrt{\sqrt{\ }}$)을 이용하여 나타낼 수 있었다.

(5) t_{11}, t_{12}가 두 항의 합으로 표현되지 않기 때문에, t_{11}, t_{12}를 더 나누었다. t_{11}, t_{12}를 반으로 나누어 $t_{111} = \varepsilon_5+\varepsilon_{12}$, $t_{112} = \varepsilon_{14}+\varepsilon_3$으로 나누었다. 이제, 두 항의 합으로 된 t_{111}, t_{112}가 얻어졌다.

(6) t_{111}, t_{112}를 근으로 가지는 2차방정식을 각각 만들어, t_{111}, t_{112}를 각각 제곱근($\sqrt{\sqrt{\sqrt{\ }}}$)을 이용하여 나타냈고, t_{111}, t_{112}를 자와 컴퍼스를 이용하여 작도할 수 있었다. 이로부터, 정17각형을 자와 컴퍼스를 이용하여 작도할 수 있음을 보였다.

이제, $p = 2^{2^k}+1$인 정p각형의 작도가능성 문제로 돌아가자.$p = 2^{2^k}+1$인 페르마 소수는 정17각형의 작도에서 보았듯이, ε_1, ε_2, ε_3, $\cdots$, $\varepsilon_{2^{2^k}}$를 계속 반으로 나누어 가는 과정을 반복하여, 두 항의 합으로 된 식을 만들 수 있다. 그러면, ε_k를 거듭제곱($\sqrt{\sqrt{\cdots\sqrt{\ }}}$)을 이용해 나타낼 수 있다는 것을 보일 수 있고, 이로부터 ε_k를 자와 컴퍼스로 작도 가능하다는 것이 유도된다.

마지막으로, 정2^m각형, 정p_1각형, 정p_2각형, $\cdots$, 정p_k각형이 자와 컴퍼스로 작도 가능할 때, 이들의 곱이 자와 컴퍼스로 작도가 가능하다는 것을 보이자.

정p각형이 작도 가능할 때에 정$2^m p$각형을 작도하는 것은 간단히 생각할 수 있다. 정p각형의 각들을 이등분하면 정$2p$각형을 얻고, 정$2p$각형의 각들을 이등분하면 정$2^2 p$각형을 얻고, 정$2^2 p$각형의 각들을 이등분하면 정$2^3 p$각형을 얻게 된다. 결국 정p각형의 각들을 순차적으로 m번 이등분하면 정$2^m p$각형을 얻게 된다.

이제, 페르마 소수 p, q에 대해$(p > q)$ 정p각형과 정q각형을 작도하였을 때, 정pq각형을 작도할 수 있는지를 살펴보자. 정5각형과 정17각형의 경우를 먼저 살펴보자. 정5각형과 정17각형이 작도되었으므로, $5 \times 17 = 85$이므로 정85각형의 작도 가능성을 알아보자.

정85각형을 작도한다는 것은 원주를 85등분할 수 있는가의 문제이므로, 각 $\frac{2\pi}{85}$를 작도할 수 있는가를 조사하면 된다. 정5각형과 정17각형을 작도하였으므로, 각 $\frac{2\pi}{5}$, $\frac{2\pi}{17}$는 이미 작도된 것이다. 가령, $\frac{2\pi}{5} - \frac{2\pi}{17}$를 생각하자. 그러면, $\frac{2\pi}{5} - \frac{2\pi}{17} = \frac{2\pi \times 12}{85}$가 된다. 이것은 $\frac{2\pi \times 12}{85}$를 작도할 수 있다는 것을 의미한다. 그런데, $\frac{2\pi \times 12}{85}$를 이등분해도 $\frac{2\pi}{85}$가 얻어지지 않는다. 그러나, 다음과 같은 연산을 통해 $\frac{2\pi}{85}$를 얻을 수 있는 방법이 있다.

$$3 \times \frac{2\pi}{5} - 10 \times \frac{2\pi}{17} = 2\pi \left(\frac{51 - 50}{85} \right) = \frac{2\pi}{85}$$

즉, $\frac{2\pi}{5}$를 3배하여 얻어진 각에서 $\frac{2\pi}{17}$을 10배하여 얻어진 각을 빼면, 각 $\frac{2\pi}{85}$가 얻어지며, 이로부터 정85각형을 작도할 수 있다.

이 방법을 일반화하여 보자. 페르마 소수 $p, q(p > q)$가 주어지면, 정p각형, 정q각형을 작도할 수 있으며 각 $\frac{2\pi}{p}$, $\frac{2\pi}{q}$를 구할 수 있다. 이때 정pq각형을 작도하려면, $\frac{2\pi}{pq}$를 작도해야 한다. $\frac{2\pi}{pq}$를 다음과 같은 방법으로 얻을 수 있는가?

$$a \times \frac{2\pi}{q} - b \times \frac{2\pi}{p} = 2\pi \left(\frac{ap - bq}{pq} \right)$$

즉, 페르마 소수 p, q에 대해 $ap - bq = 1$, 즉 $pa - qb = 1$이 되는 정수 (a, b)를 구할 수 있는가를 생각해야 한다. 만약, 이러한 정수 (a, b)를 구할 수 있으면, 자와 컴퍼스를 이용하여 $\frac{2\pi}{pq}$를 작도할 수 있다.

정수론에서 소수 p, q에 대해 $ap - bq = 1$를 만족시키는 a, b를 항상 구할 수 있다는 것이 알려져 있다.[5] 이로부터, $\frac{2\pi}{pq}$를 작도할 수 있다는 것을 알 수 있으며, 정pq각형을 작도할 수 있다.

결국, 정2^m각형, 정p_1각형, 정p_2각형, $\cdots$, 정p_k각형이 자와 컴퍼스로 작도가능하면, 이들의 곱 $2^m \cdot p_1 p_2 \cdots p_k$를 자와 컴퍼스로 작도할 수 있다는 것을 알 수 있다.

---

[5]가령, $p = 3, q = 5$라 하면, 방정식 $3a - 5b = 1$이 얻어지며, 이 방정식의 한 해는 $(a, b) = (7, 4)$이다. 정수론에서는 이러한 한 해를 이용하여 방정식의 해 (a, b)를 무수히 많이 찾을 수 있는 공식이 알려져 있다. 한편, $a = 5, b = 17$인 경우에 $5a - 17b = 1$의 한 해는 $(a, b) = (24, 7)$이다.

제 5 장.

무리방정식과 치환

이 장에서는 무리방정식을 푸는 방법과 구체적인 문제해결의 사례들을 다루었다. 여기서는 무리방정식의 해결에 대해 이론적인 설명보다는 구체적인 문제해결의 상황에서 탐색 수행을 어떻게 하는지, 문제해결 과정에서 발생하는 비정형적인 상황을 어떻게 극복하면서 문제해결을 완성하는지에 대해 치환을 중심으로 다양하게 논의하였다.

이 장에서는 무리방정식의 해결을 위한 전형적인 접근 방법을 구체적인 예와 함께 제시하였다. 한편, 무리방정식의 풀이에서 치환은 폭넓게 쓰이는 방법이다. 도형문제의 해결에서 보조선을 긋는 것처럼, 무리방정식에서 보조요소를 도입하여 문제를 단순하게 만들고 효과적으로 문제해결의 방법을 찾도록 하는 것이 치환이다.

여기서는 치환을 단일치환과 다중치환으로 나누어 살펴볼 것이다. 단일치환은 무리방정식의 식들 중 일부를 하나의 문자로 치환하는 방법이고, 다중치환은 2개, 3개, 4개의 문자들을 이용하여 치환하는 방법이다. 이러한 치환 방법의 특징들, 장점들을 구체적인 예들을 통해 제시할 것이다.

이 장은 다음 소단원들로 구성된다.

- 무리방정식의 전형적인 해법
- 단일치환
- 다중치환

1. 무리방정식의 전형적인 해법

제곱근호를 포함하는 방정식들 중 쉽게 접할 수 있는 형태는 $\sqrt{3x-4} = \sqrt{x-2}$, $\sqrt{x+1} = x-1$ 등과 같이 $\sqrt{f(x)} = \sqrt{g(x)}, \sqrt{f(x)} = g(x)$로 표현될 수 있는 것들이다. 그리고 $\sqrt{f(x)} \pm \sqrt{g(x)} = \sqrt{h(x)}$와 같이 좀더 복잡한 형태도 있고, 분수식의 분자, 분모에 무리식이 포함된 형태의 문제도 어렵지 않게 찾아볼 수 있다.

이러한 문제의 해결에서 전형적인 방법은 $\sqrt{f(x)} = \sqrt{g(x)}, \sqrt{f(x)} = g(x), \sqrt{f(x)} \pm \sqrt{g(x)} = \sqrt{h(x)}$, 분수식의 양변을 제곱하여 정리하는 것이다. 이때 방정식의 정의역에 유의해야 한다. 즉, 방정식의 해를 구한 다음에 $f(x) \geq 0, g(x) \geq 0, h(x) \geq 0$을 만족시키는지 확인해야 한다. 간단한 경우는 다음과 같다.

다음 방정식을 풀어라.

$$\sqrt{2x+23} = x+4$$

무리식을 포함한 방정식에서는 무리식의 정의역을 생각해야 한다. 여기서는 $2x+23 \geq 0$이고 $x+4 \geq 0$을 만족시키야 한다. 즉, $x \geq -\frac{23}{2}, x \geq -4$를 동시에 만족시키는 구간은 $x \geq -4$이다.

이제, 양변을 제곱하면, 다음을 얻을 수 있다.

$$2x+23 = x^2+8x+16, \quad x^2+6x-7=0$$

이로부터 $x = 1, -7$을 얻을 수 있으며, 정의역을 만족시키는 해는 $x = 1$이다.

방정식에서 $x = -7$을 실제로 대입하면, 방정식의 우변이 음수가 되기 때문에 $x = -7$은 해가 되지 못한다. 방정식의 양변을 거듭제곱을 이용하여 정리하여 해결하는 몇 가지 경우를 살펴보자.

다음 방정식을 풀어라.

$$\sqrt{5x-1} - \sqrt{8-2x} = \sqrt{x-1}$$

방정식의 양변을 제곱하자. 그러면 다음을 얻을 수 있다.

$$\begin{aligned}&(5x-1)+(8-2x)-2\sqrt{(5x-1)(8-2x)}=x-1\\&x+4=\sqrt{(5x-1)(8-2x)}\end{aligned}$$

이제, 얻어진 식을 다시 한번 제곱하자. 그러면, 다음을 얻을 수 있다.

$$x^2+8x+16=-10x^2+42x-8,\quad 11x^2-34x+24=0$$

이제, $11x^2-34x+24=0$의 좌변에 $x=2$를 대입하면 0이 되므로, 인수분해를 할 수 있다. $11x^2-34x+24=(x-2)(11x-12)=0$이 되어, $x=2, x=\frac{12}{11}$가 얻어진다. 이때, 무리식의 정의역을 생각해야 한다. $5x-1\geq 0, 8-2x\geq 0, x-1\geq 0$을 만족시키는 x의 범위는 $1\leq x\leq 4$이다. $x=2, x=\frac{12}{11}$는 무리식의 정의역에 포함된다.

$x=2$를 방정식 $\sqrt{5x-1}-\sqrt{8-2x}=\sqrt{x-1}$에 대입하면, 방정식을 만족시킨다. 그러나, $x=\frac{12}{11}$를 방정식에 대입하면, 좌변은 $-\frac{1}{\sqrt{11}}$이고 우변은 $\frac{1}{\sqrt{11}}$이 된다. 즉, $x=\frac{12}{11}$은 무연근이 된다. 그러므로, 방정식의 해는 $x=2$이다.

이 방정식에서 얻어진 해 $x=2, x=\frac{12}{11}$는 모두 방정식의 정의역을 만족시키지만, $x=2$만 해가 되었다. $x=\frac{12}{11}$을 방정식에 포함된 각 무리식에 대입하면 양의 값을 가지지만, 방정식의 좌변에 있는 $\sqrt{5x-1}-\sqrt{8-2x}$에 $x=\frac{12}{11}$를 대입하여 계산하면 음의 값이 나오기 때문에, $x=\frac{12}{11}$는 무연근이 된다. 이제, 세제곱을 이용하여 풀 수 있는 방정식을 살펴보자.

다음 방정식을 풀어라.

$$\sqrt{x}+\sqrt[3]{2-(x+3)\sqrt{x}}=1$$

주어진 방정식의 좌변에서 $\sqrt{x}$를 우변으로 이항하면, $\sqrt[3]{2-(x+3)\sqrt{x}}=1-\sqrt{x}$가 된다. 이제, 등식의 양변을 세제곱하면 다음과 같다.

$$2-(x+3)\sqrt{x}=1-x\sqrt{x}-3\sqrt{x}+3x$$

등식의 좌변과 우변을 정리하면, $3x = 1, x = \frac{1}{3}$을 얻을 수 있다. 이 무리방정식의 정의역은 $x \geq 0$이므로, $x = \frac{1}{3}$은 해가 된다.

살펴본 방정식에서는 세제곱근($\sqrt[3]{\ }$)이 있기 때문에, 방정식의 양변을 세제곱하였다. 이때, 계산 과정에서 제곱근($\sqrt{\ }$)도 사라져 쉽게 식이 정리되었다. 다른 경우를 살펴보자.

다음 방정식을 풀어라.

$$\sqrt[3]{2-x} + \sqrt{x-1} = 1$$

방정식의 좌변에서 $\sqrt{x-1}$을 우변으로 이항하면, $\sqrt[3]{2-x} = 1 - \sqrt{x-1}$이 된다. 이제, 방정식의 양변을 세제곱하여 정리하면, 다음과 같다.

$$(x+2)\sqrt{x-1} = 4x - 4$$

이제, 다시 양변을 제곱해서 제곱근을 없애야 한다. 제곱하여 다음과 같이 정리할 수 있다.

$$\begin{aligned}
&(x+2)\sqrt{x-1} = 4x - 4 \\
&(x+2)^2(x-1) = 16(x-1)^2 \\
&(x-1)\{(x+2)^2 - 16(x-1)\} = 0 \\
&(x-1)(x^2 - 12x + 20) = 0
\end{aligned}$$

이로부터 주어진 방정식의 해는 $x = 1$과 $x^2 - 12x + 20 = 0$의 해가 될 수 있다는 것을 알 수 있다. 이제 $x^2 - 12x + 20 = 0$을 풀면, $x = 2, 10$이다. 주어진 방정식의 정의역은 $1 \leq x$이므로, 방정식의 해는 $1, 2, 10$이다.

이 방정식에는 세제곱근과 제곱근이 함께 포함되어 있다. 식을 세제곱하여 정리하는 과정에서 제곱근이 정리되지 않기 때문에, 문제해결 과정에서 세제곱과 제곱을 순차적으로 수행해야 했다. 이제, 비정형적인 문제를 살펴보자.

다음 방정식을 풀어라.

$$\frac{x^2-4x-8}{\sqrt{x^2+2x+11}}=2\sqrt{2}$$

이 방정식은 좌변의 분자를 우변으로 이항하여 양변을 제곱해서 해결한다는 생각을 할 수 있다. 그러면, 다음을 얻을 수 있다.

$$x^2-4x-8=2\sqrt{2}(\sqrt{x^2+2x+11})$$

$$(x^2-4x-8)^2=8(x^2+2x+11)$$

이제, 얻어진 식을 좌변을 제곱하여 정리하면, 다음을 얻을 수 있다.

$$x^4-8x^3-8x^2+48x-24=0$$

이 방정식에서 어려운 것은 사차식 $x^4-8x^3-8x^2+48x-24$에 상수항 24의 약수들을 대입해도 이 사차식이 0이 되는 약수를 찾을 수 없다는 것이다. 즉, 방정식 $x^4-8x^3-8x^2+48x-24=0$는 정수인 해를 가지지 않는다. 이 문제를 어떻게 풀까?

방정식 $x^4-8x^3-8x^2+48x-24=0$의 계수에 주목하자. x^4과 x^3의 계수가 $1, -8$인데, 이것은 무엇에 관련될 수 있는가? 여기가 수학적인 상상력이 필요한 지점이다.

$x^4-8x^3=x^4-8x^3+16x^2-16x^2=(x^2-4x)^2-16x^2$으로 쓸 수 있다는 것을 생각하자. 그러면, 방정식 $x^4-8x^3-8x^2+48x-24=0$은 다음과 같이 쓸 수 있다.

$$\begin{aligned}x^4-8x^3-8x^2+48x-24&=(x^2-4x)^2-16x^2-8x^2+48x-24\\&=(x^2-4x)^2-24(x^2-2x+1)=(x^2-4x)^2-24(x-1)^2=0\end{aligned}$$

이제, $(x^2-4x)^2-24(x-1)^2=0$을 풀면, $x^2-4x=\pm2\sqrt{6}(x-1)$이 된다. $x^2-4x=2\sqrt{6}(x-1)$인 경우에 $x^2-2(2+\sqrt{6})x+2\sqrt{6}=0$이며, $x=2+\sqrt{6}\pm\sqrt{10+2\sqrt{6}}$이다. 한편, $x^2-4x=-2\sqrt{6}(x-1)$인 경우에 $x^2-2(2-\sqrt{6})x-2\sqrt{6}=0$이며, $x=2-\sqrt{6}\pm\sqrt{10-2\sqrt{6}}$이다.

방정식의 정의역으로 $x^2+2x+11\geq 0$을 생각한다. 부등식 $x^2+2x+11\geq 0$은 모든 실수 x에 대해 성립한다. 그러나, 이것으로는 충분하지 않다. 이 문제에서는 $x^2-4x-8>0$도 고려해야 한다.

방정식 $\frac{x^2-4x-8}{\sqrt{x^2+2x+11}} = 2\sqrt{2}$에서 분모는 음이 아니고, 우변은 양수이다. 그러므로, $x^2-4x-8>0$이어야 한다. 이 부등식을 풀면, $x<2-2\sqrt{3}, 2+2\sqrt{3}<x$이다.

얻어진 값 $x=2+\sqrt{6}\pm\sqrt{10+2\sqrt{6}},\quad x=2-\sqrt{6}\pm\sqrt{10-2\sqrt{6}}$ 중에서 $x<2-2\sqrt{3}, 2+2\sqrt{3}<x$를 만족시키는 해는 다음과 같다.

$$x=2+\sqrt{6}+\sqrt{10+2\sqrt{6}},\quad x=2-\sqrt{6}-\sqrt{10-2\sqrt{6}}$$

이 방정식의 해결에서는 방정식의 양변을 제곱하여 식을 정리하는 방향으로 탐색을 시작할 수 있다. 그러나, 식을 정리하여 얻어진 방정식 $x^4-8x^3-8x^2+48x-24=0$의 해결에서 어려움이 발생했다. 여기서는 식을 특징을 감안하여, 방정식에서 완전제곱식을 유도하여 해를 구하였다.

이 문제에서는 방정식의 정의역과 관련하여 주의깊게 살펴야 한다. 일반적으로, 무리방정식의 풀이에서 제곱근 안이 양이 되는 값들을 정의역으로 하고, 방정식을 풀어 얻어진 값을 정의역의 범위에서 확인한다. 이때, 무연근이 발생할 수 있다. 그러므로, 방정식의 특징에 맞게 추가적인 조건이 필요한지 확인해야 한다.

이제, 식의 변형이 쉽지 않은 방정식을 살펴보자.

다음 방정식을 풀어라.

$$(\sqrt[4]{x+a}+\sqrt[4]{x-a})^3(\sqrt[4]{x+a}-\sqrt[4]{x-a})=2b$$

주어진 방정식에 비록 네제곱근($\sqrt[4]{\ }$)이 포함되어 있지만, 여기서는 처음부터 양변을 네제곱하면서 시작할 수 없다. 우선, 방정식의 좌변을 정리하자.

이때, $(\sqrt[4]{x+a}+\sqrt[4]{x-a})^3$을 먼저 전개하여 계산하는 것은 좋은 시도는 아닐 것이다. 항의 개수가 많아지기 때문이다.

좌변의 첫 번째 인수 $(\sqrt[4]{x+a}+\sqrt[4]{x-a})$와 두 번째 인수 $(\sqrt[4]{x+a}-\sqrt[4]{x-a})$를 보면 $(m+n)(m-n)$과 관련시킬 수 있을 것이다. 즉, 다음과 같은 식의 변형이

가능하다.

$$(\sqrt[4]{x+a}+\sqrt[4]{x-a})^3(\sqrt[4]{x+a}-\sqrt[4]{x-a})=2b$$

$$(\sqrt[4]{x+a}+\sqrt[4]{x-a})^2(\sqrt[4]{x+a}+\sqrt[4]{x-a})(\sqrt[4]{x+a}-\sqrt[4]{x-a})=2b$$

$$(\sqrt[4]{x+a}+\sqrt[4]{x-a})^2(\sqrt[4]{(x+a)^2}-\sqrt[4]{(x-a)^2})=2b$$

$$(\sqrt[4]{(x+a)^2}+\sqrt[4]{(x-a)^2}+2\sqrt[4]{x^2-a^2})(\sqrt[4]{(x+a)^2}-\sqrt[4]{(x-a)^2})=2b$$

이제, 분배법칙을 써서 $\sqrt[4]{(x+a)^2}-\sqrt[4]{(x-a)^2}$을 곱해서 정리하자.

$$(\sqrt[4]{(x+a)^2}+\sqrt[4]{(x-a)^2}+2\sqrt[4]{x^2-a^2})(\sqrt[4]{(x+a)^2}-\sqrt[4]{(x-a)^2})=2b$$

$$(x+a-x+a)+\{2\sqrt[4]{x^2-a^2}(\sqrt[4]{(x+a)^2}-\sqrt[4]{(x-a)^2})\}=2b$$

$$\sqrt[4]{x^2-a^2}(\sqrt{x+a}-\sqrt{x-a})=b-a$$

얻어진 식 $\sqrt[4]{x^2-a^2}(\sqrt{x+a}-\sqrt{x-a})=b-a$를 제곱한 다음, $(\sqrt{x+a}-\sqrt{x-a})^2$을 전개하여 정리하자. 그러면 다음을 얻을 수 있다.

$$\sqrt{x^2-a^2}(\sqrt{x+a}-\sqrt{x-a})^2=(b-a)^2$$

$$2x\sqrt{x^2-a^2}=2(x^2-a^2)+(b-a)^2$$

얻어진 식의 좌변에 제곱근이 있기 때문에, 다시 양변을 제곱하자. x^2항을 좌변으로 모으고, 나머지를 우변으로 모아 정리하자. 그러면 다음을 얻을 수 있다.

$$\{4a^2-4(b-a)^2\}x^2=4a^4+(b-a)^4-4a^2(b-a)^2$$

등식의 좌변은 제곱을 전개하여 정리하면 $(8ab-4b^2)x^2$이 된다. 그런데, 우변에는 $(b-a)^4$이 있는데, 이것을 전개하여 정리해도 된다. 여기서는 우변을 $(b-a)^2$으로 묶어서 정리하는 방법을 살펴보자. 우변은 다음과 같이 정리될 수 있다.

$$\begin{aligned}4a^4+(b-a)^4-4a^2(b-a)^2 &= 4a^4+(b-a)^2(b^2-2ab+a^2-4a^2)\\ &= 4a^4+(b-a)^2(b^2-2ab-3a^2)=4a^4+(b-a)^2(b-3a)(b+a)\\ &= 4a^4+(b^2-a^2)(b-a)(b-3a)\\ &= 4a^4+(b^2-a^2)(b^2-4ab+3a^2)\\ &= a^4+b^4-4ab^3+2a^2b^2+4a^3b\end{aligned}$$

얻어진 식 $a^4+b^4-4ab^3+2a^2b^2+4a^3b$은 완전제곱꼴로 쓸 수 있는데, $a^4+b^4-4ab^3+2a^2b^2+4a^3b=(-a^2-2ab+b^2)^2$이다. 결국, 주어진 방정식으로부터 다음 식을 얻을 수 있다.

$$(8ab-4b^2)x^2=(b^2-2ab-a^2)^2, \quad x=\pm\frac{b^2-2ab-a^2}{2\sqrt{2ab-b^2}}$$

이 방정식의 풀이에서는 식의 변형 과정이 길고 복잡했다. 주어진 방정식을 적당히 변형하여 양변을 제곱할 수 있는 식까지 변형시키는 것, 양변을 제곱한 후에 얻어진 식들을 정리하여 방정식의 해를 구하는 것이 모두 평이하지 않았다. 그러나, 식을 원하는 형태로 변형시키는 것은 수학 탐구에서 중요한 능력이라 할 수 있다.

2. 단일치환

방정식 $f(\sqrt[n]{x})=0$, $\sqrt{f(x)}=\sqrt{g(x)}$, $\sqrt{f(x)}=g(x)$, $\sqrt{f(x)}\pm\sqrt{g(x)}=\sqrt{h(x)}$ 등과 같은 무리방정식에서 좌변 또는 우변의 식이 복잡해 제곱하여 정리하기 어려운 경우나 치환하면 식이 간단해지는 경우에 적당한 치환을 이용하여 문제를 해결하게 된다.

직접 치환

문제에 따라서 치환을 해야 할지, 그렇지 않을지를 비교적 쉽게 결정할 수 있는 경우도 있고, 그렇지 못할 경우도 있다. 어려운 도형 문제에서 보조선을 찾아내면 어렵지 않게 문제를 풀 수 있듯이, 다항식 문제에서도 치환에 관련된 정보를 얼만큼 빨리 찾는가에 따라 문제해결의 난이도가 좌우되는 경우가 많다. 우선, 간단한 치환의 예를 살펴보자.

다음 방정식을 풀어라.

$$3\sqrt[3]{x}+2\sqrt[3]{x^2}=9$$

이 방정식의 좌변에 있는 항들을 $\sqrt[3]{x}=A$로 치환할 수 있다. 그러면, $3A+2A^2=9, 2A^2+3A-9=0$이 된다. 이제, 인수분해를 하면 $A=-3, A=\frac{3}{2}$을 얻을 수 있다. 이로부터 $\sqrt[3]{x}=-3$, $\sqrt[3]{x}=\frac{3}{2}$이므로, 해 $x=-27, x=\frac{27}{8}$을 구할 수 있다.

이 문제에서 치환은 식 자체를 간단하게 표현하는 역할을 하고 있다. 방정식 $3\sqrt[3]{x}+2\sqrt[3]{x^2}=9$에서 $\sqrt[3]{x}=A$로 치환하면, 방정식을 2차방정식과 쉽게 관련시킬 수 있다는 장점이 있다.

치환을 이용하여 해결할 수 있는 약간 복잡해 보이는 문제를 살펴보자.

짝수 n에 대해 다음 방정식을 풀어라.

$$\sqrt[n]{\frac{a-x}{b+x}}-3\sqrt[n]{\frac{b+x}{a-x}}=-2$$

비교적 복잡해 보이기는 하지만, 좌변의 두 항의 특징을 살펴보자. 첫 번째 항의 n제곱근호 안에 있는 식 $\frac{a-x}{b+x}$와 두 번째 항에 있는 식 $\frac{b+x}{a-x}$는 역수 관계에 있다. 이를 이용하면, 쉽게 치환을 생각할 수 있다.

$\sqrt[n]{\frac{a-x}{b+x}}=A$라 두면, $\sqrt[n]{\frac{b+x}{a-x}}=\frac{1}{A}$이 된다. 이로부터, 방정식을 다음과 같이 쓸 수 있다. $\sqrt[n]{\frac{a-x}{b+x}}=A$에서 n이 짝수이므로, $A\geq 0$이라는 것을 염두에 두자.

$$A-\frac{3}{A}=-2$$

이제, 얻어진 식을 이항하여 정리하면, $A^2+2A-3=0$이 된다. 이로부터 $A=1, A=-3$인데 $A\geq 0$이므로, $A=1$이다.

$\sqrt[n]{\frac{a-x}{b+x}}=A$로부터 $\sqrt[n]{\frac{a-x}{b+x}}=1$이 얻어진다. 양변을 n제곱하여 정리하면, 다음을 얻을 수 있다.

$$\frac{a-x}{b+x}=1,\quad a-x=b+x$$

$2x=a-b$이므로, 방정식의 해는 $x=\frac{a-b}{2}$이다.

처음에는 식이 복잡해 보였지만, 방정식에 있는 항들의 특징을 찾아서 적당한 치환의 가능성을 찾았다. 이를 통해 어렵지 않게 식을 정리하여 문제를 풀 수 있었다. 이 문제에서의 치환은 식을 간단히 하고, 연산 과정을 단순하게 만드는데 도움을 주었다.

이제, 계수나 상수항에 무리수가 포함되어 있는 경우에 적당한 치환을 통해 무리수를 처리하는 문제를 살펴보자. 다음 방정식을 살펴보자.

다음 방정식의 실근을 구하여라.

$$x^3 + 6x - 36\sqrt{3} = 0$$

$ax^3 + bx^2 + cx + d = 0$인 3차방정식을 푸는 일반적인 방법은 $f(x) = ax^3 + bx^2 + cx + d$에서 상수항 d의 약수들 중에서 $f(\alpha) = 0$인 α를 찾는 것이다. 그런데, 이 문제는 상수항 $36\sqrt{3}$에 무리수 $\sqrt{3}$이 포함되어 있다는 것이 다른 문제와는 다르다.

문제해결을 위해 $\pm 1, \pm 2, \cdots, \pm 18, \pm 36, \pm\sqrt{3}, \pm 2\sqrt{3}, \cdots$ 등을 대입하여 $f(\alpha) = 0$인 α를 찾는 것도 한 방법이 될 것이다. 그런데, 대입해서 확인해야 할 수들이 많고, $\sqrt{3}$을 포함하는 수들을 대입하여 정리하는 것이 복잡한 계산을 수반하게 된다. 다른 방법은 없을까?

방정식에 포함된 항들의 특징을 살펴보면, 치환을 통해 약간 쉬운 접근을 생각할 수 있다. 방정식 $x^3 + 6x - 36\sqrt{3} = 0$에는 x^2항이 없다. 이것이 치환과 어떤 관계가 있을까?

이 문제는 상수항에 $\sqrt{3}$이 포함되어 있는데, 적당한 치환을 통해 상수항의 $\sqrt{3}$을 없앨 수 있다. 가령, 치환 $x = t\sqrt{3}$을 생각하자. $x^3 + 6x - 36\sqrt{3} = 0$에는 x^2항이 없기 때문에, 치환 $x = t\sqrt{3}$으로 $\sqrt{3}$이 없는 방정식을 다음과 같이 얻을 수 있다.

$$3\sqrt{3}t^3 + 6\sqrt{3}t - 36\sqrt{3} = 0, \quad t^3 + 2t - 12 = 0$$

식 $t^3 + 2t - 12$를 인수분해 하자. $t = 2$를 대입하면 식의 값이 0이 된다. 그러므로 $t^3 + 2t - 12 = (t-2)(t^2 + 2t + 6)$이 된다. 그러므로 $t^3 + 2t - 12 = 0$에서 $t = 2, t^2 + 2t + 6 = 0$이 얻어진다. $t = 2$에서 해 $x = 2\sqrt{3}$이 얻어지고, $t^2 + 2t + 6 = 0$에서는 허근이 얻어진다.

살펴본 방법을 이용하면, 다음과 같은 방정식을 풀 수 있다. 이때에도 x^2항이 없어야 한다.

$$x^3 - (k+2)x + \sqrt{k+1} = 0$$

여기서 $\sqrt{k+1} = t$로 치환하면, $k = t^2 - 1$이 된다. 그러면 주어진 방정식은 $x^3 - (t^2+1)x + t = 0$이 된다. x대신에 t를 대입하면 식의 값이 0이 되므로, 다음과 같은 인수분해를 할 수 있다.

$$x^3 - (t^2+1)x + t = (x-t)(x^2+tx-1)$$

$x^3-(t^2+1)x+t = 0$의 한 해는 $x = t$에서, 다른 해는 $x^2+tx-1 = 0$에서 얻어진다. $x^2+tx-1 = 0$에서 $x = \frac{-t\pm\sqrt{t^2+4}}{2}$이다. 이로부터, 방정식 $x^3-(k+2)x+\sqrt{k+1} = 0$의 해는 다음과 같음을 알 수 있다.

$$\sqrt{k+1}, \quad \frac{-\sqrt{k+1}\pm\sqrt{k+5}}{2}$$

이제, x^2항을 포함하는 방정식에서 무리수의 치환을 살펴보자.

다음 방정식을 풀어라.

$$x^3 + 2\sqrt{3}x^2 + 3x + \sqrt{3} - 1 = 0$$

이제, $\sqrt{3} = t$로 치환하자. 그러면, $x^3+2tx^2+t^2x+t-1 = 0$이 된다. 이 방정식은 x에 대한 3차방정식이지만, t에 대한 2차방정식이기도 하다. t에 대한 내림차순으로 정리하자.

$$xt^2 + (2x^2+1)t + x^3 - 1 = 0$$

얻어진 식을 인수분해하자. $x^3-1 = (x-1)(x^2+x+1)$이므로, 이 식은 $(t+x-1)(xt+x^2+x+1) = 0$과 같이 인수분해 된다. 이로부터 $t = 1-x, xt = -x^2-x-1$이다. $t = \sqrt{3}$이므로, $t = 1-x$에서 $x = 1-\sqrt{3}$, $xt = -x^2-x-1$에서 $x^2+(1+\sqrt{3})x+1 = 0$이 얻어진다. $x^2+(1+\sqrt{3})x+1 = 0$에 근의 공식을 이용하면, 다음을 얻을 수 있다.

$$x = \frac{-1-\sqrt{3}\pm\sqrt{(1+\sqrt{3})^2-4}}{2} = \frac{-1-\sqrt{3}\pm\sqrt{2\sqrt{3}}}{2}$$

이로부터, 주어진 방정식의 해는 다음과 같다.

$$1-\sqrt{3}, \quad \frac{-1-\sqrt{3}\pm\sqrt{2\sqrt{3}}}{2}$$

살펴본 방정식에서는 $\sqrt{3}=t$로 치환하여, x에 대한 3차방정식을 t에 대한 2차방정식으로 바꾸어 방정식의 차수를 낮추어 해결하였다. 이 문제는 치환을 통해 방정식의 차수를 낮추어 해결하는 흥미로운 예라 할 수 있다.

다시, 무리식을 치환하는 문제로 돌아가자.

다음 방정식을 풀어라.

$$\frac{4}{\sqrt[3]{x}+2}+\frac{\sqrt[3]{x}+3}{5}=2$$

어렵지 않게 항들의 공통성을 볼 수 있다. 좌변의 첫 번째 항과 두 번째 항에 $\sqrt[3]{x}$가 포함되어 있다. 그러므로, $\sqrt[3]{x}=A$로 치환할 수 있다. 그러면 다음과 같은 식을 얻게 된다.

$$\frac{4}{A+2}+\frac{A+3}{5}=2$$

이때, 좌변에서 첫 번째 항의 분모가 $A+2$가 되었다. 이러한 경우에는 간단한 형태의 분모를 얻기 위해, $\sqrt[3]{x}=A$로 치환하지 않고 분모 $\sqrt[3]{x}+2$를 A로 치환한다. 그러면, 다음을 얻게 된다.

$$\frac{4}{A}+\frac{A+1}{5}=2$$

이제, 통분하여 정리하면, $A^2-9A+20=0$이고, 이로부터 $A=4, A=5$가 얻어진다. $\sqrt[3]{x}+2=A$이므로, 이로부터 $\sqrt[3]{x}=2, \sqrt[3]{x}=3$을 얻는다. 결국, 방정식의 해는 $8, 27$이다.

살펴본 것과 같이, 치환은 문제해결을 간단하고 효율적으로 수행하는데 도움을 준다. 이때, 어떤 식을 치환할 것인지, 치환할 식을 어떻게 찾는지는 문제해결자의 노력과 직관에 밀접하게 관련된다. 흔히 말하는 수학적 감각이 필요한 부분이다. 치환의 다른 예를 살펴보자.

다음 방정식을 풀어라.

$$8\sqrt[3]{x+1}=\frac{32x+31}{2x+3\sqrt[3]{x+1}+1}$$

방정식의 양변에 $\sqrt[3]{x+1}$이 있다는 것을 감안하면, $\sqrt[3]{x+1} = A$와 같은 치환을 생각할 수 있다. 그러면, $x = A^3 - 1$이 되며, 이것을 방정식에 대입하여 정리하면 다음과 같다.

$$8A = \frac{32A^3 - 32 + 31}{2A^3 - 2 + 3A + 1}, \quad 8A = \frac{32A^3 - 1}{2A^3 + 3A - 1}$$

이제, 얻어진 식을 정리하면, $16A^4 - 32A^3 + 24A^2 - 8A + 1 = 0$이 된다. 이 식은 A에 대한 4차식으로, 이러한 식에서는 먼저 계수들 사이의 규칙성에 주목하여야 한다. A^4, A^3, A^2, A의 계수와 상수항이 $16, -32, 24, -8, 1$이다. 이 계수와 상수항에서 어떤 특징을 볼 수 있을까?

$16, -32, 24, -8, 1$이 모두 2의 거듭제곱 형태라는 것을 알 수 있다. 그러나, 이것만으로 문제해결을 위한 탐색의 방향을 결정하기에는 어려움이 있다.

가령, $2A = B$, 즉 $A = \frac{1}{2}B$로 치환하자. 그러면, $16A^4 - 32A^3 + 24A^2 - 8A + 1 = 0$은 $B^4 - 4B^3 + 6B^2 - 4B + 1 = 0$이 되어 좀더 쉽게 탐색의 방향을 찾을 수 있다.

B^4, B^3, B^2, B의 계수와 상수항의 계수 $1, -4, 6, -4, 1$은 $(B-1)^4$을 전개했을 때의 계수와 상수항이라는 것을 눈치챌 수 있다. 결국, 다음을 유도할 수 있다.

$$B^4 - 4B^3 + 6B^2 - 4B + 1 = 0, \quad (B-1)^4 = 0$$

이로부터 $B = 1$이고, $A = \frac{1}{2}B$이므로 $A = \frac{1}{2}$이다. 결국, $x = A^3 - 1 = -\frac{7}{8}$이 답이다.

방정식 $8\sqrt[3]{x+1} = \frac{32x+31}{2x+3\sqrt[3]{x+1}+1}$에서는 등식의 양변에 $\sqrt[3]{x+1}$이 모두 포함되어 있기 때문에, $\sqrt[3]{x+1} = A$라는 치환을 생각했다.

모든 문제에서 항상 치환이 효과적인 것은 아니다. 가령, 다음 방정식은 비록 복잡해 보이기는 하지만, 치환을 하지 않고도 문제가 해결될 수 있다.

$$\sqrt{2 - \sqrt{2x+1}} + \sqrt{2 + \sqrt{2x+1}} = 2\sqrt{x}$$

이 방정식은 좌변의 첫 번째 항과 두 번째 항에 $\sqrt{2x+1}$이 포함되어 있기 때문에, $\sqrt{2x+1} = A$로 치환하고 문제해결을 시작할 수 있다. 그러나, 치환을 하지 않고

방정식의 양변을 제곱하자. 그러면, 다음을 얻을 수 있다.

$$\begin{aligned}
&(2-\sqrt{2x+1})+(2+\sqrt{2x+1})+2\sqrt{(2-\sqrt{2x+1})(2+\sqrt{2x+1})}=4x\\
&4+2\sqrt{(2-\sqrt{2x+1})(2+\sqrt{2x+1})}=4x\\
&\sqrt{3-2x}=2(x-1)
\end{aligned}$$

이제, 식 $\sqrt{3-2x}=2(x-1)$을 제곱하여 정리하면, 해를 구할 수 있다.

이 문제를 치환을 이용하여 푼다고 하자. 그러면, 방정식

$$\sqrt{2-\sqrt{2x+1}}+\sqrt{2+\sqrt{2x+1}}=2\sqrt{x}$$

에서 $\sqrt{2x+1}=A$로 치환하자. 이때, $2x+1=A^2, x=\frac{A^2-1}{2}$이다. 그러면 방정식은 $\sqrt{2-A}+\sqrt{2+A}=2\sqrt{\frac{A^2-1}{2}}$이 된다. 이 방정식은 치환을 해도 식이 간단해 지거나, 쉽게 해결되지 않는다.

살펴본 것과 같이, 치환이 항상 최적의 문제해결 방법은 아닐 수도 있다. 방정식에 따라서 치환이 문제해결을 간단하고 효과적으로 수행하는데 도움이 될 수도 있고, 그렇지 않을 수도 있기 때문이다. 결국, 문제해결에서 방정식의 뼈대, 항들의 특징을 찾아서 문제해결의 탐색 방향과 연결시키는 것이 중요할 것이다.

이제, 애매한 치환 문제의 예를 살펴보자.

다음 방정식을 풀어라.

$$\frac{30}{x\sqrt[3]{35-x^3}}=x+\sqrt[3]{35-x^3}$$

이 방정식의 좌변과 우변에 공통으로 $\sqrt[3]{35-x^3}$이 있기 때문에, $\sqrt[3]{35-x^3}=A$로 치환하면서 문제해결을 시작할 수 있다. 치환하면, 다음을 얻을 수 있다.

$$\frac{30}{xA}=x+A$$

그리고, 얻어진 식에서 x를 다시 A로 나타내려 시도할 것이다. 가령, $\sqrt[3]{35-x^3}=A$에서 양변을 세제곱하면 $35-x^3=A^3$, $x=\sqrt[3]{35-A^3}$이 된다. 이것을 대입하면, 다음을 얻을 수 있다.

$$\frac{30}{A\sqrt[3]{35-A^3}}=\sqrt[3]{35-A^3}+A$$

처음의 상태로 다시 돌아왔다. 그러므로, $\frac{30}{xA}=x+A$에서 x를 A로 나타내려는 시도는 성공적이지 못했다. 그렇다면, 어떤 문제해결이 가능할까? 이 문제에서 가장 어려운 지점이 바로 여기일 것이다.

식들의 규칙성을 찾아보자. $\sqrt[3]{35-x^3}=A$와 $\frac{30}{xA}=x+A$를 가지고 있다. 이 식들에서 찾을 수 있는 규칙성 또는 식의 뼈대는 무엇인가?

$\sqrt[3]{35-x^3}=A$의 양변을 세제곱하면 $x^3+A^3=35$가 되고, $\frac{30}{xA}=x+A$의 분모를 이항하면 $xA(x+A)=30$이 된다. 이것을 다음 공식과 관련시킬 수 있어야 한다. 이것이 바로 두 식의 뼈대를 보는 것이 될 것이다.

$$a^3+b^3+3ab(a+b)=(a+b)^3$$

$xA(x+A)=30$을 세 배하여 $x^3+A^3=35$에 더하면, 다음을 얻을 수 있다.

$$x^3+A^3+3xA(x+A)=(x+A)^3=35+90=125,\quad (x+A)^3=125$$

이로부터 $x+A=5$를 얻게 된다. 이제, $xA(x+A)=30$에서 $xA=6$이다. 즉, $x+A=5$와 $xA=6$에서 x, A의 값을 구할 수 있다. 이들을 연립하면, $x=2, x=3$을 얻게 된다.

이 문제의 해결과정에서는 치환 자체는 쉽게 알아낼 수 있었지만, 치환을 하고 난 다음에 x, A 사이의 관계를 찾아서 문제를 해결하는 것이 어려웠다. 특히, $\sqrt[3]{35-x^3}=A$와 $\frac{30}{xA}=x+A$를 $(a+b)^3$과 연결시키는 것은 식의 뼈대를 본다는 측면에서 의미있는 연습이 될 수 있을 것이다.

식을 변형한 후에 치환

방정식에서 치환할 수 있는 식들이 쉽게 관찰되지 않는 경우가 있다. 이러한 경우에는 방정식의 항들을 전개하거나 제곱하는 등 적당히 식을 변형한 후에 치환 가능성을 볼 수 있다. 다음 방정식을 생각하자.

다음 방정식을 풀어라.

$$(x+4)(x+1)-3\sqrt{x^2+5x+2}=6$$

첫 눈에는 이 문제의 해결에서 치환이 효과적인 방법이 될 수 있을지를 눈치채기는 어렵다. 그러나, $(x+4)(x+1)$을 전개하여 얻어진 x^2+5x+4를 $\sqrt{x^2+5x+2}$와 관련시켜 생각하면 치환을 떠올릴 수 있다. 여기서는 $\sqrt{x^2+5x+2}=A$라 두자. 그러면, 방정식을 다음과 같이 쓸 수 있다.

$$x^2+5x+4-3\sqrt{x^2+5x+2}=6, \quad A^2+2-3A=6$$

방정식 $A^2-3A-4=0$을 풀면 된다. 인수분해 하면, $A=4, A=-1$이다. 이때, $A\geq 0$이므로, $A=4$이다. $\sqrt{x^2+5x+2}=A$에서 $\sqrt{x^2+5x+2}=4$이고, $x^2+5x-14=0$이 얻어진다. 이 방정식을 풀면, 해 $x=-7, x=2$를 구할 수 있다.

비교적 평이한 치환이라고 할 수 있다. 여기서는 식 $(x+4)(x+1)$을 전개하여 $\sqrt{x^2+5x+2}$와의 공통점을 찾아서 치환을 하였으며, 방정식의 해를 구할 수 있었다.

식의 변형을 통한 치환의 사례를 더 살펴보자.

다음 방정식을 풀어라.

$$9x^4-12x^2+2+\sqrt{4-3x^2}=0$$

이 문제는 두 가지 방향으로 탐색을 수행하자. 첫 번째 방법은 방정식에 $\sqrt{4-3x^2}$가 하나만 포함되어 있다는 것에 착안하였다. $\sqrt{4-3x^2}$만 남기고 나머지 항들을 이항한 다음, 제곱하여 식을 정리하자.

$$\sqrt{4-3x^2}=-9x^4+12x^2-2$$

이 식을 제곱하여 정리하면, $4 - 3x^2 = 81x^8 + 144x^4 + 4 - 216x^6 + 36x^4 - 48x^2$, $81x^8 - 216x^6 + 180x^4 - 45x^2 = 0$이 된다. 0은 주어진 방정식의 근이 아니므로, 방정식의 양변을 x^2으로 나누자. 그러면, $81x^6 - 216x^4 + 180x^2 - 45 = 0$이 된다.

얻어진 방정식의 좌변에 $x = 1, x = -1$을 대입하면 0이 되므로, 다음과 같이 조립제법을 이용할 수 있다.

	81	0	−216	0	180	0	−45
1		81	81	−135	−135	45	45
	81	81	−135	−135	45	45	0
-1		−81	0	135	0	−45	
	81	0	−135	0	45	0	

조립제법의 결과를 이용하면 다항식 $81x^6 - 216x^4 + 180x^2 - 45$를 다음과 같이 인수분해 할 수 있다.

$$\begin{aligned} &81x^6 - 216x^4 + 180x^2 - 45 \\ &= (x-1)(81x^5 + 81x^4 - 135x^3 - 135x^2 + 45x + 45) \\ &= (x-1)(x+1)(81x^4 - 135x^2 + 45) \end{aligned}$$

이로부터, 방정식 $81x^6 - 216x^4 + 180x^2 - 45 = 0$의 해는 $x = \pm 1$과 $81x^4 - 135x^2 + 45 = 0$의 해이다. $81x^4 - 135x^2 + 45 = 0$의 양변을 9로 나누면, $9x^4 - 15x^2 + 5 = 0$이다. 이제, $x^2 = A$라 놓고, 근의 공식에 대입하여 해를 구하자. 그러면, 다음을 얻을 수 있다.

$$x^2 = A = \frac{15 \pm \sqrt{15^2 - 4 \times 9 \times 5}}{18} = \frac{5 \pm \sqrt{5}}{6}$$

결국, x의 값을 다음의 6개를 얻었다.

$$x = \pm 1, \quad x = \pm\sqrt{\frac{5 \pm \sqrt{5}}{6}}$$

방정식의 정의역을 생각하자. $4 - 3x^2 \geq 0$이므로, 정의역은 $x \leq -\frac{2\sqrt{3}}{3}, \frac{2\sqrt{3}}{3} \leq x$이다. 얻어진 6개의 x값은 이 정의역에 모두 속한다. 그런데, $x = \pm\sqrt{\frac{5+\sqrt{5}}{6}}$, 즉 $x^2 = \frac{5+\sqrt{5}}{6}$를 방정식에 대입하면 성립하지 않는다. $x = \pm\sqrt{\frac{5+\sqrt{5}}{6}}$는 무연근이다.

결국 방정식의 근은 $x = \pm 1, \pm\sqrt{\frac{5-\sqrt{5}}{6}}$이다.

두 번째 방법을 살펴보자. 다항식 $9x^4 - 12x^2 + 2 + \sqrt{4-3x^2}$에 포함된 항들의 특징에 주목하자. 제곱근호 안에 $4-3x^2$이 있고, $9x^4 - 12x^2$을 적당히 변형하면 $4-3x^2$을 유도할 수 있다. 즉, $9x^4 - 12x^2 = -3x^2(4-3x^2)$이다. 이것을 이용하여 문제를 해결하자.

$9x^4 - 12x^2 + 2 + \sqrt{4-3x^2} = -3x^2(4-3x^2) + 2 + \sqrt{4-3x^2}$이므로, $\sqrt{4-3x^2} = A$로 치환하자(이때 $A \geq 0$이다). 그러면, $4 - 3x^3 = A^2, -3x^2 = A^2 - 4$가 되므로, 다음을 얻을 수 있다.

$$(A^2-4)A^2 + 2 + A = 0$$

$$(A+2)(A-2)A^2 + A + 2 = 0$$

$$(A+2)\{A^2(A-2)+1\} = 0$$

$$(A+2)(A^3 - 2A^2 + 1) = 0$$

$$(A+2)(A-1)(A^2 - A - 1) = 0$$

이로부터 $A = -2, A = 1, A = \frac{1\pm\sqrt{5}}{2}$인데, $A \geq 0$이므로 $A = 1, A = \frac{1+\sqrt{5}}{2}$이다.

$A = 1$인 경우를 생각하자. $\sqrt{4-3x^2} = A$이므로, $\sqrt{4-3x^2} = 1$이고 $x = \pm 1$이다. 이제, $A = \frac{1+\sqrt{5}}{2}$인 경우를 살펴보자. $\sqrt{4-3x^2} = \frac{1+\sqrt{5}}{2}$, $4 - 3x^2 = \frac{3+\sqrt{5}}{2}$, $x^2 = \frac{5-\sqrt{5}}{6}$가 되어, $x = \pm\sqrt{\frac{5-\sqrt{5}}{6}}$가 된다.

결국 방정식의 근은 $x = \pm 1, \pm\sqrt{\frac{5-\sqrt{5}}{6}}$이다.

살펴본 풀이 방법 중에서 첫 번째 방법은 방정식에 제곱근이 하나 포함되었기 때문에 제곱한 다음 정리하여 방정식의 해를 구하는 전형적인 접근 방법이라 할 수 있다. 이때, 제곱하는 과정에서 무연근이 발생할 수 있기 때문에, 이것에 주의해야 한다.

두 번째 방법은 식의 특징에 주목하여 적당한 치환을 이용하는 방법으로, 첫 번째 방법보다 덜 복잡한 풀이 과정을 통해 답을 얻을 수 있었다. 특히, 이 방법에서는 무연근 $x = \pm\sqrt{\frac{5+\sqrt{5}}{6}}$를 쉽게 배제시킬 수 있었다.

다음 방정식을 풀어라.

$$\frac{x^4+6x^2-119}{x^2-5}=8\sqrt{x^2-9}$$

방정식의 좌변에 4차인 삼항식이 있기 때문에 방정식의 양변을 제곱하면 계산이 복잡해질 것이다. 그렇다고 적당히 치환할 수 있는 식이 눈에 띄지도 않는다. 단지, 방정식에 포함된 x의 지수가 모두 $2, 4$로 짝수라는 것이 보인다. 이것을 이용하여 방정식을 풀 수 있는 방법이 있을까?

방정식의 좌변 $\frac{x^4+6x^2-119}{x^2-5}$에서 분자는 4차식이고 분모는 2차식이므로, 실제로 나누면 몫이 2차식이 되어 방정식의 우변에 있는 제곱근 안의 식과 차수가 같게 된다. x^4+6x^2-119를 x^2-5로 나누면 몫은 x^2+11이고 나머지는 -64이다. 즉, 방정식을 다음과 같이 쓸 수 있다.

$$x^2+11-\frac{64}{x^2-5}=8\sqrt{x^2-9}$$

이제, $\sqrt{x^2-9}=A$로 치환하자. 그러면, $x^2=A^2+9$이므로 방정식을 다음과 같이 쓸 수 있다.

$$A^2+20-\frac{64}{A^2+4}=8A$$

이로부터 4차방정식 $A^4-8A^3+24A^2-32A+16=0$이 얻어진다. 이 4차방정식에서 A대신에 2를 대입하면 0이 되므로, 다음과 같이 인수분해 할 수 있다.

$$A^4-8A^3+24A^2-32A+16=(A-2)(A^3-6A^2+12A-8)=(A-2)^4$$

결국, $A=2$이고 $\sqrt{x^2-9}=2$에서 $x^2=13, x=\pm\sqrt{13}$이 얻어진다.

이 문제에서는 방정식의 좌변에 있는 식의 분자와 분모가 모두 x^2, x^4을 포함하고 있으며, 우변도 x^2을 포함하고 있다(즉 방정식에 x, x^3이 없다)는 점에 착안하여 문제를 해결하였다. 이때, 좌변에서 분자를 분모로 나누어 분자의 차수를 낮춘 후에, 적당한 치환을 이용하여 식을 정리하였다.

다음 방정식을 풀어라.

$$x\sqrt{x^2+15}-\sqrt{x}\sqrt[4]{x^2+15}=2$$

이 방정식의 처음 두 항에는 $\sqrt[4]{x^2+15}$가 포함되어 있기 때문에(첫 번째 항을 $(\sqrt[4]{x^2+15})^2$으로 볼 수 있기 때문에), $\sqrt[4]{x^2+15}=A$라는 치환을 생각할 수 있다. 그러면, $x^2=A^4-15$가 되기 때문에, 방정식에 포함된 x를 A의 식으로 나타내는데 문제가 발생한다.

이 문제에서는 x도 포함하여 치환을 해야 한다. 첫 번째 항에는 $x\sqrt{x^2+15}$가 있고 두 번째 항은 $\sqrt{x}\sqrt[4]{x^2+15}$인데, 어떤 식을 A로 치환해야 하는가? 이와 같은 질문을 스스로에게 던지기가 어렵지만, 대답은 간단하다. $\sqrt{x}\sqrt[4]{x^2+15}=A$로 치환한다. 그러면, $x\sqrt{x^2+15}=A^2$이 되기 때문이다.

이로부터, 방정식 $A^2-A-2=0$이 얻어지며, $A=-1,2$이다. 이때 $A\geq 0$이므로, $A=2$가 된다. 즉, $\sqrt{x}\sqrt[4]{x^2+15}=2$이므로, 양변을 제곱하면 $x\sqrt{x^2+15}=4$가 된다. 다시 한번 제곱하여 정리하면, 다음을 얻을 수 있다.

$$x^4+15x^2-16=(x^2+16)(x^2-1)=0$$

결국, $x=\pm 1$이 얻어지는데, 방정식의 정의역이 $x\geq 0$이므로 해는 $x=1$이다.

이 문제는 식 $x\sqrt{x^2+15}$와 $\sqrt{x}\sqrt[4]{x^2+15}$ 사이의 관계를 찾아 적당히 치환하는 것이 문제해결에서 중요한 순간이었다. 적당한 치환을 위해, 식을 변형시키거나 식 사이의 관계를 파악하는 것에 대해 주의를 기울이자.

살펴본 바와 같이, 치환 문제에서는 치환한 식과 나머지 항들 사이의 관계를 찾아, 나머지 항들을 어떻게 치환한 문자로 바꿀 수 있는지가 문제의 난이도에 영향을 미친다. 이와 관련된 식의 변환의 사례를 살펴보자.

다음 방정식의 실근을 구하여라.

$$7\sqrt{2x-1}=4x^2-16x+1$$

가령, 방정식의 양변을 제곱하여 문제를 해결한다고 하자. 그러면, 다음과 같이 양변을 제곱하여 식을 정리해야 한다.

$$49(2x-1)=(4x^2-16x+1)^2$$

이때, $(4x^2-16x+1)^2$을 전개한 다음, 식을 정리하여 방정식의 해를 구할 수도 있다. 이러한 방향으로 문제를 해결하는 것도 가능하지만, 식이 복잡해지기 때문에 효과적인 방법이라고 하기는 어려울 것이다.

여기서는 다른 방향으로 문제해결 탐색을 진행하자. 우선 $\sqrt{2x-1}=A$로 치환하자. 그러면 $2x-1=A^2, x=\frac{A^2+1}{2}$이 된다. 이것을 방정식의 우변 $4x^2-16x+1$에 대입하여 정리해 보자. 즉, 다음 식을 계산해야 한다.

$$4\left(\frac{A^2+1}{2}\right)^2-16\left(\frac{A^2+1}{2}\right)+1$$

이것도 쉽지 않은 식의 계산이 될 것이다. 좀더 간단한 식의 계산을 위해, $4x^2-16x+1$을 $(2x-1)$에 대한 내림차순으로 정리하자. 즉, $4x^2-16x+1=(2x-1)^2+m(2x-1)+n$라 놓고, m,n을 구하자. 그러면, 방정식의 우변을 A로 치환하는 것이 쉬워질 수 있다.

$4x^2-16x+1=(2x-1)^2+m(2x-1)+n$의 양변에 $x=\frac{1}{2}$을 대입하면, $n=-6$이 얻어진다. 이제, $x=0$을 대입하면, $m=n=-6$이 된다. 결국, $4x^2-16x+1=(2x-1)^2-6(2x-1)-6=A^4-6A^2-6$이 된다. 이제, 방정식을 다음과 같이 쓸 수 있다.

$$7A=A^4-6A^2-6$$

방정식 $A^4-6A^2-7A-6=0$을 풀자. $A^4-6A^2-7A-6=(A+2)(A-3)(A^2+A+1)=0$이므로, $A=-2, A=3, A=\frac{-1\pm\sqrt{3}i}{2}$이다. 그런데, $A>0$이므로, $A=3$만 해가 되며, 이때 $\sqrt{2x-1}=A$로부터 $x=5$가 얻어진다.

이 문제에서는 $\sqrt{2x-1}=A$로 치환하고, 방정식의 우변을 $(2x-1)$에 대한 내림차순으로 나타내 치환을 효과적으로 할 수 있었다. 식의 전개나 인수분해에서는 효과적이고 간단한 방법으로 식을 변형하는 것에 대해 고민해야 한다. 이제, 다음 문제를 살펴보자.

다음 방정식을 풀어라.

$$\sqrt{x-2} = \frac{5x^2 - 10x + 1}{x^2 + 6x - 11}$$

이 방정식에서도 양변을 제곱하면서 문제해결을 시작할 수 있다.

$$x - 2 = \left(\frac{5x^2 - 10x + 1}{x^2 + 6x - 11}\right)^2, \quad x - 2 = \frac{(5x^2 - 10x + 1)^2}{(x^2 + 6x - 11)^2}$$

물론, 이것도 가능한 방법의 하나가 되지만, 방정식의 우변이 분자와 분모가 모두 2차인 삼항식의 제곱이 되기 때문에, 계산 과정이 복잡해질 수 있다. 다른 가능한 접근 방법을 모색해 보자.

$\sqrt{x-2} = A$로 치환하고, 나머지 항들을 A의 식으로 나타내자. 가령, $\sqrt{x-2} = A$에서 $x = A^2 + 2$이므로, 이것을 주어진 방정식에 대입하여 정리하는 것을 생각할 수 있다. 이러한 경우에는 다음 식을 전개하여 정리해야 한다.

$$A = \frac{5(A^2+2)^2 - 10(A^2+2) + 1}{(A^2+2)^2 + 6(A^2+2) - 11}$$

식을 변형하는 다른 방법으로, $5x^2 - 10x + 1$과 $x^2 + 6x - 11$을 $(x-2)$에 관한 내림차순으로 정리하자. 그러면, 치환이 비교적 쉬울 수 있다. $5x^2 - 10x + 1 = 5(x-2)^2 + m(x-2) + n$이라 놓자. $x = 2$를 대입하면 $n = 1$이 되고, $x = 1$을 대입하면 $m = 10$을 구할 수 있다. 즉, 다음을 얻을 수 있다.

$$5x^2 - 10x + 1 = 5(x-2)^2 + 10(x-2) + 1$$

같은 방법으로 $x^2 + 6x - 11 = (x-2)^2 + 10(x-2) + 5$가 된다. 방정식에 치환 $\sqrt{x-2} = A$를 이용하면, 다음을 얻을 수 있다.

$$A = \frac{5A^4 + 10A^2 + 1}{A^4 + 10A^2 + 5}$$

이제, 우변의 분모를 좌변으로 이항하여 정리하면 $A^5-5A^4+10A^3-10A^2+5A-1=0$이 된다. 얻어진 식에서 $A=1$을 대입하면 식의 값이 0이 되므로, 다음과 같이 인수분해 된다.

$$\begin{aligned} & A^5-5A^4+10A^3-10A^2+5A-1 \\ & \qquad = (A-1)(A^4-4A^3+6A^2-4A+1) \\ & \qquad = (A-1)^5 \end{aligned}$$

이로부터 $A=1$이고, $\sqrt{x-2}=1$에서 $x=3$이 구하는 해가 된다.

$\sqrt{f(x)} \pm \sqrt{g(x)} = \sqrt{h(x)}$에 치환을 이용하기

방정식의 양변이 무리식들로 된 방정식을 풀어보자. $\sqrt{f(x)} \pm \sqrt{g(x)} = \sqrt{h(x)}$와 같은 형태의 무리방정식에서는 치환의 요소가 눈에 잘 띄지 않는다. 결국, 방정식을 적당히 변형시켜 가면서 얻어진 식들의 공통성을 찾아 치환을 시도해야 한다. 이러한 경우에 어떻게 식을 변형시키는지, 어떻게 치환을 하는지 살펴보자.

다음 방정식을 풀어라.

$$\sqrt{x+6}-\sqrt{10-x}=\sqrt{-x^2+4x+62}$$

우선 방정식의 양변을 제곱하자. 그러면, 다음을 얻을 수 있다.

$$\begin{aligned} & x+6+10-x-2\sqrt{(x+6)(10-x)}=-x^2+4x+62 \\ & 16-2\sqrt{-x^2+4x+60}=-x^2+4x+62 \end{aligned}$$

이제, $\sqrt{-x^2+4x+60}=A$로 치환하면, $-x^2+4x+62=A^2+2$가 된다. 그러면, $16-2A=A^2+2$, $A^2+2A-14=0$이 된다. 이로부터 $A=-1\pm\sqrt{15}$인데, $A \geq 0$이므로 $A=-1+\sqrt{15}$이다.

결국, $\sqrt{-x^2+4x+60}=-1+\sqrt{15}$를 풀면 된다. 이로부터 $-x^2+4x+60=16-2\sqrt{15}$, $x^2-4x-44-2\sqrt{15}=0$이 얻어진다. 근의 공식을 이용하면, $x=2\pm\sqrt{48+2\sqrt{15}}$를 얻게 된다.

살펴본 방정식의 해법은 제곱근들로 구성된 방정식의 전형적인 풀이 방법이다. 그 순서는 다음과 같다. 첫째, 거듭제곱을 한다(문제에 따라 제곱을 할 수도 있고, 세제곱 등을 할 수 있다).

둘째, 거듭제곱을 이용해 얻어진 식에서 제곱근을 포함한 식을 적당히 치환하여 식을 간단히 정리한다. 셋째, 얻어진 방정식을 풀어서 해를 구한다(이때 얻어진 해가 주어진 방정식의 정의역에 속하는지 확인해야 한다).

방정식의 양변을 제곱하여 치환의 요소를 찾아 문제를 해결하는 예들을 다양하게 볼 수 있다. 예를 들어, 다음 방정식도 이러한 방법으로 해결할 수 있다.

$$\frac{1}{x}+\frac{1}{\sqrt{13-x^2}}=\frac{5}{6}$$

방정식의 양변을 제곱하면, 다음을 얻을 수 있다.

$$\begin{gathered}\frac{1}{x^2}+\frac{2}{x\sqrt{13-x^2}}+\frac{1}{13-x^2}=\frac{25}{36}\\ \frac{13}{x^2(13-x^2)}+\frac{2}{x\sqrt{13-x^2}}=\frac{25}{36}\end{gathered}$$

$\frac{1}{x\sqrt{13-x^2}}=A$로 치환하면, $13A^2+2A-\frac{25}{36}=0$이 된다. 얻어진 2차방정식을 풀어 정리하면, 해를 구할 수 있다.

이제, $\sqrt{f(x)}\pm\sqrt{g(x)}=\sqrt{h(x)}$와 같은 무리방정식을 확장하여, 제곱근이 4개가 포함된 $\sqrt{f(x)}\pm\sqrt{g(x)}=\sqrt{h(x)}\pm\sqrt{k(x)}$와 같은 방정식의 예를 살펴보자.

다음 방정식을 풀어라.

$$\sqrt{5x+1}-\sqrt{7x-1}-\sqrt{x+6}+\sqrt{3x+4}=0$$

방정식의 좌변에 4개의 항이 있기 때문에, 주어진 식 그대로 제곱하는 것은 바람직하지 않을 것이다. 방정식에서 음의 부호가 있는 항들을 우변으로 이항하면 다음을 얻을 수 있다.

$$\sqrt{5x+1}+\sqrt{3x+4}=\sqrt{7x-1}+\sqrt{x+6}$$

이제, 방정식의 양변을 제곱하여 정리하자.

$$5x+1+2\sqrt{(5x+1)(3x+4)}+3x+4$$
$$=7x-1+2\sqrt{(7x-1)(x+6)}+x+6$$
$$8x+5+2\sqrt{(5x+1)(3x+4)}=8x+5+2\sqrt{(7x-1)(x+6)}$$
$$\sqrt{(5x+1)(3x+4)}=\sqrt{(7x-1)(x+6)}$$

방정식 $\sqrt{(5x+1)(3x+4)}=\sqrt{(7x-1)(x+6)}$의 양변을 제곱하여 정리하면, 다음이 얻어진다.

$$15x^2+23x+4=7x^2+41x-6, \quad 4x^2-9x+5=0$$

이제, $4x^2-9x+5=0$을 인수분해하면, $x=1, \frac{5}{4}$를 얻을 수 있다. 이때, 방정식의 정의역을 생각하면 $x \geq \frac{1}{7}$이므로, $x=1, \frac{5}{4}$가 해라는 것을 알 수 있다.

무리식을 4개 포함하는 방정식의 양변을 제곱하여 식을 정리하여 해를 구했다. 그러나, $\sqrt{f(x)} \pm \sqrt{g(x)} = \sqrt{h(x)} \pm \sqrt{k(x)}$와 같은 방정식에서 이러한 접근이 모두 효과적인 것은 아닐 수 있다.

방정식 $\sqrt{5x+1}+\sqrt{3x+4}=\sqrt{7x-1}+\sqrt{x+6}$에서는 처음에 양변을 제곱하여 정리하였더니, $\sqrt{m(x)}=\sqrt{n(x)}$와 같이 무리식만 남았기 때문에 복잡하지 않게 문제를 풀 수 있었다.

이제, 세제곱근으로 된 $\sqrt[3]{f(x)} \pm \sqrt[3]{g(x)} = \sqrt[3]{h(x)}$와 같은 문제를 생각하자. 양변을 세제곱하여 풀 수 있는지 살펴보자.

다음 방정식을 풀어라.

$$\sqrt[3]{x-3}+\sqrt[3]{2x+5}=\sqrt[3]{5x+7}$$

방정식의 양변을 세제곱하자. 그러면, 다음과 같이 정리할 수 있다.

$$(x-3)+(2x+5)+3\sqrt[3]{x-3}\sqrt[3]{2x+5}(\sqrt[3]{x-3}+\sqrt[3]{2x+5})=5x+7$$
$$3\sqrt[3]{x-3}\sqrt[3]{2x+5}(\sqrt[3]{x-3}+\sqrt[3]{2x+5})=2x+5$$

얻어진 식에 $\sqrt[3]{x-3}+\sqrt[3]{2x+5}=\sqrt[3]{5x+7}$을 대입한 다음, 양변을 세제곱하자. 그러면, 다음을 얻을 수 있다.

$$27(x-3)(2x+5)(5x+7)=(2x+5)^3$$
$$(2x+5)\{27(x-3)(5x+7)-(2x+5)^2\}=0$$

이 식에서 방정식의 해는 $x=-\frac{5}{2}$와 $27(x-3)(5x+7)-(2x+5)^2=0$에서 얻어진다. $27(x-3)(5x+7)-(2x+5)^2=0$을 전개하면, $131x^2-236x-592=0$을 얻는다. 근의 공식을 이용하면, 다음을 얻을 수 있다.

$$x=\frac{118\pm\sqrt{118^2+131\times 592}}{131}=\frac{118\pm 66\sqrt{21}}{131}$$

결국, 방정식의 해는 $x=-\frac{5}{2}$, $x=\frac{118\pm 66\sqrt{21}}{131}$이다.

$\sqrt[3]{f(x)}\pm\sqrt[3]{g(x)}=\sqrt[3]{h(x)}$에서 양변을 세제곱하면 좌변에 4개의 항이 나온다. 비록, 계산이 좀 복잡하기는 했지만 세제곱을 이용하여 방정식을 풀었다. 그러나, $\sqrt[4]{f(x)}\pm\sqrt[4]{g(x)}=\sqrt[4]{h(x)}$인 경우에는 양변을 네제곱하여 식을 정리하는 것은 효과적인 식의 변환 방법은 되지 못할 것이다.

방금 전에 살펴본 세제곱근에 대한 문제를 더 살펴보자.

다음 방정식을 풀어라.

$$\sqrt[3]{(a+x)^2}+4\sqrt[3]{(a-x)^2}=5\sqrt[3]{a^2-x^2}$$

앞에서 다룬 세제곱근 문제와의 차이는 세제곱근 안이 제곱으로 되어 있다는 것 정도를 생각할 수 있을 것이다. 앞에서와 같이 양변을 세제곱하면서 문제해결을 시작해 보자. 세제곱하면, 다음을 얻을 수 있다.

$$\sqrt[3]{(a+x)^2}+4\sqrt[3]{(a-x)^2}=5\sqrt[3]{a^2-x^2}$$
$$(a+x)^2+64(a-x)^2+12\sqrt[3]{(a+x)^2(a-x)^2}\times$$
$$\times\left(\sqrt[3]{(a+x)^2}+4\sqrt[3]{(a-x)^2}\right)=125(a^2-x^2)$$
$$(a+x)^2+64(a-x)^2+12\sqrt[3]{(a+x)^2(a-x)^2}\left(5\sqrt[3]{a^2-x^2}\right)=125(a^2-x^2)$$

이제, 얻어진 식을 전개하여 정리하자. 그러면, 다음을 얻을 수 있다.

$$(a+x)^2+64(a-x)^2+12\sqrt[3]{(a+x)^2(a-x)^2}\left(5\sqrt[3]{a^2-x^2}\right)=125(a^2-x^2)$$

$$a^2+2ax+x^2+64a^2-128ax+64x^2$$
$$+60\sqrt[3]{(a+x)^2(a-x)^2}\sqrt[3]{a^2-x^2}=125a^2-125x^2$$

$$60\sqrt[3]{(a+x)^2(a-x)^2}\sqrt[3]{a^2-x^2}=60a^2-190x^2+126ax$$

다시, 양변을 세제곱하여 정리해야 한다. 보는 것처럼, 식이 너무 복잡하여 이 문제에서는 세제곱하여 정리하는 방법이 효과적인 접근이 되지 못했다.

다른 방법을 생각하자. 항들에 있는 식의 특징에 주목하자. 방정식에 있는 세 항은 $a+x, a-x$로 구성되며, 특히 우변은 이들의 곱 $(a-x)(a+x)$가 있다. 이러한 특징을 문제해결에 이용하기 위해, 방정식에서 $\sqrt[3]{(a-x)^2}$을 공통인수로 꺼내자. 그러면, 다음을 얻을 수 있다.

$$\sqrt[3]{(a+x)^2}+4\sqrt[3]{(a-x)^2}=5\sqrt[3]{a^2-x^2}$$
$$\sqrt[3]{(a+x)^2}+4\sqrt[3]{(a-x)^2}-5\sqrt[3]{a^2-x^2}=0$$
$$\sqrt[3]{(a-x)^2}\left(\sqrt[3]{\left(\frac{a+x}{a-x}\right)^2}+4-5\sqrt[3]{\frac{a+x}{a-x}}\right)=0$$

이로부터 $\sqrt[3]{(a-x)^2}=0$, $\sqrt[3]{\left(\frac{a+x}{a-x}\right)^2}+4-5\sqrt[3]{\frac{a+x}{a-x}}=0$을 얻을 수 있다.

$\sqrt[3]{(a-x)^2}=0$에서 $x=a$이다. 그리고, $\sqrt[3]{\left(\frac{a+x}{a-x}\right)^2}+4-5\sqrt[3]{\frac{a+x}{a-x}}=0$에서 $\sqrt[3]{\frac{a+x}{a-x}}=A$로 치환하면, $A^2-5A+4=0, (A-1)(A-4)=0$에서 $A=1, A=4$이다.

$\sqrt[3]{\frac{a+x}{a-x}}=1$에서 $a+x=a-x, 2x=0$이고 $x=0$이다. $\sqrt[3]{\frac{a+x}{a-x}}=4$에서 $a+x=64(a-x), 65x=63a$이고 $x=\frac{63a}{65}$이다.

살펴본 것과 같이, 문제해결이 장애물을 만나면 항들에 포함된 식의 규칙성을 파악하고, 이를 문제해결에 활용할 수 있는 방법을 모색해야 한다.

다소 복잡해 보이는 다음 방정식을 살펴보자.

다음 방정식을 풀어라.

$$\left(\sqrt[7]{x-1}+\sqrt[7]{x+1}\right)^2+5\left(\sqrt[7]{(x-1)^2}-\sqrt[7]{(x+1)^2}\right)$$
$$+6\left(\sqrt[7]{x-1}-\sqrt[7]{x+1}\right)^2=0$$

이 방정식은 처음에 문제해결의 방향을 결정하기 어렵다. 방정식에 제곱이 있지만, 이것을 전개해도 식이 정리되지 않는다. 이러한 경우에 어떻게 문제해결을 시작할까?

방정식의 항들의 특징을 분석하자. 모든 항들이 $\sqrt[7]{x-1}$, $\sqrt[7]{x+1}$로 구성되었으며, 두 번째 항 $\left(\sqrt[7]{(x-1)^2}-\sqrt[7]{(x+1)^2}\right)$이 x^2-y^2의 형태이므로, 인수분해를 할 수 있다. 이러한 특징을 문제해결과 연결시켜 보자.

방정식의 양변을 $\left(\sqrt[7]{x-1}-\sqrt[7]{x+1}\right)^2$으로 나누어 보자. 그러면, 다음과 같은 식을 얻을 수 있다.

$$\left(\frac{\sqrt[7]{x-1}+\sqrt[7]{x+1}}{\sqrt[7]{x-1}-\sqrt[7]{x+1}}\right)^2+5\left(\frac{\sqrt[7]{(x-1)^2}-\sqrt[7]{(x+1)^2}}{(\sqrt[7]{x-1}-\sqrt[7]{x+1})^2}\right)+6=0$$

여기서 두 번째 항을 다음과 같이 인수분해하여 정리하자.

$$\begin{aligned}\frac{\sqrt[7]{(x-1)^2}-\sqrt[7]{(x+1)^2}}{(\sqrt[7]{x-1}-\sqrt[7]{x+1})^2}&=\frac{(\sqrt[7]{x-1}+\sqrt[7]{x+1})(\sqrt[7]{x-1}-\sqrt[7]{x+1})}{(\sqrt[7]{x-1}-\sqrt[7]{x+1})^2}\\&=\frac{\sqrt[7]{x-1}+\sqrt[7]{x+1}}{\sqrt[7]{x-1}-\sqrt[7]{x+1}}\end{aligned}$$

이것을 대입하면, 주어진 방정식을 다음과 같이 쓸 수 있다.

$$\left(\frac{\sqrt[7]{x-1}+\sqrt[7]{x+1}}{\sqrt[7]{x-1}-\sqrt[7]{x+1}}\right)^2+5\left(\frac{\sqrt[7]{x-1}+\sqrt[7]{x+1}}{\sqrt[7]{x-1}-\sqrt[7]{x+1}}\right)+6=0$$

이제, 치환할 수 있는 식을 볼 수 있다. $\frac{\sqrt[7]{x-1}+\sqrt[7]{x+1}}{\sqrt[7]{x-1}-\sqrt[7]{x+1}}=A$로 치환하자.그러면, $A^2+5A+6=0$이다. 이로부터 $A=-2, A=-3$이 얻어진다.

$A=-2$인 경우에 다음 방정식을 얻을 수 있다.

$$\frac{\sqrt[7]{x-1}+\sqrt[7]{x+1}}{\sqrt[7]{x-1}-\sqrt[7]{x+1}}=-2$$

분모를 이항하면, $\sqrt[7]{x-1}+\sqrt[7]{x+1}=-2\sqrt[7]{x-1}+2\sqrt[7]{x+1}$이고, 이를 정리하면 다음과 같다.

$$3\sqrt[7]{x-1}=\sqrt[7]{x+1}$$

양변을 7제곱하자. 그러면, $2187(x-1)=x+1, 2186x=2188$이고 $x=\frac{1094}{1093}$이다.

$A=-3$인 경우에 다음 방정식을 얻을 수 있다.

$$\frac{\sqrt[7]{x-1}+\sqrt[7]{x+1}}{\sqrt[7]{x-1}-\sqrt[7]{x+1}}=-3$$

분모를 이항하면, $\sqrt[7]{x-1}+\sqrt[7]{x+1}=-3\sqrt[7]{x-1}+3\sqrt[7]{x+1}$이고, 이를 정리하면 다음과 같다.

$$2\sqrt[7]{x-1}=\sqrt[7]{x+1}$$

양변을 7제곱하자. 그러면, $128(x-1)=x+1, 127x=129$이고 $x=\frac{129}{127}$이다.

결국, 방정식의 해는 $x=\frac{1094}{1093}, x=\frac{129}{127}$이다.

이 방정식에서는 항들 사이의 규칙성을 분석하여 적절한 치환을 찾기가 어려웠다. 여기서는 방정식의 세 번째 항에 있는 식 $\left(\sqrt[7]{x-1}-\sqrt[7]{x+1}\right)^2$으로 양변을 나누어, 치환할 수 있는 식을 만들었다.

$(\sqrt{a}+\sqrt{b})(\sqrt{a}-\sqrt{b})=a-b$를 이용하여 치환하기

방정식의 양변을 제곱하여 정리하여도 치환이 어려운 경우가 있다. 식을 변형시키는 한 방법으로 $(\sqrt{a}+\sqrt{b})(\sqrt{a}-\sqrt{b})=a-b$를 이용하는 것이다.

가령, 방정식 $\sqrt{f(x)}-\sqrt{g(x)}=h(x)$가 주어졌다고 하면, 양변에 $\sqrt{f(x)}+\sqrt{g(x)}$를 곱하여 식을 변형시키는 것이다. 이때, 좌변은 $f(x)-g(x)$가 되어 식이 정리되는 경우가 있다. 방정식을 살펴보자.

다음 방정식을 풀어라.

$$\sqrt{5x+1}-\sqrt{2x+2}=3x-1$$

이 방정식은 양변을 제곱하여 적당히 치환하면 해결될 수 있을 것으로 보인다.

방정식의 양변을 제곱하자.

$$5x+1-2\sqrt{5x+1}\sqrt{2x+2}+2x+2=(3x-1)^2$$

$$7x+3-2\sqrt{10x^2+12x+2}=9x^2-6x+1$$

$$-2\sqrt{10x^2+12x+2}=9x^2-13x-2$$

이제, $\sqrt{10x^2+12x+2}=A$로 치환할 수 있는데, 방정식의 우변을 A의 식으로 나타낼 때에 문제가 발생한다. 다른 접근이 필요하다.

이 문제에서는 방정식 좌변의 식 $\sqrt{5x+1}-\sqrt{2x+2}$가 있으므로, 방정식의 양변에 $\sqrt{5x+1}+\sqrt{2x+2}$를 곱해서 식을 정리해 보자. 그러면 곱셈 공식 $(\sqrt{a}+\sqrt{b})(\sqrt{a}-\sqrt{b})=a-b$를 이용하여 제곱근을 간단히 할 수 있다.

$$(\sqrt{5x+1}-\sqrt{2x+2})(\sqrt{5x+1}+\sqrt{2x+2})=(3x-1)(\sqrt{5x+1}+\sqrt{2x+2})$$

$$(5x+1)-(2x+2)=(3x-1)(\sqrt{5x+1}+\sqrt{2x+2})$$

$$3x-1=(3x-1)(\sqrt{5x+1}+\sqrt{2x+2})$$

우변을 이항하여 정리하면, 다음이 얻어진다.

$$(3x-1)(\sqrt{5x+1}+\sqrt{2x+2}-1)=0$$

그러므로, 방정식의 한 해 $x=\frac{1}{3}$이며, 다른 해는 $\sqrt{5x+1}+\sqrt{2x+2}=1$에서 얻어진다. 이제, $\sqrt{5x+1}+\sqrt{2x+2}=1$을 풀어보자.

$\sqrt{2x+2}=A$라 치환하자. 그러면, $2x+2=A^2$, $x=\frac{A^2-2}{2}$가 되며, $5x+1=\frac{5A^2-8}{2}$이 된다. 그러므로 방정식 $\sqrt{\frac{5A^2-8}{2}}+A=1$을 풀면 된다. $\sqrt{\frac{5A^2-8}{2}}+A=1$의 양변을 제곱하여 정리하면, $3A^2+4A-10=0$이 된다. 이때, $A=\frac{-2\pm\sqrt{34}}{3}$인데, $A\geq 0$이므로 $A=\frac{-2+\sqrt{34}}{3}$이다.

$\sqrt{2x+2}=A$에서 $\sqrt{2x+2}=\frac{-2+\sqrt{34}}{3}$의 양변을 제곱하여 x를 구하자. 그러면 $x=\frac{10-2\sqrt{34}}{9}$이다. 이때, 얻어진 $x=\frac{1}{3}$, $x=\frac{10-2\sqrt{34}}{9}$는 방정식의 정의역인 $x\geq -\frac{1}{5}$에 모두 속한다. 그러나, $x=\frac{10-2\sqrt{34}}{9}$를 방정식에 대입하면 무연근이라는 것을 확인할 수 있다. 그러므로, 방정식의 해는 $x=\frac{1}{3}$이다.

$\sqrt{5x+1}+\sqrt{2x+2}=1$을 푸는 다른 방법으로, 양변을 제곱하여 풀 수도 있다. 양변을 제곱하여 정리하면, 다음을 얻을 수 있다.

$$5x+1+2x+2+2\sqrt{10x^2+12x+2}=1$$
$$2\sqrt{10x^2+12x+2}=-7x-2$$

이제, 다시 양변을 제곱한다. 그러면, 다음 식을 얻을 수 있다.

$$40x^2+48x+8=49x^2+28x+4, \quad 9x^2-20x-4=0$$

이로부터, 근의 공식을 이용하여 해를 구하면, 다음을 얻을 수 있다.

$$x=\frac{10\pm\sqrt{136}}{9}=\frac{10\pm2\sqrt{34}}{9}$$

거듭제곱을 포함하는 방정식에서 먼저 양변을 제곱하여 식을 정리하는 경우가 많다. 하지만, 여기서는 $(\sqrt{a}+\sqrt{b})(\sqrt{a}-\sqrt{b})=a-b$를 이용하기 위해 적당한 식을 방정식의 양변에 곱한 후에, 치환을 통해 문제를 해결하였다. 이와 유사한 방법으로 해결할 수 있는 문제를 더 살펴보자.

다음 방정식을 풀어라.

$$(\sqrt{1+x}+1)(\sqrt{1+x}+2x-5)=x$$

이 문제는 두 가지 방향으로 문제해결을 시작할 수 있다. 첫 번째는 방정식의 양변에 $(\sqrt{1+x}-1)$을 곱해 얻어진 결과를 조사하는 것이고, 두 번째는 $\sqrt{1+x}=A$로 치환하는 것이다.

첫 번째 방향을 살펴보자. 방정식의 양변에 $(\sqrt{1+x}-1)$을 곱하여 정리하면, 다음을 얻을 수 있다.

$$(\sqrt{1+x}+1)(\sqrt{1+x}-1)(\sqrt{1+x}+2x-5)=x(\sqrt{1+x}-1)$$
$$x(\sqrt{1+x}+2x-5)=x(\sqrt{1+x}-1)$$
$$x(\sqrt{1+x}+2x-5-\sqrt{1+x}+1)=0$$

이제, 얻어진 식을 정리하면 $x(2x-4)=0$이 되고, $x=0, x=2$를 얻는다. 방정식에 $x=0$을 대입하면 근이 아님을 알 수 있고, 이 방정식의 해는 $x=2$이다.

두 번째 방향의 문제해결을 살펴보자. $\sqrt{1+x}=A$라 치환하면, $x=A^2-1$이다. 이제, 방정식에 $x=A^2-1$을 대입하여 정리하면, 다음을 얻을 수 있다.

$$(A+1)(A+2A^2-2-5)=A^2-1$$

$$(A+1)(2A^2+A-7-A+1)=0$$

$$2(A+1)(A^2-3)=0$$

이로부터 $A=-1, A=\pm\sqrt{3}$을 얻을 수 있다. $A\geq 0$이므로, $A=\sqrt{3}$이다. 결국, $\sqrt{1+x}=\sqrt{3}$이므로, $x=2$가 방정식의 해이다.

살펴본 것과 같이, 이 문제에서는 두 가지 방법 모두 복잡하지 않게 해를 얻을 수 있었다. 그러나, 문제에 따라서는 어떤 방법은 복잡한 식의 계산을 수반하고, 다른 방법은 그렇지 않은 경우가 있기 때문에, 다양한 문제해결 방법을 사용할 수 있어야 한다.

비정형적인 문제들

문제해결 방법 자체가 비슷하더라도 어떤 문제는 어렵고 어떤 문제는 비교적 간단하게 해결될 수 있다. 여기서는 하나의 문자로 치환하여 해결하는 문제들 중에서 비정형적인 문제들을 살펴보자. 네제곱근을 포함하는 무리방정식을 살펴보자.

다음 방정식을 풀어라.

$$\sqrt[4]{17-x}+\sqrt[4]{x+15}=4$$

이 방정식을 풀기 위해, 양변을 네제곱하려 시도할 수 있다. 즉, 공식 $(a+b)^4=a^4+4a^3b+6a^2b^2+4ab^3+b^4$을 이용하여 방정식의 좌변을 정리하여 문제를 풀어보기 바란다. 그리고 이 방법의 장점과 단점도 조사해 보기 바란다.

여기서는 방정식의 양변을 제곱하여 문제를 풀어보자. 방정식의 양변을 제곱하면, 다음을 얻을 수 있다.

$$\sqrt{17-x}+\sqrt{x+15}+2\sqrt[4]{(17-x)(x+15)}=16$$
$$\sqrt{17-x}+\sqrt{x+15}=16-2\sqrt[4]{(17-x)(x+15)}$$

이제, 한번 더 양변을 제곱하여 정리하자. 그러면, 다음을 얻을 수 있다.

$$\sqrt{(17-x)(x+15)}-32\sqrt[4]{(17-x)(x+15)}+112=0$$

$\sqrt[4]{(17-x)(x+15)}=A$로 치환하면, 방정식은

$$A^2-32A+112=0,\quad (A-4)(A-28)=0$$

이 된다. 이로부터 $A=4, A=28$이다. 치환에서 A의 정의역은 $-15\le A\le 17$이므로 $A=4$가 해이다. 이때, $\sqrt[4]{(17-x)(x+15)}=A$로부터 $\sqrt[4]{(17-x)(x+15)}=4$를 얻고, $x=1$을 구할 수 있다.

이 문제에서는 $\sqrt[4]{17-x}+\sqrt[4]{x+15}=4$와 같이 네제곱근이 있는데, 네제곱하여 식을 정리하는 것이 아니라 방정식의 양변을 제곱하여 치환을 통해 문제를 해결하였다. 의미있는 방법이므로 기억해 두면 좋을 것이다.

다음 방정식을 풀어라.

$$2x+\sqrt{x}+\sqrt{x+7}+2\sqrt{x(x+7)}=35$$

이 방정식은 항의 개수가 많기 때문에, 거듭제곱을 이용하여 식을 정리하기가 쉽지 않다. 식의 특징을 살펴보자. 어렵지 않게 $\sqrt{x}$와 $\sqrt{x+7}$, 이들의 곱 $\sqrt{x(x+7)}$이 모두 방정식에 있다는 것을 볼 수 있다. 특히, $\sqrt{x(x+7)}$의 계수가 2이므로, $(a+b)^2=a^2+2ab+b^2$과 관련시킬 수 있지 않을까? 라는 생각을 가질 수 있다. 이를 이용하여 문제를 해결해 보자.

식을 변형시켜 $2\sqrt{x(x+7)}$을 완전제곱식과 관련시켜 보자.

$$\begin{aligned} 2x+&\sqrt{x}+\sqrt{x+7}+2\sqrt{x(x+7)} \\ &=x+(x+7)-7+2\sqrt{x(x+7)}+\sqrt{x}+\sqrt{x+7} \\ &=(\sqrt{x})^2+(\sqrt{x+7})^2+2\sqrt{x(x+7)}+\sqrt{x}+\sqrt{x+7}-7 \\ &=(\sqrt{x}+\sqrt{x+7})^2+\sqrt{x}+\sqrt{x+7}-7 \end{aligned}$$

결국, 방정식을 다음과 같이 쓸 수 있다.

$$(\sqrt{x}+\sqrt{x+7})^2+(\sqrt{x}+\sqrt{x+7})-42=0$$

이때, $\sqrt{x}+\sqrt{x+7}=A$로 치환하면, $A^2+A-42=0$이 되고, 이로부터 $A=6, A=-7$이 된다. $A\geq 0$이므로, $A=6$이다.

이제, $\sqrt{x}+\sqrt{x+7}=6$을 풀자. $\sqrt{x+7}=6-\sqrt{x}$의 양변을 제곱하면, $12\sqrt{x}=31$이 된다. 이로부터 해 $x=\frac{841}{144}$이 얻어진다.

이 문제의 해결을 위해서는 방정식의 항들 사이의 특징에 주목해야 했다. 우선, 항 $2\sqrt{x(x+7)}$을 단서로 완전제곱식과의 관련성을 찾았다. 그리고, $2x$를 이용하여 $x, x+7$을 만들어 $(\sqrt{x})^2, (\sqrt{x+7})^2$과 같이 변형하여 $(\sqrt{x}+\sqrt{x+7})^2$을 유도하고, 치환을 이용하여 문제를 해결하였다.

예를 들어, $2x+2\sqrt{x}+2\sqrt{x-5}+2\sqrt{x(x-5)}=53$과 같은 방정식에서도 첫 번째 항 $2x$를 $x+(x-5)+5=(\sqrt{x})^2+(\sqrt{x-5})^2+5$와 같이 변형시켜, 항 $2\sqrt{x(x-5)}$와 함께 완전제곱식 $(\sqrt{x}+\sqrt{x-5})^2$을 만들어 문제를 해결할 수 있을 것이다.

3. 다중치환

앞에서는 무리방정식에서 공통된 식을 하나의 문자로 치환하여 문제를 해결하는 방법을 살펴보았다. 여기서는 2개이상의 문자로 치환하여 문제를 해결하는 방법을 살펴보자.

2개의 문자로 치환

무리방정식을 2개의 문자로 치환하여, 연립방정식을 만들어 문제를 푸는 방법을 살펴보자. 주어진 무리방정식은 1개인데, 연립방정식을 만들기 위해 무리방정식으로부터 2개의 방정식을 만드는 방법에 주목하자.

우선, 여러 가지 방법으로 해결될 수 있는 평이한 무리방정식의 예를 살펴보자.

다음 방정식을 풀어라.

$$\sqrt{x^2-3x+3}+\sqrt{x^2-3x+6}=3$$

이 방정식은 여러 가지 방법으로 풀 수 있다. (1) 이항하여 양변을 제곱하여 풀거나, (2) 적당한 식을 한 문자로 치환하거나, (3) 두 문자로 치환하는 방법이 있다. 우선 첫 번째 방법을 살펴보자.

방정식의 좌변에서 $\sqrt{x^2-3x+6}$을 우변으로 이항하자. 그러면, 다음을 얻을 수 있다.

$$\sqrt{x^2-3x+3}=3-\sqrt{x^2-3x+6}$$

양변을 제곱하여 정리하면, $\sqrt{x^2-3x+6}=2$가 된다. 다시 양변을 제곱하면, $x^2-3x+6=4$, $x^2-3x+2=0$이 된다. 이로부터 해 $x=1,2$가 얻어진다.

두 번째 풀이는 $x^2-3x+3=A$로 치환하는 방법이다. 그러면, $x^2-3x+6=A+3$이므로 방정식은 다음과 같이 변형된다.

$$\sqrt{A}+\sqrt{A+3}=3$$

이제, 좌변의 $\sqrt{A}$를 우변으로 이항하면 $\sqrt{A+3}=3-\sqrt{A}$가 된다. 양변을 제곱하여 정리하면, $\sqrt{A}=1$이 되고 $A=1$이다.

이로부터 $x^2-3x+3=1, x^2-3x+2=0$이 된다. 그러므로 해는 $x=1,2$이다.

세 번째 풀이 방법은 $\sqrt{x^2-3x+3}=A, \sqrt{x^2-3x+6}=B$로 치환하는 방법이다. 이로부터, $A+B=3$을 얻을 수 있다.

두 번째 방정식을 얻기 위해, $\sqrt{x^2-3x+3} = A, \sqrt{x^2-3x+6} = B$의 양변을 제곱하자. 그러면, $A^2+3=B^2$이 된다. 이로부터, 다음 연립방정식을 얻을 수 있다.

$$\begin{cases} A+B=3 \\ A^2+3=B^2 \end{cases}$$

이 연립방정식을 풀면, $B=2$가 되며 $\sqrt{x^2-3x+6}=2, x^2-3x+2=0$이 된다. 그러므로 해는 $x=1,2$이다.

무리방정식 $\sqrt{x^2-3x+3}+\sqrt{x^2-3x+6}=3$을 세 가지 방법으로 풀었다. 방정식은 여러 가지 방법으로 해결되는 경우가 많다. 이때 문제해결자는 각 방법을 이해하고 이들의 장점과 단점을 파악하며, 효과적인 문제해결 방법을 선택할 수 있는 안목을 길러야 한다.

세제곱근이 포함된 다음 방정식을 풀어보자.

다음 방정식을 풀어라.

$$\sqrt[3]{x+24}+\sqrt{12-x}=6$$

여기서는 $\sqrt[3]{x+24}=A, \sqrt{12-x}=B$로 치환하자. 그러면, 첫 번째 방정식 $A+B=6$을 얻을 수 있다.

두 번째 방정식을 구하자. 이를 위해, $\sqrt[3]{x+24}=A$의 양변을 세제곱하고 $\sqrt{12-x}=B$의 양변을 제곱하자. 그러면, 다음 식을 얻을 수 있다.

$$x+24=A^3, \quad 12-x=b^2$$

얻어진 식들을 연립하면, 두 번째 방정식 $A^3+B^2=36$을 얻을 수 있다. 이로부터, 다음 연립방정식을 얻게 된다.

$$\begin{cases} A+B=6 \\ A^3+B^2=36 \end{cases}$$

이제, $B = 6 - A$를 $A^3 + B^2 = 36$에 대입하여 정리하자. 그러면, $A^3 + A^2 - 12A = 0$을 얻을 수 있다. 이 식은 다음과 같이 인수분해 된다.

$$A^3 + A^2 - 12A = A(A^2 + A - 12) = A(A+4)(A-3) = 0$$

결국, $A = 0, A = -4, A = 3$이다.

$A = 0$이면 $A = \sqrt[3]{x+24}$에서 $x = -24$가 된다. $A = -4$이면 $\sqrt[3]{x+24} = -4, x + 24 = -64$이고, 이로부터 $x = -88$이 된다. $A = 3$이면, $x = 3$을 얻을 수 있다.

$x = 3, x = -24, x = -88$을 구했는데, 이 값들이 주어진 방정식의 정의역에 속하는지 확인하자. 이 방정식의 정의역은 $12 - x \geq 0$이므로, $x \leq 12$이다. 그러므로, $x = 3, x = -24, x = -88$은 해가 된다.

무리방정식 $\sqrt[3]{x+24} + \sqrt{12-x} = 6$에는 제곱근과 세제곱근이 포함되어 있다. 앞 장에서 이러한 문제를 다룬 적이 있다. 앞에서 다룬 방정식은 다음과 같다.

$$\sqrt[3]{2-x} + \sqrt{x-1} = 1$$

앞에서는 $\sqrt{x-1}$을 우변으로 이항한 다음, $\sqrt[3]{2-x} = 1 - \sqrt{x-1}$을 세제곱하여 정리하였다. 그 결과 $\sqrt{x-1}$을 포함한 식을 얻었고, 다시 양변을 제곱하여 문제를 해결하였다.

이와 같은 방법으로 $\sqrt[3]{x+24} + \sqrt{12-x} = 6$도 해결하려 시도할 수 있다. $\sqrt{12-x}$을 우변으로 이항하면, $\sqrt[3]{x+24} = 6 - \sqrt{12-x}$가 된다. 이제, 양변을 세제곱하면, 다음을 얻을 수 있다.

$$\begin{aligned} x + 24 &= (6 - \sqrt{12-x})^3 \\ &= 216 - 108\sqrt{12-x} + 18(12-x) - (12-x)\sqrt{12-x} \end{aligned}$$

이제, 이항하여 정리하면 다음을 얻게 된다.

$$\sqrt{12-x}(120-x) = -19x - 24$$

다시 양변을 제곱하여, x를 구해야 한다. 그런데, 이 경우에는 계수들이 큰 값이 되므로 인수분해를 하기가 쉽지 않다.

결국, 같은 유형의 문제인 경우에도 문제상황에 따라 적당한 문제해결 방법을 선택해야 한다. 이를 위해서는, 다양한 문제해결 방법을 알고 있어야 한다.

어떤 문제가 주어졌을 때, 여러 가지 방법으로 문제를 해결하려고 시도하는 것은 여러분의 수학적 힘을 길러주는데 좋은 기회가 될 것이다.

네제곱근으로 이루어진 다음 방정식을 풀어보자.

다음 방정식을 풀어라.

$$\sqrt[4]{1300-x}+\sqrt[4]{x+12}=8$$

이 방정식에서 좌변의 $\sqrt[4]{x+12}$를 우변으로 이항하여 해결하려 시도할 수 있다. 이항하면, 다음을 얻을 수 있다.

$$\sqrt[4]{1300-x}=8-\sqrt[4]{x+12}$$

이제, 양변을 네제곱해야 한다. 즉, $(8-\sqrt[4]{x+12})^4$을 계산한 후에, 좌변의 식들과 함께 정리해야 한다. 식이 복잡해지기 때문에, 이 문제에서 이러한 접근은 효과적인 방법이라 하기 어렵다.

다른 접근으로 문제를 해결하자.

주어진 방정식에서 $\sqrt[4]{1300-x}=A$, $\sqrt[4]{x+12}=B$라 치환하자. 그러면, $A+B=8$이 얻어진다.

두 번째 방정식은 어떻게 얻어지는가? $\sqrt[4]{1300-x}=A$, $\sqrt[4]{x+12}=B$의 양변을 각각 네제곱하자. 그러면, 다음을 얻을 수 있다.

$$1300-x=A^4,\quad x+12=B^4$$

이로부터 $x = 1300 - A^4, x = B^4 - 12$가 얻어진다. 이들을 연립하면, $1300 - A^4 = B^4 - 12$이고 $A^4 + B^4 = 1312$가 된다. 즉, 다음 연립방정식이 얻어진다.

$$\begin{cases} A + B = 8 \\ A^4 + B^4 = 1312 \end{cases}$$

이제, $B = 8 - A$를 $A^4 + B^4 = 1312$에 대입하면, $A^4 + (8 - A)^4 = 1312$가 된다. $(a+b)^4 = a^4 + 4a^3b + 6a^2b^2 + 4ab^3 + b^4$임을 이용하여, 식을 전개하여 정리하면 다음을 얻을 수 있다.

$$A^4 - 16A^3 + 192A^2 - 1024A + 1392 = 0$$

$A = 2$를 대입하면, 식의 값이 0이 된다. 그러므로 $A^4 - 16A^3 + 192A^2 - 1024A + 1392 = (A-2)(A^3 - 14A^2 + 164A - 696) = 0$이 된다. 그리고 $A^3 - 14A^2 + 164A - 696$에서 $A = 6$을 대입하면 식의 값이 0이 되므로, 결국 다음과 같은 인수분해를 얻는다.

$$A^4 - 16A^3 + 192A^2 - 1024A + 1392 = (A - 2)(A - 6)(A^2 - 8A + 116)$$

방정식 $A^2 - 8A + 116 = 0$의 판별식이 0보다 작으므로, 이 방정식은 허근을 가진다. 그런데, $A = \sqrt[4]{1300 - x}$이므로 A는 음이 아닌 값을 가진다. 그러므로, 구하는 A 값은 $2, 6$이다.

$A = 2$인 경우에는 $\sqrt[4]{1300 - x} = 2$이고 이때 $x = 1284$이다. 그리고 $A = 6$이면 $\sqrt[4]{1300 - x} = 6$, $x = 4$이다. 결국 구하는 해는 $x = 4, x = 1284$이다.

여기서는 무리방정식으로부터 연립방정식의 두 번째 방정식을 만들 때에 양변을 네제곱하여 연립하였다. 비교적 평이한 방법이라 할 수 있다.

거듭제곱근이 중복되어 있는 다음 방정식을 풀어보자.

다음 방정식을 풀어라.

$$\sqrt[4]{78 + \sqrt[3]{24 + \sqrt{x}}} - \sqrt[4]{84 - \sqrt[3]{30 - \sqrt{x}}} = 0$$

이 문제는 두 가지 방법으로 풀 수 있다. 첫 번째 방법은 하나의 문자로 치환하여 해결하는 것이고, 두 번째 방법은 치환하여 연립방정식을 만들어 해결하는 것이다. 첫 번째 풀이 방법을 살펴보자.

이 방정식은 네제곱근인 두 항으로 이루어졌다. 그러므로, 항들 중 하나를 우변으로 이항하여 네제곱을 하면 다음과 같다.

$$78+\sqrt[3]{24+\sqrt{x}}=84-\sqrt[3]{30-\sqrt{x}}$$

이로부터 $\sqrt[3]{24+\sqrt{x}}=6-\sqrt[3]{30-\sqrt{x}}$가 되며, 양변을 세제곱하면 다음과 같이 정리할 수 있다.

$$24+\sqrt{x}=216-108\sqrt[3]{30-\sqrt{x}}+18\left(\sqrt[3]{30-\sqrt{x}}\right)^2-(30-\sqrt{x})$$

이제, 얻어진 식을 $\sqrt[3]{30-\sqrt{x}}$에 대한 내림차순으로 정리하면, 다음을 얻을 수 있다.

$$\left(\sqrt[3]{30-\sqrt{x}}\right)^2-6\left(\sqrt[3]{30-\sqrt{x}}\right)+9=0$$

어렵지 않게 $\sqrt[3]{30-\sqrt{x}}=A$로 치환한다는 생각을 가질 수 있으며, 치환하면 $A^2-6A+9=0$이 얻어진다. 이로부터 $(A-3)^2=0$, $A=3$이 얻어진다. $\sqrt[3]{30-\sqrt{x}}=3$이므로, $30-\sqrt{x}=27$이며, 해 $x=9$가 얻어진다.

두 번째 풀이 방법을 살펴보자.

방정식 $\sqrt[4]{78+\sqrt[3]{24+\sqrt{x}}}-\sqrt[4]{84-\sqrt[3]{30-\sqrt{x}}}=0$에서 $\sqrt[4]{78+\sqrt[3]{24+\sqrt{x}}}=A$, $\sqrt[4]{84-\sqrt[3]{30-\sqrt{x}}}=B$로 치환한다고 하자. 그러면, $A=-B=0$이라는 식을 얻을 수 있다.

이제, 두 번째 식을 구해보자. 이를 위해, A, B에 대한 식을 각각 네제곱하면 다음을 얻을 수 있다.

$$78+\sqrt[3]{24+\sqrt{x}}=A^4,\quad 84-\sqrt[3]{30-\sqrt{x}}=B^4$$

이때, $\sqrt[3]{24+\sqrt{x}} = A^4 - 78$, $-\sqrt[3]{30-\sqrt{x}} = B^4 - 84$로 쓸 수 있다. 양변을 세제곱하자. 그러면, 다음을 얻을 수 있다.

$$24+\sqrt{x} = (A^4-78)^3, \quad -(30-\sqrt{x}) = (B^4-84)^3$$

얻어진 식을 정리하려면, 우변에 있는 $(A^4-78)^3, (B^4-84)^3$을 전개해야 한다. 식이 복잡해지므로, 효과적인 접근은 아닐 수 있다. 치환을 이용하여 해결하는 다른 방법은 없을까?

$\sqrt[4]{78+\sqrt[3]{24+\sqrt{x}}} - \sqrt[4]{84-\sqrt[3]{30-\sqrt{x}}} = 0$을 이항하여, 네제곱하면 다음이 얻어진다.

$$78+\sqrt[3]{24+\sqrt{x}} = 84-\sqrt[3]{30-\sqrt{x}}$$

이 방정식에는 식 $\sqrt[3]{24+\sqrt{x}}, \sqrt[3]{30-\sqrt{x}}$이 포함되어 있는데, 모두 세제곱근이고 $\sqrt{x}$를 포함한다는 공통점이 있다. 이것을 이용하자.

$\sqrt[3]{24+\sqrt{x}} = A$, $\sqrt[3]{30-\sqrt{x}} = B$라 치환하자. 그러면 $A+B=6$이다.

두 번째 방정식은 어떻게 구할까?

$\sqrt[3]{24+\sqrt{x}} = A$, $\sqrt[3]{30-\sqrt{x}} = B$에서 양변을 세제곱하면, $24+\sqrt{x} = A^3, 30-\sqrt{x} = B^3$이 된다. 이로부터, $\sqrt{x} = A^3-24, \sqrt{x} = 30-B^3$이고, $A^3-24 = 30-B^3$이 된다. 즉, $A^3+B^3=54$이다.

결국, 주어진 무리방정식으로부터 A, B에 대한 연립방정식을 얻을 수 있다.

$$\begin{cases} A+B=6 \\ A^3+B^3=54 \end{cases}$$

이제, $A^3+B^3=54$, $A+B=6$을 연립하자. $A^3+B^3 = (A+B)(A^2-AB+B^2) = 6(A^2-AB+B^2) = 54$이므로, $A^2-AB+B^2=9$가 된다. 여기에 $B=6-A$를 대입하면, $A^2-6A+9=0$이며 $A=3$이 얻어진다.

결국, $\sqrt[3]{24+\sqrt{x}} = 3$이므로 $\sqrt{x}=3$이고 해 $x=9$가 얻어진다.

첫 번째 방법에서는 주어진 방정식을 네제곱한 다음에, 다시 세제곱을 하여 식을 정리하였다. 그 후에 적당히 식을 치환하여 2차방정식을 유도하여 해를 구하였다.

두 번째 방법에서는 네제곱근으로 된 식을 네제곱하여 정리한 후에 세제곱근이 포함된 식 $\sqrt[3]{24+\sqrt{x}}+\sqrt[3]{30-\sqrt{x}}=6$을 얻었다. 여기에 세제곱근을 포함한 각 항을 A, B로 치환하여 연립방정식을 만들어서 풀었다.

방정식의 양변에 제곱근을 포함하는 문제를 살펴보자

다음 방정식을 풀어라.

$$\sqrt[4]{a-x}+\sqrt[4]{b-x}=\sqrt[4]{a+b-2x}$$

여기서는 치환을 하기 전에, 좌변과 우변의 항들을 살펴보자. 좌변의 네제곱근 안에 $a-x, b-x$가 있고 우변에는 이들의 합인 $a+b-2x$가 있다. 이러한 특징이 문제해결에 어떤 역할을 할까? 문제를 해결하면서, 이러한 특징에 주목하자.

$\sqrt[4]{a-x}=A, \sqrt[4]{b-x}=B$로 치환하자. 이 문제에서는 첫 번째 방정식을 쉽게 구할 수가 없다.

$a-x=A^4, b-x=B^4$이 된다는 것을 생각하자. 그러면, 방정식의 우변은 $\sqrt[4]{A^4+B^4}$이 된다. 결국, 주어진 부등식을 다음과 같이 쓸 수 있다.

$$A+B=\sqrt[4]{A^4+B^4}$$

$(a+b)^4=a^4+4a^3b+6a^2b^2+4ab^3+b^4$을 이용하여 양변을 네제곱하자. 그러면, 다음을 얻을 수 있다.

$$A^4+4A^3B+6A^2B^2+4AB^3+B^4=A^4+B^4$$

얻어진 식을 정리하면 다음을 얻을 수 있다.

$$4A^3B+6A^2B^2+4AB^3=2AB(2A^2+3AB+2B^2)=0$$

이로부터 $A=0, B=0, 2A^2+3AB+2B^2=0$이 된다. $2A^2+3AB+2B^2=0$은 인수분해가 되지 않는다. 어떻게 등식을 만족시키는 A, B의 값을 구할까?

$2A^2+3AB+2B^2=0$의 양변을 B로 나누면, $2\left(\frac{A}{B}\right)^2+3\left(\frac{A}{B}\right)+2=0$이 된다. 그런데, $\frac{A}{B}$에 대한 2차방정식은 판별식이 0보다 작게 되므로, 근을 가지지 않는다.

결국, $A=0, B=0$인 경우에 근을 구하면 된다. $A=0$이면 $\sqrt[4]{a-x}=0$이므로 $x=a$가 된다. 한편, $B=0$이면 $\sqrt[4]{b-x}=0$이므로 $x=b$가 된다.

이로부터, 방정식의 근 $x=a, x=b$를 얻게 된다.

이 문제는 방정식의 좌변과 우변에 모두 네제곱근을 포함한 식이 있다. 그래서, 좌변의 항들을 A, B로 치환하여도 연립방정식을 얻기가 어렵다.

여기서는 A, B로 치환하여 A, B에 대한 식 $2AB(2A^2+3AB+2B^2)=0$을 유도하여, 이 식으로부터 A, B의 값을 구하여 문제를 해결하였다.

제곱근을 포함하는 다음 문제를 살펴보자.

다음 방정식을 풀어라.

$$\sqrt{\frac{\sqrt{x^2+4356}+x}{x}}-\sqrt{x\sqrt{x^2+4356}-x^2}=5$$

이 방정식에서는 다음과 같은 치환을 어렵지 않게 생각할 수 있다.

$$\sqrt{\frac{\sqrt{x^2+4356}+x}{x}}=A, \quad \sqrt{x\sqrt{x^2+4356}-x^2}=B$$

이때, 제곱근 안의 식의 특징에 주목하자. 제곱근 안의 식들 전체가 서로 같지는 않다. 그러나, B로 치환한 식을 다음과 같이 쓴다면 식들 사이의 관련성을 보기 쉬울 것이다.

$$B=\sqrt{x\sqrt{x^2+4356}-x^2}=\sqrt{x(\sqrt{x^2+4356}-x)}$$

A에서는 제곱근호 안이 $\frac{1}{x}$과 $\sqrt{x^2+4356}+x$의 곱으로 되어 있지만, B는 x와 $\sqrt{x^2+4356}-x$의 곱으로 되어 있다. 이 관련성을 문제해결에 어떻게 반영시키는지가 문제의 해결에서 중요한 역할을 할 것이다.

어렵지 않게 첫 번째 방정식 $A-B=5$를 찾을 수 있다.

두 번째 방정식은 어떻게 구할 수 있을까?

여기가 제곱근 안의 식들의 관련성이 문제해결에 녹아드는 지점이다.

A, B의 식에서 $(a+b)(a-b)$에 관련된 무언가를 볼 수 있으면, 이 문제를 해결할 수 있다. A와 B를 곱하자.

$$AB = \sqrt{\frac{\sqrt{x^2+4356}+x}{x}} \times \sqrt{x\sqrt{x^2+4356}-x^2} = \sqrt{4356} = \sqrt{66^2}$$

이로부터, $AB = 66$이다. 결국, 다음 연립방정식을 얻을 수 있다.

$$\begin{cases} A - B = 5 \\ AB = 66 \end{cases}$$

연립방정식을 풀면 $A = 11, A = -6$이 얻어진다. 이때 $A \geq 0$이므로, $A = 11$이다. $\sqrt{\frac{\sqrt{x^2+4356}+x}{x}} = 11$이므로, $\sqrt{x^2+4356} = 120x$이고 $14399x^2 = 4356$이 된다. 양변을 121로 나누면, $119x = 36$이고 $x = \frac{36}{119}$이 해가 된다.

이 문제에서는 A, B로 치환한 후에 항들의 특징을 고려하여 $A \times B$를 계산하여 연립방정식을 얻었다. 결국, 방정식으로부터 연립방정식을 유도할 때에, 방정식에 포함된 항들의 특징에 주목해야 함을 알 수 있다.

5제곱근에 관련된 문제를 살펴보자.

다음 방정식을 풀어라.

$$\sqrt[5]{32-x} + \sqrt[5]{x} = 2$$

$\sqrt[5]{32-x} = A, \sqrt[5]{x} = B$로 치환할 수 있다. 이로부터, $A + B = 2$가 얻어진다. 여기서는 두 번째 방정식도 어렵지 않게 얻을 수 있다. $32 - x = A^5, x = B^5$이므로, $A^5 + B^5 = 32$가 된다. 이로부터 다음 연립방정식을 얻을 수 있다.

$$\begin{cases} A + B = 2 \\ A^5 + B^5 = 32 \end{cases}$$

이 문제의 어려움은 얻어진 5차연립방정식을 푸는 것이다. $A+B$와 A^5+B^5이 대칭식이라는 것을 염두에 두자. 앞에서 A^5+B^5을 기본대칭다항식 $A+B, AB$로 다음과 같이 나타낼 수 있다는 것을 배웠다.

$$A^5+B^5=(A+B)^5-5AB(A+B)^3+5(A+B)(AB)^2$$

여기에 $A+B=2$를 대입하여 계산하면, 다음을 얻을 수 있다.

$$\begin{aligned}&(A+B)^5-5AB(A+B)^3+5(A+B)(AB)^2\\&=32-40AB+10(AB)^2=32\end{aligned}$$

이로부터 AB에 대한 2차방정식 $10(AB)^2-40AB=0, (AB)^2-4AB=0$을 얻을 수 있다. 결국, $AB=0, AB=4$이다.

$AB=0$로부터 $A=0$ 또는 $B=0$이다. $A=0$이면, $\sqrt[5]{32-x}=0$이고 $x=32$이다. 그리고 $B=0$이면, $\sqrt[5]{x}=0$이고 $x=0$이다.

한편, $AB=4$인 경우를 생각하자. $A+B=2$이므로, 이들을 연립하면 $A(2-A)=4$, $A^2-2A+4=0$이 된다. 이 방정식은 실근을 가지지 않으므로, 이러한 경우에는 실근 x가 존재하지 않는다. 결국, 주어진 방정식의 해는 $x=0, x=32$이다.

이 문제의 해결에서 A^5+B^5이 기본대칭다항식 $A+B, AB$로 $A^5+B^5=(A+B)^5-5AB(A+B)^3+5(A+B)(AB)^2$과 같이 표현된다는 것을 이용하였다.

이 방법을 이용하지 않으면, 약간은 복잡하지만 인수분해를 이용하여 A^5+B^5을 정리할 수 있다. A^5+B^5은 다음과 같이 인수분해 된다.

$$A^5+B^5=(A+B)(A^4-A^3B+A^2B^2-AB^3+B^4)=32$$

이제, $A+B=2$를 대입하면, $A^4-A^3B+A^2B^2-AB^3+B^4=16$이 된다. 이 식으로부터 어떻게 A, B 값을 구할 수 있는가?

식 $A^4-A^3B+A^2B^2-AB^3+B^4$을 $A+B, AB$로 나타내기 위해, 다음과 같이

변형시키자.

$$\begin{aligned} A^4 - A^3B + A^2B^2 - AB^3 + B^4 \\ &= A^4 + 2A^2B^2 + B^4 - A^2B^2 - A^3B - AB^3 \\ &= (A^2+B^2)^2 - AB(A^2+B^2) - A^2B^2 \end{aligned}$$

여기에 $A+B=2$, $A^2+B^2=(A+B)^2-2AB=4-2AB$를 대입하자. 그러면, 다음을 얻을 수 있다.

$$16 - 16AB + 4A^2B^2 - 4AB + 2A^2B^2 - A^2B^2 = 16$$

이로부터 $5A^2B^2 - 20AB = 0, AB(AB-4) = 0$을 얻을 수 있다. 나머지 풀이는 위에서와 같다.

살펴본 풀이에서도 알 수 있듯이, 식을 전개하거나 인수분해할 때 식의 특징에 주목하면 효과적으로 식을 정리할 수 있다. 특히 대칭식은 기본대칭다항식과 관련시켜 생각하면 문제해결에 많은 도움이 될 수 있다.

3개의 문자로 치환

3개의 문자로 치환하면, 3원연립방정식이 얻어진다. 이때, 치환과 연립방정식을 만드는 방법을 중심으로 문제를 살펴보자.

다음 방정식을 풀어라.

$$\sqrt{x} + \sqrt{x - \sqrt{1-x}} = 1$$

주어진 방정식은 $\sqrt{P} + \sqrt{Q - \sqrt{R}} = k$의 형태이다. 이러한 경우에 $\sqrt{P}$를 우변으로 이항한 다음, 양변을 제곱하여 정리할 수도 있다. 우선, 이 방법을 살펴보자. $\sqrt{x}$를 우변으로 이항한 다음, 제곱하여 정리하면 다음과 같다.

$$\sqrt{x - \sqrt{1-x}} = 1 - \sqrt{x}, \quad x - \sqrt{1-x} = 1 - 2\sqrt{x} + x, \quad -\sqrt{1-x} = 1 - 2\sqrt{x}$$

얻어진 식 $-\sqrt{1-x}=1-2\sqrt{x}$의 양변을 제곱하자. 그러면, 다음을 얻을 수 있다.

$$1-x=1-4\sqrt{x}+4x,\quad 4\sqrt{x}=5x$$

다시 $4\sqrt{x}=5x$의 양변을 제곱하여 정리하면 $25x^2-16x=0$이며, 이로부터 $x=0, x=\frac{16}{25}$가 얻어진다. 이때, $x=0$을 대입하면 제곱근호 안이 음수가 되므로, 이것은 무연근이다. 결국, 구하는 답은 $x=\frac{16}{25}$이다.

살펴본 풀이에서는 치환을 이용하지 않는 대신, 방정식의 양변을 3번 제곱하는 과정을 거쳤다. 이 문제에서는 식의 항들이 복잡하지 않아서 거듭제곱을 반복해도 비교적 간단히 식이 정리될 수 있었다. 그러나, 식이 복잡한 경우에는 어려움이 발생할 수 있는 방법이다.

이제, 치환을 이용해 문제를 풀어보자.

$\sqrt{x}=A, \sqrt{1-x}=B, \sqrt{x-q}=C$로 치환하자(이때, $A,B,C\geq 0$이다). 그러면, $A+C=1$이고, $\sqrt{x}=A$와 $\sqrt{1-x}=B$를 제곱하면 $A^2+B^2=1$을 얻을 수 있다. 그리고, $\sqrt{x}=A$와 $\sqrt{x-B}=C$를 제곱하면 $A^2=C^2+B$가 얻어진다. 결국, 다음과 같이 미지수가 3개인 연립방정식을 얻을 수 있다.

$$\begin{cases} A+C=1 \\ A^2+B^2=1 \\ A^2=C^2+B \end{cases}$$

이제, $A+C=1$과 $A^2=C^2+B$를 연립하면, $A^2=1-2A+A^2+B$, $B=2A-1$이 된다. 이것을 $A^2+B^2=1$에 대입하면, $A^2+(2A-1)^2=1, A(5A-4)=0$이다. 이로부터 $A=0, A=\frac{4}{5}$이다.

$A=0$이면, $C=1, B=-1$이므로, $A,B,C\geq 0$을 감안하면 이 경우는 불가능하다. 한편, $A=\frac{4}{5}$이면, $C=\frac{1}{5}, B=\frac{3}{5}$이므로, 해가 된다. $\sqrt{x}=A$이므로, $x=\frac{16}{25}$이다.

방정식 $\sqrt{x}+\sqrt{x-\sqrt{1-x}}=1$에서는 각각의 제곱근을 서로 다른 문자로 치환하였다. 즉, $\sqrt{x}=A, \sqrt{1-x}=B, \sqrt{x-B}=C$로 치환하여 3원연립방정식을 만들어 문제를 해결하였다. 이러한 문제에서 어려운 부분은 치환을 한 다음에, 문자의 개수만큼 방정식을 만드는 것이다.

4개의 문자로 치환

4개의 문자로 치환하는 문제를 살펴보자. 미지수의 개수가 많아지고 식의 개수가 많아지면, 문제해결 과정이 복잡해진다. 그러나, 비정형적인 문제의 해결에서는 필요한 경우가 많기 때문에 알아두면 좋다.

다음 방정식을 풀어라.

$$\sqrt{4x^2+3x}+\sqrt{x^2+3}=\sqrt{4x^2+x-4}+\sqrt{x^2-4x-5}$$

이 문제에서는 항들 사이의 관계나 규칙성을 찾기가 어렵다. 양변을 계속해서 거듭제곱 하면서 문제해결을 시작할 수도 있다. 가령, 양변을 제곱했다고 하자. 그러면, 다음을 얻을 수 있다.

$$\begin{aligned}
&(\sqrt{4x^2+3x}+\sqrt{x^2+3})^2=(\sqrt{4x^2+x-4}+\sqrt{x^2-4x-5})^2\\
&4x^2+3x+x^2+3+2\sqrt{(4x^2+3x)(x^2+3)}\\
&\qquad\qquad=4x^2+x-4+x^2-4x-5+2\sqrt{(4x^2+x-4)(x^2-4x-5)}\\
&5x^2+3x+3+2\sqrt{(4x^2+3x)(x^2+3)}\\
&\qquad\qquad=5x^2-3x-8+2\sqrt{(4x^2+x-4)(x^2-4x-5)}\\
&6x+11+2\sqrt{(4x^2+3x)(x^2+3)}=2\sqrt{(4x^2+x-4)(x^2-4x-5)}
\end{aligned}$$

다시 얻어진 식을 제곱하여 정리하고, 또 제곱해야 하는데, 이것은 의미로운 문제해결의 방향이라고 보기 어렵다. 식이 너무 복잡하여 후에 어떤 형태로 정리될 수 있을지 예측하기 어렵기 때문이다.

이제, 치환을 이용해 문제를 풀어보자.

이 문제에서 $\sqrt{4x^2+3x}=A$로 치환하고, 나머지 항들을 A를 이용하여 나타내려고 시도할 수 있다. 그러나 항들 사이의 공통점을 찾기 어렵기 때문에, 이러한 시도는 성공적이지 못하다.

무리방정식의 각 항들을 다른 문자로 치환해 보자. $\sqrt{4x^2+3x}=A$, $\sqrt{x^2+3}=B$, $\sqrt{4x^2+x-4}=C$, $\sqrt{x^2-4x-5}=D$로 치환할 수 있다. 그러면, 3개의 방정식을 더 찾아서 4원연립방정식을 만들어야 한다. 이것도 의미있는 방향이지만, 쉬운 방법은 아닐 수 있다.

우선, 각 항들 사이의 공통점을 분석해 보자. $\sqrt{4x^2+3x}$와 $\sqrt{4x^2+x-4}$는 제곱근호 안에 $4x^2$이 공통으로 들어있으며, $\sqrt{x^2+3}$과 $\sqrt{x^2-4x-5}$는 제곱근호 안에 x^2이 공통으로 들어있다. 다른 공통점은 없을까?

$\sqrt{4x^2+3x}$와 $\sqrt{4x^2+x-4}$의 제곱근호 안의 식들을 빼면 $2x+4$가 되고, $\sqrt{x^2+3}$과 $\sqrt{x^2-4x-5}$의 제곱근호 안의 식들을 빼면 $4x+8=2(2x+4)$가 된다. 이러한 공통점을 고려하여 문제를 풀어보자.

우선, 제곱근호 안의 식들이 가진 규칙성을 고려해 보자. 이를 위해, $\sqrt{4x^2+3x}=A$, $\sqrt{x^2+3}=B$, $\sqrt{4x^2+x-4}=C$, $\sqrt{x^2-4x-5}=D$로 치환하지 말고, $4x^2+3x=A, x^2+3=B, 4x^2+x-4=C, x^2-4x-5=D$로 치환하자.

그리고, $\sqrt{4x^2+3x}$와 $\sqrt{4x^2+x-4}$의 뺄셈, $\sqrt{x^2+3}$과 $\sqrt{x^2-4x-5}$의 뺄셈이 규칙성을 가지므로, 주어진 방정식을 다음과 같이 쓰자.

$$\sqrt{A}-\sqrt{C}=\sqrt{D}-\sqrt{B}$$

이제, 얻어진 식의 양변을 유리화할 수 있다. 좌변의 분자와 분모에 $\sqrt{A}+\sqrt{C}$를 곱하고, 우변의 분자와 분모에 $\sqrt{D}+\sqrt{B}$를 곱하자. 그러면, 다음을 얻을 수 있다.

$$\frac{(\sqrt{A}-\sqrt{C})(\sqrt{A}+\sqrt{C})}{\sqrt{A}+\sqrt{C}}=\frac{(\sqrt{D}-\sqrt{B})(\sqrt{D}+\sqrt{B})}{\sqrt{D}+\sqrt{B}}$$
$$\frac{A-C}{\sqrt{A}+\sqrt{C}}=\frac{D-B}{\sqrt{D}+\sqrt{B}},\quad \frac{2x+4}{\sqrt{A}+\sqrt{C}}=\frac{-4x-8}{\sqrt{D}+\sqrt{B}}$$

이제, 방정식의 우변을 이항하여 정리하면, 다음을 얻을 수 있다.

$$\frac{2(x+2)}{\sqrt{A}+\sqrt{C}}+\frac{4(x+2)}{\sqrt{D}+\sqrt{B}}=0$$

$$(x+2)\left(\frac{2}{\sqrt{A}+\sqrt{C}}+\frac{4}{\sqrt{D}+\sqrt{B}}\right)=0$$

얻어진 식에서 해 $x=-2$를 구할 수 있다. 그리고, $\frac{2}{\sqrt{A}+\sqrt{C}}+\frac{4}{\sqrt{D}+\sqrt{B}}>0$이므로, 여기서는 근이 얻어지지 않는다. 결국, 주어진 방정식의 해는 $x=-2$라는 것을 알 수 있다.

이 방정식의 각 항들이 서로 다르기 때문에, 각 항들을 다른 문자로 치환했다. 이때 $\sqrt{4x^2+3x}=A$와 같이 치환하는 것은 항들 사이에서 찾은 규칙성을 반영하지 못하기 때문에 $4x^2+3x=A$와 같이 치환하였다. 이러한 치환을 통해, 복잡한 식을 간단하게 나타낼 수 있었고, 식들의 연산도 효율적으로 수행할 수 있었다.

살펴본 것과 유사한 방법으로 다음과 같은 방정식도 해결해 보자.

$$\sqrt{3x^2-1}+\sqrt{x^2+2}=\sqrt{3x^2+2x-3}+\sqrt{x^2+3x-1}$$

제 6 장.

무리방정식과 문제만들기

이 장에서는 무리방정식을 소재로 하여 수학 문제만들기의 방법을 제시하고, 관련된 다양한 예들을 다루었다. 여기서는 문제만들기의 방법으로 소박한 문제만들기와 연역적 문제만들기를 소개하고, 각 방법의 특징과 장점, 단점을 예를 통해 구체적으로 기술하였다.

소박한 문제만들기는 외형상으로 비슷한 문제를 만드는 방법이며, 연역적 문제만들기는 원래문제와 문제해결의 뼈대가 유사한 문제를 만드는 방법이다. 연역적 문제만들기를 위해선, 먼저 원래문제의 해결과정을 분석해야 한다. 이때, 분석된 문제해결 과정을 역으로 거슬러 올라가면서 수들이나 식들을 변형시켜서 새로운 문제를 만들게 된다. 여기에서는 원래문제의 문제해결 과정을 분석하고, 이를 바탕으로 연역적 문제만들기를 수행하는 과정을 단계별로 나누어 체계적으로 기술하였다.

이 장은 다음 소단원들로 구성된다.

- 문제만들기
- 연역적 문제만들기
- 연역적 문제만들기의 예들

1. 문제만들기

문제만들기는 여러 가지 방법이 있다. 여기서는 주어진 문제와 유사한 문제를 만드는 방법을 살펴보자. 일반적으로 문제는 문제상황으로부터 만들어진다.

오랫동안 지루하게 비가 내리는 장마철을 생각하자. 그래서 몸도 마음도 상쾌하지 못하고, 불쾌지수가 높아져 스트레스를 많이 받고 있는 상황에 처해있다. 이러한 문제상황으로부터 다양한 문제들이 만들어질 수 있다. 예를 들어, 비를 그치게 하는 방법은 무엇인가? 비가 자주 내리고 습한 날씨에 불쾌지수를 낮추려면 어떻게 해야 하는가? 불쾌지수가 높지만 상쾌한 기분을 만드는 방법은 무엇인가?

주변에서 수학적인 문제상황을 경험하고 이를 바탕으로 수학문제를 만드는 것은 의미있는 일이다. 그러나, 문제상황에서 수학적 요소를 찾아 문제상황을 수학적 문제상황으로 바꾸고, 이로부터 수학문제를 만드는 것은 쉽지 않다. 그렇기 때문에, 여기서는 기존의 문제상황, 문제로부터 유사한 문제를 만들어 보려 한다. 우선, 다음 문제를 풀어보자.

[원래문제1] 다음 방정식을 풀어라.

$$\sqrt{2x^2-17x+34}+\sqrt{2x^2-13x+22}=2$$

방정식의 좌변에 무리식이 두 개가 있고 우변에는 상수항만 있으므로, 좌변의 무리식 하나를 우변으로 이항하자. 그러면 다음을 얻을 수 있다.

$$\sqrt{2x^2-17x+34}=2-\sqrt{2x^2-13x+22}$$

이제, 양변을 제곱하여 정리하면, 방정식의 해를 얻을 수 있다.

$$(\sqrt{2x^2-17x+34})^2=(2-\sqrt{2x^2-13x+22})^2$$

$$2x^2-17x+34=4-4\sqrt{2x^2-13x+22}+2x^2-13x+22$$

$$-4x+8=-4\sqrt{2x^2-13x+22}$$

얻어진 식의 양변을 -4로 나눈 다음, 제곱하여 정리하자.

$$(x-2)^2 = (\sqrt{2x^2-13x+22})^2$$
$$x^2-9x+18=0$$

$x^2-9x+18=0$을 인수분해를 이용하여 풀면, $x=3, x=6$을 구할 수 있다. 얻어진 해를 $\sqrt{2x^2-17x+34}+\sqrt{2x^2-13x+22}=2$에 대입하여 무연근을 조사하자. $x=3$을 대입하면 식이 성립하고, $x=6$을 대입하면 식이 성립하지 않는다. 그러므로, $x=6$은 무연근이고, 구하는 해는 $x=3$이다.

이제, $\sqrt{2x^2-17x+34}+\sqrt{2x^2-13x+22}=2$와 유사한 무리방정식을 만들어 보자. 이때, 두 가지 방법으로 유사한 문제를 만들 수 있다. 첫 번째 방법은 '소박한 문제만들기'이다.

$\sqrt{2x^2-17x+34}+\sqrt{2x^2-13x+22}=2$와 유사한 문제를 만들기 때문에, 외형적으로 유사한 식들을 다음과 같이 쓸 수 있다.

- $\sqrt{2x^2+x-8}+\sqrt{x^2-9x+7}=2$
- $\sqrt{2x^2-8}+\sqrt{x^2-9x+7}=2+x$
- $\sqrt{x^2+x-10}+\sqrt{x^2-19x+17}=12$
- $\sqrt{2x^2+x-8}+\sqrt{10x^2+x+7}=3$
- $\sqrt{2x^2+x-8}+\sqrt{9x^3+2x+7}=21$

이와 같이 얼마든지 무리방정식을 만들 수 있다. 그러나, 이렇게 만든 문제가 $\sqrt{2x^2-17x+34}+\sqrt{2x^2-13x+22}=2$의 풀이와 유사한 방법으로 풀릴 수 있는가? 이 물음에 대답할 수 없다. 아마도 운이 좋으면 풀릴 것이고, 그렇지 않으면 풀리지 않을 것이다. 가령, 첫 번째로 만든 방정식 $\sqrt{2x^2+x-8}+\sqrt{x^2-9x+7}=2$를 푼다고 하자.

좌변에 있는 $\sqrt{x^2-9x+7}$을 우변으로 이항하면, 다음을 얻을 수 있다.

$$\sqrt{2x^2+x-8}=2-\sqrt{x^2-9x+7}$$

이미 했던 것처럼, 양변을 제곱하여 정리하자. 다음을 얻을 수 있다.

$$(\sqrt{2x^2+x-8})^2 = (2-\sqrt{x^2-9x+7})^2$$
$$2x^2+x-8 = 4-4\sqrt{x^2-9x+7}+x^2-9x+7$$
$$x^2+10x-19 = -4\sqrt{x^2-9x+7}$$

처음에 문제해결을 시작할 때는 제곱을 하면서 [원래문제1]의 풀이와 유사하게 진행될 것이라고 생각했는데, 식을 정리하다 보니 다른 방향으로 나가고 있다는 것을 알 수 있다.

[원래문제1] $\sqrt{2x^2-17x+34}+\sqrt{2x^2-13x+22} = 2$의 풀이에서는 좌변의 한 항을 이항하여 $\sqrt{2x^2-17x+34} = 2-\sqrt{2x^2-13x+22}$와 같은 식을 만들고, 양변을 제곱하고 정리했더니, 좌변에는 일차식이 있고 우변에는 이차식이 제곱근 안에 있는 무리식이 되었다. 다시 제곱하여 식을 정리하였더니 2차방정식이 되어 해를 쉽게 구할 수 있었다.

그런데, $\sqrt{2x^2+x-8} = 2-\sqrt{x^2-9x+7}$을 제곱하여 정리하니 $x^2+10x-19 = -4\sqrt{x^2-9x+7}$이 되었다. 그리고, 다시 한번 제곱하니 $(x^2+10x-19)^2 = (-4\sqrt{x^2-9x+7})^2$이 얻어졌다. 이때, 좌변에 $(x^2+10x-19)^2$이 있어서 전개하면 4차식이 되며, $(x^2+10x-19)^2 = (-4\sqrt{x^2-9x+7})^2$으로부터 얻어진 4차방정식이 인수정리를 이용한 인수분해의 방법으로 해결될 수 있을지 알 수 없다.

결국, $\sqrt{2x^2-17x+34}+\sqrt{2x^2-13x+22} = 2$와 유사한 문제라고 생각하여 만든 $\sqrt{2x^2+x-8}+\sqrt{x^2-9x+7} = 2$는 비록 외형상으로는 비슷할지 모르지만, 그 해결에서는 다른 상황에 직면하게 되고, [원래문제1]의 해결과 유사한 접근으로는 해결되지 못한다.

이와 같이, 풀이를 염두에 두지 않고, 외형상으로 비슷한 문제를 만드는 방법을 '소박한 문제만들기'라고 부른다. 물론, 소박한 문제만들기로 만든 문제가 반드시 원래문제의 풀이와 동떨어진 풀이를 가지거나 풀이 자체가 없다고 단언할 수는 없다. 단지, 소박한 문제만들기에서는 원래문제의 해결 과정을 염두에 두지 않고, 원래문제와 외형적으로 비슷한 문제를 만든다는 것이다.

결국, 소박한 문제만들기를 통해 원래문제와 유사한 문제들을 많이 만들 수는 있다. 그러나, 만들어진 문제의 수학적 특징, 문제해결 과정의 뼈대에 대해서는 어떤 정보도 얻지 못한 채 소박한 문제만들기 활동이 종료된다.

2. 연역적 문제만들기

소박한 문제만들기에 대응되는 것이 '연역적 문제만들기'이다. 연역적 문제만들기는 원래문제의 풀이에 대한 분석을 전제로 한다. 즉, 연역적 문제만들기를 위해서 제일 먼저 해야 할 작업은 원래문제의 풀이 과정을 분석하여 단계별로 나누는 것이다.

그렇기 때문에, 연역적 문제만들기의 결과로 얻어진 문제는 원래문제와 외형적으로 유사할 뿐만 아니라, 풀이 단계도 유사하게 진행될 수 있다. 달리 말하면, 연역적 문제만들기의 결과로 얻어진 문제는 원래문제와 문제해결 과정의 뼈대도 비슷하다고 할 수 있다.

[원래문제1] $\sqrt{2x^2-17x+34}+\sqrt{2x^2-13x+22}=2$의 풀이 과정을 분석해 보자.

1단계. 방정식 $\sqrt{2x^2-17x+34}+\sqrt{2x^2-13x+22}=2$의 좌변에서 한 항을 우변으로 이항하여 $\sqrt{2x^2-17x+34}=2-\sqrt{2x^2-13x+22}$로 변형시킨다.

2단계. 1단계에서 얻어진 등식의 양변을 제곱하고 식을 이항하여 정리하였더니, 등식 $x-2=\sqrt{2x^2-13x+22}$를 얻었다. 이때, 좌변에는 일차식이 있고, 우변에는 이차식이 제곱근 안에 있는 무리식이 있다.

3단계. 2단계에서 얻어진 방정식의 양변을 제곱하여 이차방정식 $x^2-9x+18=0$을 얻었고, 이를 풀고 무연근을 확인하여 해 $x=3$을 구하였다.

연역적 문제만들기는 기술한 3단계의 문제해결 과정을 염두에 두면서 문제를 만든다. 그렇기 때문에 연역적 문제만들기에서는 소박한 문제만들기에서 만든 문제들 중에서 $\sqrt{2x^2-8}+\sqrt{x^2-9x+7}=2+x$와 같은 문제는 만들지 않는다.

그 이유를 생각하자. 우선, $\sqrt{2x^2-8}+\sqrt{x^2-9x+7}=2+x$에서 식의 변형 과정을 살펴보자.

$$\begin{aligned}
&\sqrt{2x^2-8}=2+x-\sqrt{x^2-9x+7}\\
&(\sqrt{2x^2-8})^2=(2+x-\sqrt{x^2-9x+7})^2\\
&2x^2-8=4+x^2+(x^2-9x+7)+4x\\
&\qquad\qquad -4\sqrt{x^2-9x+7}-2x\sqrt{x^2-9x+7}\\
&5x-19=-(4+2x)\sqrt{x^2-9x+7}
\end{aligned}$$

얻어진 식 $5x-19=-(4+2x)\sqrt{x^2-9x+7}$은 원래문제 문제풀이의 2단계에 맞지 않는다. 2단계에서는 등식의 우변에 무리식 하나만 있어야 하는데, $5x-19=-(4+2x)\sqrt{x^2-9x+7}$의 우변은 $-(4+2x)$와 $\sqrt{x^2-9x+7}$의 곱으로 되어 있기 때문이다.

연역적 문제만들기에서는 $\sqrt{2x^2+x-8}+\sqrt{9x^3+2x+7}=21$과 같은 문제도 만들지 않는다. 이 식을 변형시켜 보자.

$$\begin{aligned}
&\sqrt{2x^2+x-8}=21-\sqrt{9x^3+2x+7}\\
&(\sqrt{2x^2+x-8})^2=(21-\sqrt{9x^3+2x+7})^2\\
&2x^2+x-8=441-42\sqrt{9x^3+2x+7}+9x^3+2x+7\\
&-9x^3+2x^2-x-456=-42\sqrt{9x^3+2x+7}
\end{aligned}$$

얻어진 등식 $-9x^3+2x^2-x-456=-42\sqrt{9x^3+2x+7}$은 [원래문제1]의 풀이 과정 2단계에 맞지 않는다. 이 등식에 좌변은 3차식이고, 우변도 제곱근호 안에 3차식이 있기 때문이다.

이제, 연역적 문제만들기를 이용해 $\sqrt{2x^2-17x+34}+\sqrt{2x^2-13x+22}=2$와 유사한 문제를 만들어 보자. 먼저, [원래문제1]의 풀이 과정을 1단계, 2단계, 3단계에 맞추어 다음과 같이 도식화하자.

$$\begin{array}{ll} \text{[원래문제1]} & \sqrt{2x^2-17x+34}+\sqrt{2x^2-13x+22}=2 \\ & \downarrow \\ \text{1단계} & \sqrt{2x^2-17x+34}=2-\sqrt{2x^2-13x+22} \\ & \downarrow \\ \text{2단계} & (\sqrt{2x^2-17x+34})^2=(2-\sqrt{2x^2-13x+22})^2 \\ & x-2=\sqrt{2x^2-13x+22} \\ & \downarrow \\ \text{3단계} & (x-2)^2=(\sqrt{2x^2-13x+22})^2 \\ & x^2-9x+18=0,\ x=3 \end{array}$$

연역적 문제만들기에서는 문제해결의 1단계, 2단계, 3단계에 근거하여 문제를 만들게 된다. 그렇기 때문에, 문자 자체도 유사할 뿐만 아니라, 풀이 방법도 유사한 문제를 얻을 수 있는 것이다.

[원래문제1]의 문제해결 1단계, 2단계, 3단계에 근거하여 문제를 만든다는 것이 무엇을 의미하는가? [원래문제1]의 해결에서는 문제가 주어지고 문제해결 1단계 →2단계 →3단계의 순서로 진행하게 되지만, 연역적 문제만들기에서는 역으로 진행해야 한다. 왜냐 하면, 아직 문제가 만들어지지 않았기 때문에 1단계의 식 자체를 생각할 수 없기 때문이다.

연역적 문제만들기의 단계

연역적 문제만들기를 위해, 문제해결 과정의 3단계에 있는 2차방정식의 해로부터 출발하자. 가령, 해로 $x=4, x=5$를 가지는 무리방정식을 만든다고 하자. 3단계에 있는 것처럼, 먼저 $x=4, x=5$를 해로 가지는 2차방정식 $(x-4)(x-5)=x^2-9x+20=0$을 생각한다.

이제, 문제해결 과정 3단계에 있는 첫 번째 등식을 만들어야 한다. 즉, 좌변에는 일차항의 제곱 $(ax+b)^2$이 있고, 우변에는 제곱근 안에 이차식이 있는 무리식의 제곱 $(\sqrt{px^2+qx+r})^2$이 있어야 한다. 그리고, $(ax+b)^2=px^2+qx+r$로부터

$x^2-9x+20=0$이 얻어져야 한다. 이 조건을 만족시키는 $(ax+b)^2$과 $(\sqrt{px^2+qx+r})^2$은 무수히 많이 찾을 수 있다.

가령, $(ax+b)^2=(x-3)^2$, $(\sqrt{px^2+qx+r})^2=(\sqrt{2x^2-15x+29})^2$이라 놓을 수 있다. 왜냐 하면, $2x^2-15x+29-(x-3)^2=0$을 정리하면 $x^2-9x+20=0$이 되기 때문이다. 결국 등식 $(x-3)^2=(\sqrt{2x^2-15x+29})^2$이 얻어지며, 연역적 문제만들기의 I단계가 완성되었다.[1]

II단계로 나아가자. I단계의 등식 $(x-3)^2=(\sqrt{2x^2-15x+29})^2$에서 제곱을 없애 $(x-3)=\sqrt{2x^2-15x+29}$를 생각하고, 양변에 -4를 곱하자. 그러면, $-4(x-3)=-4\sqrt{2x^2-15x+29}$가 된다. II단계는 다음과 같은 식을 만들어야 종료된다.

$$ux^2+vx+w=4-4\sqrt{2x^2-15x+29}+(2x^2-15x+29)$$
$$(\sqrt{ux^2+vx+w})^2=(2-\sqrt{2x^2-15x+29})^2$$

이제, $-4(x-3)=-4\sqrt{2x^2-15x+29}$에서 $ux^2+vx+w=4-4\sqrt{2x^2-15x+29}+(2x^2-15x+29)$로 나아가는 방법을 생각하자.

등식 $-4(x-3)=-4\sqrt{2x^2-15x+29}$의 양변에 $4+(2x^2-15x+29)$를 더하자. 그러면, 다음이 얻어진다.

$$4+(2x^2-15x+29)-4(x-3)=-4\sqrt{2x^2-15x+29}+ \\ +4+(2x^2-15x+29)$$
$$2x^2-19x+45=4-4\sqrt{2x^2-15x+29}+(2x^2-15x+29)$$
$$(\sqrt{2x^2-19x+45})^2=(2-\sqrt{2x^2-15x+29})^2$$

II단계의 등식 $(\sqrt{2x^2-19x+45})^2=(2-\sqrt{2x^2-15x+29})^2$을 얻었다.

이제, $(\sqrt{2x^2-19x+45})^2=(2-\sqrt{2x^2-15x+29})^2$에서 $\sqrt{2x^2-19x+45}=2-\sqrt{2x^2-15x+29}$를 생각하자. 이것이 III단계의 등식이다. 이로부터 다음과 같은

[1]문제해결 과정의 단계를 나타낼 때는 아라비아 숫자를 이용할 것이고, 연역적 문제만들기의 단계를 나타낼 때는 그리스 숫자를 이용할 것이다. 2단계는 문제해결 과정 2단계를 나타내며 II단계는 연역적 문제만들기의 2단계를 나타낸다.

새로운 방정식이 얻어진다.

$$\sqrt{2x^2 - 19x + 45} + \sqrt{2x^2 - 15x + 29} = 2$$

연역적 문제만들기 I단계 출발에서 $x = 4, x = 5$이라 놓고 시작하였다. 실제로, 이 값들을 연역적 문제만들기에서 만든 방정식 $\sqrt{2x^2 - 19x + 45} + \sqrt{2x^2 - 15x + 29} = 2$에 대입하면, $x = 4, x = 5$가 해가 된다는 것을 확인할 수 있다.

살펴본 것과 같이, 원래문제의 풀이 과정에서 1단계, 2단계, 3단계에 대해 3단계→2단계→1단계의 순서로 등식을 유도하면서, 원래문제와 유사한 문제를 만드는 방법이 연역적 문제만들기이다.

문제해결 과정에서 3단계→2단계→1단계의 순서를 연역적 문제만들기 단계로 나타내면 I단계→II단계→III단계가 된다. 즉, 원래문제의 문제해결 단계와 연역적 문제만들기의 단계 사이에는 다음과 같은 대응 관계가 존재한다.

문제해결 1단계	⟷	연역적 문제만들기 III단계
문제해결 2단계	⟷	연역적 문제만들기 II단계
문제해결 3단계	⟷	연역적 문제만들기 I단계

소박한 문제만들기에서는 유사한 문제를 먼저 만들고, 그 풀이를 원래문제의 풀이 단계에 맞추어 고안하게 된다. 그렇기 때문에, 소박한 문제만들기를 통해 얻어진 문제는 그 풀이의 존재성이 보장되지 못한다. 어떤 경우에는 원래문제와 유사하게 문제가 풀릴 수도 있고, 어떤 경우에는 완전히 다른 문제가 얻어지기도 한다.

한편, 연역적 문제만들기에서는 원래문제의 풀이 단계에 맞추어 각 단계를 거쳐 문제를 만들었다. 그러므로 시간적으로 보면 문제의 풀이가 문제에 선행하게 된다. 결국, 연역적 문제만들기를 통해 문제를 만들었다는 것은 그 문제의 풀이가 항상 존재하며,

원래문제의 풀이 과정과 유사한 단계를 거쳐 풀린다는 것을 의미한다.

연역적 문제만들기를 이용해 $\sqrt{2x^2-19x+45}+\sqrt{2x^2-15x+29}=2$를 만들었다. 이 연역적 문제만들기 과정을 다음과 같이 도식화할 수 있다.

연역적 문제만들기 단계

I단계 $\quad x=4,5,\ x^2-9x+20=0$

$$(x-3)^2=(\sqrt{2x^2-15x+29})^2$$
$$\downarrow$$

II단계 $\quad x-3=\sqrt{2x^2-15x+29}$

$$(\sqrt{2x^2-19x+45})^2=(2-\sqrt{2x^2-15x+29})^2$$
$$\downarrow$$

III단계 $\quad \sqrt{2x^2-19x+45}=2-\sqrt{2x^2-15x+29}$

$$\downarrow$$

만든 문제 $\quad \sqrt{2x^2-19x+45}+\sqrt{2x^2-15x+29}=2$

연역적 문제만들기를 이용한 다양한 문제만들기

앞에서 연역적 문제만들기의 II단계에서 등식 $(x-3)=\sqrt{2x^2-15x+29}$의 양변에 -4를 곱하여 문제를 만들었다. 이때, 다른 수를 곱하면 다른 문제를 얻을 수 있다.

가령, 양변에 -2를 곱하자. 그러면, $(x-3)=\sqrt{2x^2-15x+29}$에서 $-2(x-3)=-2\sqrt{2x^2-15x+29}$가 얻어진다. 이제, 얻어진 식의 양변에 $1+(2x^2-15x+29)$을 더하여 정리하면, 다음과 같다.

$$-2(x-3)=-2\sqrt{2x^2-15x+29}$$

$$-2(x-3)+1+(2x^2-15x+29)=-2\sqrt{2x^2-15x+29}+1+(2x^2-15x+29)$$

$$2x^2-17x+36=(1-\sqrt{2x^2-15x+29})^2$$

$$(\sqrt{2x^2-17x+36})^2=(1-\sqrt{2x^2-15x+29})^2$$

이로부터 다음과 같은 새로운 무리방정식을 만들 수 있다.

$$\sqrt{2x^2-17x+36}+\sqrt{2x^2-15x+29}=1$$

이제, $x=4,5$를 대입하여 무연근을 확인하자. $x=4$는 이 방정식의 해가 되며, $x=5$는 무연근이다.

다시, 다른 문제를 만들기 위해, 연역적 문제만들기의 II단계 등식 $(x-3)=\sqrt{2x^2-15x+29}$의 양변에 4를 곱하자. 지금까지는 음수인 -4, -2를 곱해서 문제를 만들었는데, 양수를 곱하면 어떤 문제가 얻어지는지 살펴보자. 이제, 등식의 양변에 $4+(2x^2-15x+29)$를 더한 후에, 유사한 방법으로 다음과 같이 문제를 만들 수 있다.

$$\begin{aligned}
&4(x-3)=4\sqrt{2x^2-15x+29}\\
&4(x-3)+4+(2x^2-15x+29)=4\sqrt{2x^2-15x+29}\\
&\qquad\qquad\qquad\qquad\qquad\qquad+4+(2x^2-15x+29)\\
&2x^2-11x+21=(2+\sqrt{2x^2-15x+29})^2\\
&(\sqrt{2x^2-11x+21})^2=(2+\sqrt{2x^2-15x+29})^2
\end{aligned}$$

이로부터 다음과 같은 새로운 무리방정식을 만들 수 있다.

$$\sqrt{2x^2-11x+21}-\sqrt{2x^2-15x+29}=2$$

$x=4,5$를 대입하여 무연근을 확인하면, $x=4,5$가 이 방정식의 해가 된다는 것을 알 수 있다.

살펴본 것과 같이, $(x-3)=\sqrt{2x^2-15x+29}$의 양변에 양수인 4를 곱하면, $4(x-3)=4\sqrt{2x^2-15x+29}$가 되는데 우변에 $4\sqrt{2x^2-15x+29}$이 있기 때문에 우변은 $(2+\sqrt{2x^2-15x+29})^2$꼴로 변형된다. 이제, 등식의 양변에 있는 제곱근을 없애고 좌변으로 $\sqrt{2x^2-15x+29}$를 이항하면, $\sqrt{f(x)}-\sqrt{2x^2-15x+29}=2$와 같은 형태의 방정식이 얻어진다.

[원래문제1]을 바탕으로 연역적 문제만들기로 한 문제를 더 만들어 보자. 여기서는 연역적 문제만들기의 I단계를 변형시키자. 앞에서는 $(ax+b)^2 = (x-3)^2$이라 놓았는데, 여기서는 $(ax+b)^2 = (x-2)^2$으로 놓자. 그러면, $(\sqrt{px^2+qx+r})^2 = (\sqrt{2x^2-13x+24})^2$이 된다. 왜냐 하면, $px^2+qx+r = (x^2-9x+20)+(x-2)^2$이기 때문이다. 이로부터 I단계 등식 $(x-2)^2 = (\sqrt{2x^2-13x+24})^2$이 얻어진다.

이제, $x-2=\sqrt{2x^2-13x+24}$를 생각하여 양변에 -4를 곱하자. 그리고 얻어진 등식의 양변에 $4+(2x^2-13x+24)$를 더하여 정리하면, 다음을 얻을 수 있다.

$$-4(x-2) = -4\sqrt{2x^2-13x+24}$$

$$-4(x-2)+4+(2x^2-13x+24) = -4\sqrt{2x^2-13x+24} + 4 + (2x^2-13x+24)$$

$$2x^2-17x+36 = (2-\sqrt{2x^2-13x+24})^2$$

$$(\sqrt{2x^2-17x+36})^2 = (2-\sqrt{2x^2-13x+24})^2$$

이로부터 다음과 같은 새로운 무리방정식을 만들 수 있다.

$$\sqrt{2x^2-17x+36}+\sqrt{2x^2-13x+24}=2$$

이제, $x=4,5$를 대입하여 무연근을 확인하자. $x=4$는 이 방정식의 해가 되며, $x=5$는 무연근이다.

지금까지는 연역적 문제만들기를 통해, 해를 가지는 무리방정식을 만들었다. 해를 가지지 않는 경우의 방정식을 하나 만들어 보자.

방금 전에는 $(ax+b)^2=(x-2)^2$으로 놓았는데, 여기서는 $(ax+b)^2=(x-6)^2$이라 놓자. 이렇게 놓으면, 연역적 문제만들기를 통해 얻어진 무리방정식은 해를 가질 수 있는가?

우선, 연역적 문제만들기 과정을 진행하자. 이때, $(\sqrt{px^2+qx+r})^2$을 구하기 위해, $px^2+qx+r=(x^2-9x+20)+(x-6)^2$을 생각하면, $(\sqrt{px^2+qx+r})^2 = (\sqrt{2x^2-21x+56})^2$이다. 즉 $(x-6)^2=(\sqrt{2x^2-21x+56})^2$을 얻을 수 있다.

이제, $x-6=\sqrt{2x^2-21x+56}$을 생각하여 양변에 -4를 곱하자. 얻어진 등식의 양변에 $4+(2x^2-21x+56)$을 더하여 정리하면, 다음을 얻을 수 있다.

$$\begin{aligned}&-4(x-6)=-4\sqrt{2x^2-21x+56}\\&-4(x-6)+4+(2x^2-21x+56)=-4\sqrt{2x^2-21x+56}\\&\qquad\qquad\qquad\qquad\qquad\qquad\qquad+4+(2x^2-21x+56)\\&2x^2-25x+84=(2-\sqrt{2x^2-21x+56})^2\\&(\sqrt{2x^2-25x+84})^2=(2-\sqrt{2x^2-21x+56})^2\end{aligned}$$

이로부터 다음과 같은 새로운 무리방정식을 만들 수 있다.

$$\sqrt{2x^2-25x+84}+\sqrt{2x^2-21x+56}=2$$

이제, $x=4,5$를 대입하여 무연근을 확인하자. $x=4$를 $\sqrt{2x^2-25x+84}$에 대입하면, 4가 얻어지므로 해가 될 수 없다. 한편, $x=5$를 $\sqrt{2x^2-25x+84}$에 대입하면, 3이 얻어지므로 이것도 해가 될 수 없다. 결국, $x=4,5$는 모두 무연근이 되고, 이 무리방정식은 해를 가지지 않는다.

어떻게 무연근만 가지는 무리방정식을 만들 수 있는가? 연역적 문제만들기의 I 단계 시작에서 $x=4,5$를 근으로 가지는 방정식 $x^2-9x+20=0$에서 출발하였다. 그런데, $(ax+b)^2=(x-6)^2$이라 놓고 문제만들기를 하였다. 이때, 등식 $x-6=\sqrt{2x^2-21x+56}$이 얻어진다. 이 등식의 좌변에 $x=4,5$를 대입하면 음수가 나오므로, $x=4,5$는 만들어진 방정식의 근이 될 수 없다. $(ax+b)^2=(x-7)^2$로 놓고 무리방정식을 만들어도 같은 결과가 얻어지게 된다.

$(ax+b)^2=(x-7)^2$으로 잡으려면, 연역적 문제만들기의 I단계 시작에서 이차방정식 $x^2-9x+20=0$을 그대로 두면 안된다. 예를 들어, $x=9,10$을 해로 가지는 이차방정식 $x^2-19x+90=0$이나 $x=7,8$을 해로 가지는 이차방정식 $x^2-15x+56=0$ 등을 이용해야 한다.

3. 연역적 문제만들기의 예들

연역적 문제만들기를 이용해 문제들을 만들어보자. 이제, 다음 문제를 분석하여 유사한 문제들을 만들자.

[원래문제2] 다음 방정식을 풀어라.

$$x^3 + (1-\sqrt{7})x^2 - (5+3\sqrt{7})x + 10 + 4\sqrt{7} = 0$$

삼차방정식을 푸는 문제이므로, 우선 인수정리를 이용하여 시도할 수 있다. 상수항인 $10+4\sqrt{7}$의 약수 중에서 방정식의 좌변을 0이 되도록 하는 값을 찾아야 한다. 이 문제에서 이러한 시도는 큰 의미를 가지지 못한다.

이제, $\sqrt{7} = t$로 치환하고, t에 대한 방정식으로 생각하여 문제를 풀자. 치환을 통해, 다음을 얻을 수 있다.

$$x^3 + (1-t)x^2 - (5+3t)x + 10 + 4t = 0$$

$$(-x^2 - 3x + 4)t + (x^3 + x^2 - 5x + 10) = 0$$

식 $(-x^2 - 3x + 4)t + (x^3 + x^2 - 5x + 10) = 0$로부터 다음과 같이 t값을 구할 수 있다.

$$t = \frac{x^3 + x^2 - 5x + 10}{x^2 + 3x - 4}, \quad \sqrt{7} = \frac{x^3 + x^2 - 5x + 10}{x^2 + 3x - 4}$$

등식의 우변에 있는 분모를 좌변으로 이항하여 정리하면, 처음 상태로 돌아가게 된다. 결국, 이 시도는 성공적이지 못했다.

$\sqrt{7} = t$로 치환할 때, 상수항에 있는 10에 주목하자. $10 = 7+3$이므로, $10 = t^2+3$으로 놓을 수도 있다. 그러면, 다음과 같은 치환을 얻을 수 있다.

$$x^3 + (1-t)x^2 - (5+3t)x + t^2 + 3 + 4t = 0$$

$$t^2 - (x^2 + 3x - 4)t + (x^3 + x^2 - 5x + 3) = 0$$

이제, $t^2 - (x^2+3x-4)t + (x^3+x^2-5x+3) = 0$을 인수분해 할 수 있는지 살펴보자. $x^3 + x^2 - 5x + 3 = (x-1)(x^2+2x-3)$이고 $(x-1) + (x^2+2x-3) = x^2+3x-4$

이므로, 다음과 같이 인수분해를 할 수 있다.

$$t^2 - (x^2 + 3x - 4)t + (x^3 + x^2 - 5x + 3) = \{t - (x - 1)\}\{t - (x^2 + 2x - 3)\}$$

이로부터, $t = x - 1, t = x^2 + 2x - 3$이 되고 $\sqrt{7} = x - 1, \sqrt{7} = x^2 + 2x - 3$이 얻어진다. $\sqrt{7} = x - 1$로부터 $x = 1 + \sqrt{7}$이 얻어지고, $\sqrt{7} = x^2 + 2x - 3$로부터 $x = -1 \pm \sqrt{4 + \sqrt{7}}$이 얻어진다. 즉, [원래문제2]의 해는 $x = 1 + \sqrt{7}, x = -1 \pm \sqrt{4 + \sqrt{7}}$이다.

연역적 문제만들기를 시작하기 위해, 풀이 과정을 단계별로 분석하자.

1단계. [원래문제2]를 $\sqrt{7} = t$로 치환하여 t에 대한 내림차순으로 정리하면, t에 대한 2차방정식 $t^2 - (x^2 + 3x - 4)t + (x^3 + x^2 - 5x + 3) = 0$이 얻어졌다.

2단계. 2차방정식 $t^2 - (x^2 + 3x - 4)t + (x^3 + x^2 - 5x + 3) = 0$을 인수분해 하여, $\{t - (x - 1)\}\{t - (x^2 + 2x - 3)\}$을 얻었다. 이로부터 2차방정식의 해 $t = x - 1, t = x^2 + 2x - 3$을 얻었다.

3단계. 2단계에서 얻은 $t = x - 1, t = x^2 + 2x - 3$에 t대신 $\sqrt{7}$을 대입하여 x에 대한 일차방정식, 2차방정식을 만들었다. 이 일차방정식과 2차방정식을 풀어서 [원래문제2]의 해 $x = 1 + \sqrt{7}, x = -1 \pm \sqrt{4 + \sqrt{7}}$을 구했다.

소박한 문제만들기로 [원래문제2]와 비슷한 문제를 만든다고 하자. 이때는 방정식 $x^3 + (1 - \sqrt{7})x^2 - (5 + 3\sqrt{7})x + 10 + 4\sqrt{7} = 0$와 외형적으로 비슷한 문제를 쓰면 된다. 가령, 다음과 같은 문제를 생각했다고 하자.

$$x^3 + (1 + \sqrt{7})x^2 - (5 - 3\sqrt{7})x + 10 + 4\sqrt{7} = 0$$

[원래문제2]와 비교하면, [원래문제2]에서는 x^2의 계수가 $1 - \sqrt{7}$인데 소박한 문제만들기에서는 $1 + \sqrt{7}$로 바꾸었고, x의 계수가 $-(5 + 3\sqrt{7})$였던 것을 소박한 문제만들기에서는 $-(5 - 3\sqrt{7})$로 바꾸었다.

소박한 문제만들기에서 만든 문제는 과연 [원래문제2]와 비슷한 방법으로 풀릴 수 있는가? 다른 방법으로라도 과연 풀릴 수는 있는가? 소박한 문제만들기에서는 이러한 물음에 대해 아무런 대답을 할 수 없다. 실제로 풀어봐야 한다.

소박한 문제만들기에서 만든 $x^3+(1+\sqrt{7})x^2-(5-3\sqrt{7})x+10+4\sqrt{7}=0$을 풀어보자. $\sqrt{7}=t$로 치환하고, t에 대한 방정식을 만들자. 다음과 같이 했다고 하자.

$$x^3+(1+t)x^2-(5-3t)x+t^2+3+4t=0$$

$$t^2+(x^2+3x+4)t+(x^3+x^2-5x+3)=0$$

$$t^2+(x^2+3x+4)t+(x-1)(x^2+2x-3)=0$$

얻어진 식 $t^2+(x^2+3x+4)t+(x-1)(x^2+2x-3)$은 인수분해가 되지 않는다. 근의 공식을 이용하여 t를 구하자. 그러면, 다음을 얻을 수 있다.

$$\begin{aligned}t&=\frac{-(x^2+3x+4)\pm\sqrt{(x^2+3x+4)^2-4(x^3+x^2-5x+3)}}{2}\\&=\frac{-(x^2+3x+4)\pm\sqrt{x^4+2x^3+13x^2+44x+4}}{2}\end{aligned}$$

기대했던 것과는 달리, 이 문제는 [원래문제2]의 풀이 방법과 유사하게 풀리지 않는다. 어떻게 풀어야 할지를 다시 고민해야 한다.

이제, 연역적 문제만들기의 방법으로 시도해 보자. 연역적 문제만들기에서는 문제해결 과정의 3단계→2단계→1단계의 순서로 나아가야 한다.

연역적 문제만들기 I단계의 작업을 하자. 먼저, 원하는 해를 적당히 잡아야 한다. 가령, $x=2+\sqrt{5}, x=-3\pm\sqrt{4-\sqrt{5}}$이 해인 3차방정식을 만든다고 하자. 이제, $x=2+\sqrt{5}$가 해인 일차방정식과 $x=-3\pm\sqrt{4-\sqrt{5}}$가 해인 2차방정식을 구해야 한다. 어렵지 않게, 다음을 얻을 수 있다.

$$x-2=\sqrt{5},\quad 4-(x+3)^2=\sqrt{5}$$

이때, $\sqrt{5}=t$로 치환하면 다음을 얻을 수 있다.

$$x-2=t,\quad 4-(x+3)^2=t$$

이제, II단계로 진행하자. $x-2=t$에서 항 $\{t+(2-x)\}$를 얻고, $4-(x+3)^2=t$에서 항 $\{t+(x^2+6x+5)\}$를 얻는다. 얻어진 두 항을 곱하여 t에 대한 내림차순으로 정리하면 다음과 같다.

$$t^2+(x^2+6x+5+2-x)t+(2-x)(x^2+6x+5)=0$$

$$t^2+(x^2+5x+7)t-x^3-4x^2+7x+10=0$$

III단계로 진행하자. 즉 얻어진 식을 x에 대한 내림차순으로 정리하자.

$$x^3+(4-t)x^2-(5t+7)x-(t^2+7t+10)=0$$

이제, 얻어진 식에 $t=\sqrt{5}$를 대입하면, 해가 $x=2+\sqrt{5}, x=-3\pm\sqrt{4-\sqrt{5}}$인 3차방정식이 된다.

$$x^3+(4-\sqrt{5})x^2-(5\sqrt{5}+7)x-(15+7\sqrt{5})=0$$

한 가지 흥미로운 것은 해가 $x=2+\sqrt{11}, x=-3\pm\sqrt{4-\sqrt{11}}$인 3차방정식도 여기서 얻을 수 있다는 것이다. 즉, $x^3+(4-t)-(5t+7)x-(t^2+7t+10)=0$에 $t=\sqrt{11}$을 대입하면 된다. 다음 방정식이 $x=2+\sqrt{11}, x=-3\pm\sqrt{4-\sqrt{11}}$이 해인 3차방정식이다.

$$x^3+(4-\sqrt{11})x^2-(5\sqrt{11}+7)x-(21+7\sqrt{11})=0$$

물론, $x=2+\sqrt{5}, x=-3\pm\sqrt{4-\sqrt{5}}$가 해인 3차방정식은 위에서 기술한 I단계→II단계→III단계의 순서로 구하지 않고, 다른 방법으로 구할 수도 있다. 다음 식을 전개하여도 얻어질 수 있다.

$$\left(x-2-\sqrt{5}\right)\left(x+3-\sqrt{4-\sqrt{5}}\right)\left(x+3+\sqrt{4-\sqrt{5}}\right)$$

이와 같이 전개하는 방법으로 $x=2+\sqrt{11}, x=-3\pm\sqrt{4-\sqrt{11}}$이 해인 3차방정식을 만들려면 또다시 다음 식을 전개해야 한다.

$$\left(x-2-\sqrt{11}\right)\left(x+3-\sqrt{4-\sqrt{11}}\right)\left(x+3+\sqrt{4-\sqrt{11}}\right)$$

그러나, 연역적 문제만들기에서는 식 $x^3+(4-t)-(5t+7)x-(t^2+7t+10)=0$에 $t=\sqrt{5},\sqrt{11},\sqrt{13},\cdots$ 등을 대입하면, 다양한 3차방정식을 구할 수 있음을 살펴보았다.

이제, [원래문제2]를 바탕으로 연역적 문제만들기를 이용하여 변형된 문제를 만들어 보자. I단계에서 x에 대한 일차방정식과 2차방정식을 만들어서 문제만들기를 진행하였다. 여기서는 I단계에서 2차방정식이 두 개가 만들어지는 경우를 생각해 보자. 그러면, 최종적으로는 4차방정식이 만들어질 것이다.

2차방정식은 제곱근이 중복되어 있는 해에서 만들어진다는 것을 생각하자. 즉, 방정식의 해로 $x=2\pm\sqrt{5-\sqrt{3}}, x=-3\pm\sqrt{4+\sqrt{3}}$을 잡자. 그러면, $(x-2)^2=5-\sqrt{3}, (x+3)^2=4+\sqrt{3}$이므로, 다음을 얻을 수 있다.

$$\sqrt{3}=5-(x-2)^2,\quad \sqrt{3}=(x+3)^2-4$$

이제, $\sqrt{3}=t$로 치환하여, x에 대한 식을 정리하면 다음을 얻을 수 있다.

$$t=5-(x-2)^2=1-x^2+4x,\quad t=(x+3)^2-4=x^2+6x+5$$

구한 t를 해로 가지는 이차방정식은 다음과 같다.

$$t^2-(1-x^2+4x+x^2+6x+5)t+(1-x^2+4x)(x^2+6x+5)=0$$
$$t^2-(10x+6)t+x^2+6x+5-x^4-6x^3-5x^2+4x^3+24x^2+20x=0$$
$$t^2-(10x+6)t-x^4-2x^3+20x^2+26x+5=0$$

얻어진 식을 x에 대한 내림차순으로 정리하자. 그러면, 다음을 얻을 수 있다.

$$x^4+2x^3-20x^2+(10t-26)x-(t^2-6t+5)=0$$

이제, $t=\sqrt{3}$을 대입하면, $x=2\pm\sqrt{5-\sqrt{3}}, x=-3\pm\sqrt{4+\sqrt{3}}$을 해로 가지는 다음의 4차방정식이 얻어진다.

$$x^4+2x^3-20x^2+(10\sqrt{3}-26)x-(8-6\sqrt{3})=0$$

이제, 5차방정식이 만들어지는 경우를 살펴보자. 이를 위해, 방정식의 해로 $x = 2+\sqrt{3}, x = \pm\sqrt{2 \pm \sqrt{2+\sqrt{3}}}$를 잡자. 그러면 $x = 2+\sqrt{3}$에서 $x-2 = \sqrt{3}$이 얻어진다. 한편, $x = \pm\sqrt{2 \pm \sqrt{2+\sqrt{3}}}$의 양변을 재곱하면 $x^2 - 2 = \pm\sqrt{2+\sqrt{3}}$이 된다. 다시 양변을 제곱하면 다음을 얻을 수 있다.

$$(x^2-2)^2 = 2+\sqrt{3}, \quad x^4 - 4x^2 + 2 = \sqrt{3}$$

이제, $\sqrt{3} = t$로 치환하자. 그러면, 다음을 얻을 수 있다.

$$x - 2 = t, \quad x^4 - 4x^2 + 2 = t$$

이들을 근으로 가지는 t에 대한 이차방정식은 다음과 같다.

$$t^2 - (x - 2 + x^4 - 4x^2 + 2)t + (x-2)(x^4 - 4x^2 + 2) = 0$$

$$t^2 - (x^4 - 4x^2 + x)t + x^5 - 2x^4 - 4x^3 + 8x^2 + 2x - 4 = 0$$

얻어진 식을 x에 대한 내림차순으로 정리하자. 그러면, 다음을 얻을 수 있다.

$$x^5 - (t+2)x^4 - 4x^3 + (4t+8)x^2 + (2-t)x + t^2 - 4 = 0$$

이제, $t = \sqrt{3}$을 대입하면, $x = 2+\sqrt{3}, x = \pm\sqrt{2 \pm \sqrt{2+\sqrt{3}}}$을 해로 가지는 다음의 5차방정식이 얻어진다.

$$x^5 - (\sqrt{3}+2)x^4 - 4x^3 + (4\sqrt{3}+8)x^2 + (2-\sqrt{3})x - 1 = 0$$

이와 같은 방법을 이용하면 6차방정식도 만들 수 있다. 방정식의 해로 $x = 2 \pm \sqrt[4]{5}, x = 1 \pm \sqrt{3 \pm \sqrt{5}}$를 생각하자. 그러면, $x = 2 \pm \sqrt[4]{5}$에서 $x - 2 = \pm\sqrt[4]{5}$이고 양변을 네제곱하면 $(x-2)^4 = \sqrt{5}, x^4 - 8x^3 + 24x^2 - 32x + 16 = \sqrt{5}$가 얻어진다. 한편, $x = 1 \pm \sqrt{3 \pm \sqrt{5}}$의 양변을 제곱하면 $(x-1)^2 = 3 \pm \sqrt{5}$이고 $x^2 - 2x - 2 = \pm\sqrt{5}$가 된다. 이때, $x^2 - 2x - 2 = \sqrt{5}$를 취하자.

이제, $\sqrt{5} = t$로 치환하자. 그러면, 다음을 얻을 수 있다.

$$x^4 - 8x^3 + 24x^2 - 32x + 16 = t, \quad x^2 - 2x - 2 = t$$

이들을 근으로 가지는 t에 대한 이차방정식은 다음과 같다.

$$t^2-(x^4-8x^3+24x^2-32x+16+x^2-2x-2)t+$$
$$+(x^4-8x^3+24x^2-32x+16)(x^2-2x-2)=0$$
$$t^2-(x^4-8x^3+25x^2-34x+14)t+$$
$$+x^6-10x^5+38x^4-64x^3+32x^2+32x-32=0$$

얻어진 식을 x에 대한 내림차순으로 정리하자. 그러면, 다음을 얻을 수 있다.

$$x^6-10x^5+(38-t)x^4+(8t-64)x^3+(32-25t)x^2$$
$$+(34t+32)x+t^2-14t-32=0$$

이제, $t=\sqrt{5}$을 대입하면, $x=2+\pm\sqrt[4]{5}, x=1\pm\sqrt{3\pm\sqrt{5}}$를 해로 가지는 다음의 6차방정식이 얻어진다.

$$x^6-10x^5+(38-\sqrt{5})x^4+(8\sqrt{5}-64)x^3+(32-25\sqrt{5})x^2$$
$$+(34\sqrt{5}+32)x-14\sqrt{5}-27=0$$

이제, 다음 문제를 원래문제로 삼아 연역적 문제만들기의 방법을 사용하여 문제를 만들어보자.

[**원래문제3**] 다음 방정식을 풀어라.

$$\sqrt{12+x+6\sqrt{x+3}}+\sqrt{8-x+2\sqrt{7-x}}=4+3\sqrt{2}$$

방정식의 좌변에 x를 포함한 무리식이 두 개가 있고 우변에는 상수항이 있기 때문에, 좌변에서 무리식 하나를 우변으로 이항한 다음 제곱하여 식을 정리하려고 생각할 수 있다. 무리식을 이항하면, 다음을 얻을 수 있다.

$$\sqrt{12+x+6\sqrt{x+3}}=4+3\sqrt{2}-\sqrt{8-x+2\sqrt{7-x}}$$

양변을 제곱하면, $12+x+6\sqrt{x+3}=(4+3\sqrt{2})^2-2(4+3\sqrt{2})\sqrt{8-x+2\sqrt{7-x}}+8-x+2\sqrt{7-x}$이 된다. 이제 항들을 정리하면 $6\sqrt{x+3}=30+24\sqrt{2}-2x-2(4+3\sqrt{2})\sqrt{8-x+2\sqrt{7-x}}+2\sqrt{7-x}$가 되어 더이상 문제풀이를 진행할 수 없게 된다.

이제, 다른 접근 방법을 생각하자. 방정식의 좌변에 있는 항들의 특징을 살펴보자. 항 $\sqrt{12+x+6\sqrt{x+3}}$의 제곱근 안에는 $12, x, 6\sqrt{x+3}$이 있는데, 이들은 어떻게 관련시킬 수 있는가? $\sqrt{x+3}$이 있으므로 x를 $x+3$으로 바꾸면, 12는 9가 될 것이다. 즉, $\sqrt{12+x+6\sqrt{x+3}} = \sqrt{9+(x+3)+6\sqrt{x+3}}$과 같이 쓸 수 있다. 이제, 제곱근호 안을 다음과 같이 완전제곱식과 연결시킬 수 있다.

$$\sqrt{12+x+6\sqrt{x+3}} = \sqrt{9+(x+3)+6\sqrt{x+3}} = \sqrt{(3+\sqrt{x+3})^2}$$

비슷한 방법으로 생각하면, 좌변의 두 번째 항도 다음과 같이 쓸 수 있다.

$$\sqrt{8-x+2\sqrt{7-x}} = \sqrt{1+(7-x)+2\sqrt{7-x}} = \sqrt{(1+\sqrt{7-x})^2}$$

결국, 주어진 방정식을 다음과 같이 쓸 수 있다.

$$\sqrt{(3+\sqrt{x+3})^2} + \sqrt{(1+\sqrt{7-x})^2} = 4+3\sqrt{2}$$

제곱근을 정리하면, 다음과 같이 식을 정리할 수 있다.

$$3+\sqrt{x+3}+1+\sqrt{7-x} = 4+3\sqrt{2}, \quad \sqrt{x+3}+\sqrt{7-x} = 3\sqrt{2}$$

이제, $\sqrt{x+3}+\sqrt{7-x} = 3\sqrt{2}$를 제곱하여 정리하자.

$$(\sqrt{x+3}+\sqrt{7-x})^2 = (3\sqrt{2})^2$$

$$\sqrt{(x+3)(7-x)} = 4, \quad -x^2+4x+21 = 16$$

이로부터 방정식 $-x^2+4x+5=0$을 얻게 되며, $x=-1, x=5$를 구할 수 있다. 이제, $x=-1, x=5$를 [원래문제3]에 대입하면, 이들이 모두 해가 된다는 것을 알 수 있다.

연역적 문제만들기를 시작하기 위해, 풀이 과정을 단계별로 분석하자.

1단계. 방정식에 있는 무리식인 항 $\sqrt{12+x+6\sqrt{x+3}}$, $\sqrt{8-x+2\sqrt{7-x}}$의 제곱근 안을 완전제곱으로 바꾸어 제곱근을 없애, $3+\sqrt{x+3}$, $1+\sqrt{7-x}$로 나타냈다.

2단계. 1단계에서 얻어진 방정식 $\sqrt{x+3}+\sqrt{7-x}=3\sqrt{2}$를 제곱하고 정리하여 $\sqrt{(x+3)(7-x)}=4$를 얻었다.

3단계. 2단계에서 얻어진 방정식 $\sqrt{(x+3)(7-x)}=4$를 제곱하고 정리하여 2차방정식 $-x^2+4x+21=16$, $-x^2+4x+5=0$을 얻고, 이로부터 해 $x=-1, x=5$를 구하였다.

가령, [원래문제3]을 연역적 문제만들기로 만든다고 하자. 즉, 문제 풀이에서 진행한 1단계→2단계→3단계의 순서를 거꾸로 올라가면서, $x=-1, x=5$로부터 연역적 문제 만들기의 방법으로 [원래문제3]을 유도하자.

먼저, I단계에서 $x=-1, x=5$를 생각하자(즉, 만들려는 무리방정식의 해가 $x=-1, x=5$이라는 것이다). $x=-1, x=5$를 해로 가지는 2차방정식 $-x^2+4x+5=0$을 만든다. 양변에 같은 수를 더하는데, 그 결과 좌변은 인수분해가 되어야 하며 우변은 완전제곱이 되었다(완전제곱이 반드시 필요한 것은 아니지만, 제곱근을 취할 것이기 때문에 완전제곱이면 더 좋다). 여기서는 $-x^2+4x+5=0$의 양변에 16을 더하였다.

그 결과 $-x^2+4x+21=16$이 얻어졌고, 좌변은 $(x+3)(7-x)$로 인수분해 되고 우변은 4^2이 얻어졌다. 이제, 양변에 제곱근을 취해 $\sqrt{(x+3)(7-x)}=4$를 얻으면 연역적 문제만들기에서 I단계가 마무리 된다.

이제, 연역적 문제만들기의 II단계이다. 여기서는 방정식 $\sqrt{(x+3)(7-x)}=4$에서 $\sqrt{x+3}+\sqrt{7-x}=3\sqrt{2}$를 만들어야 한다.

이를 위해, 양변에 2를 곱해 $2\sqrt{(x+3)(7-x)}=8$을 만들고, $2\sqrt{(x+3)(7-x)}=8$의 좌변에 $x+3+7-x=10$을 더하고 우변에도 10을 더한다. 그러면, 좌변은 $x+3+2\sqrt{(x+3)(7-x)}+7-x=(\sqrt{x+3}+\sqrt{7-x})^2$이 되고, 우변은 18이 된다. 이제, 양변에 제곱근을 취하면 $\sqrt{x+3}+\sqrt{7-x}=3\sqrt{2}$가 얻어지고 연역적 문제만들기의 II단계가 종료된다.

연역적 문제만들기의 마지막 단계인 III단계를 살펴보자. $\sqrt{x+3}+\sqrt{7-x}=3\sqrt{2}$의 양변에 4를 더했더니, 방정식은 $\sqrt{x+3}+3+\sqrt{7-x}+1=4+3\sqrt{2}$가 되었

다. 이제, $\sqrt{x+3}+3 = \sqrt{(\sqrt{x+3}+3)^2} = \sqrt{12+x+6\sqrt{x+3}}$, $\sqrt{7-x}+1 = \sqrt{(\sqrt{7-x}+1)^2} = \sqrt{8-x+2\sqrt{7-x}}$임을 생각하면, 연역적 문제만들기가 마무리되고 [원래문제3]이 얻어진다.

연역적 문제만들기의 III단계에서 $\sqrt{x+3}+\sqrt{7-x}=3\sqrt{2}$의 양변에 4를 더했는데, 다른 수를 더하면 어떻게 되는지를 살펴보자. 가령, 7을 더해 보자. 그러면, 다음과 같은 식들을 얻을 수 있다.

$$\sqrt{x+3}+1+\sqrt{7-x}+6=7+3\sqrt{2}$$
$$\sqrt{x+3}+2+\sqrt{7-x}+5=7+3\sqrt{2}$$
$$\sqrt{x+3}+3+\sqrt{7-x}+4=7+3\sqrt{2}$$
$$\sqrt{x+3}+4+\sqrt{7-x}+3=7+3\sqrt{2}$$
$$\sqrt{x+3}+5+\sqrt{7-x}+2=7+3\sqrt{2}$$
$$\sqrt{x+3}+6+\sqrt{7-x}+1=7+3\sqrt{2}$$

그리고, 이로부터 다음과 같은 방정식들을 얻을 수 있다.

$$\sqrt{4+x+2\sqrt{x+3}}+\sqrt{43-x+12\sqrt{7-x}}=7+3\sqrt{2}$$
$$\sqrt{7+x+4\sqrt{x+3}}+\sqrt{32-x+10\sqrt{7-x}}=7+3\sqrt{2}$$
$$\sqrt{12+x+6\sqrt{x+3}}+\sqrt{23-x+8\sqrt{7-x}}=7+3\sqrt{2}$$
$$\sqrt{19+x+8\sqrt{x+3}}+\sqrt{16-x+6\sqrt{7-x}}=7+3\sqrt{2}$$
$$\sqrt{28+x+10\sqrt{x+3}}+\sqrt{11-x+4\sqrt{7-x}}=7+3\sqrt{2}$$
$$\sqrt{39+x+12\sqrt{x+3}}+\sqrt{8-x+2\sqrt{7-x}}=7+3\sqrt{2}$$

이 방정식들은 모두 해가 $x=-1, x=5$인 무리방정식이다.

한편, 연역적 문제만들기의 I단계에서 방정식 $-x^2+4x+5=0$의 양변에 16을 더하여, $\sqrt{(x+3)(7-x)}=4$를 얻었다. 이제, 다른 수를 더해서 [원래문제3]과 유사한 다른 문제를 만들어 보자.

가령, $-x^2+4x+5=0$의 양변에 7을 더한다고 하자. 그러면, $-x^2+4x+5+7=7$이 되고, $(x+2)(6-x)=7$이 된다. 양변에 제곱근을 취하면 $\sqrt{(x+2)(6-x)}=\sqrt{7}$이 된다.

이제, 연역적 문제만들기의 II단계를 실행하자. 양변에 2를 곱하고, 양변에 8을 더해 완전제곱식을 만들자.

$$2\sqrt{(x+2)(6-x)}=2\sqrt{7}$$

$$x+2+2\sqrt{(x+2)(6-x)}+6-x=8+2\sqrt{7}$$

$$(\sqrt{x+2}+\sqrt{6-x})^2=8+2\sqrt{7}$$

얻어진 식 $(\sqrt{x+2}+\sqrt{6-x})^2=8+2\sqrt{7}$에 제곱근을 취하면, 다음이 얻어진다.

$$\sqrt{x+2}+\sqrt{6-x}=\sqrt{8+2\sqrt{7}}=1+\sqrt{7}$$

연역적 문제만들기의 III단계를 실행하자. $\sqrt{x+2}+\sqrt{6-x}=1+\sqrt{7}$의 양변에 4를 더한 다음, 제곱근을 취하자.

$$\sqrt{x+2}+3+\sqrt{6-x}+1=4+1+\sqrt{7}$$

$$\sqrt{(\sqrt{x+2}+3)^2}+\sqrt{(\sqrt{6-x}+1)^2}=5+\sqrt{7}$$

이제, 얻어진 식을 정리하면, 다음과 같은 무리방정식을 얻을 수 있다.

$$\sqrt{11+x+6\sqrt{x+2}}+\sqrt{7-x+2\sqrt{6-x}}=5+\sqrt{7}$$

이 무리방정식도 해로 $x=-1, x=5$을 가진다.

살펴본 것과 같이, 연역적 문제만들기에서는 문제해결 과정을 단계별로 나누고 각 단계를 역으로 거슬러 올라가면서 조건들을 변화시켜 다양한 문제들을 만들 수 있다.

이제, $x=-1, x=5$가 아닌 다른 해를 가지는 [원래문제3]과 유사한 문제들을 만들어 보자. 가령, $x=0, x=3$이 해인 무리방정식을 만든다고 하자.

I단계를 진행하자. $x=0, x=3$이 해인 2차방정식은 $x^2-3x=0$ 또는 $-x^2+3x=0$이다. $-x^2+3x=0$의 양변에 적당한 양수를 더해 좌변이 인수분해가 되도록 하자.

양변에 4를 더하면, $-x^2+3x+4=4, (1+x)(4-x)=4$가 된다. 그리고 양변에 제곱근을 취하면, $\sqrt{(x+1)(4-x)}=2$가 된다.

II단계에서는 $\sqrt{(x+1)(4-x)}=2$의 양변에 2를 곱한 다음, 양변에 5를 더한다. 그러면, 다음을 얻을 수 있다.

$$2\sqrt{(x+1)(4-x)}=4$$

$$1+x+2\sqrt{(x+1)(4-x)}+4-x=4+5$$

$$(\sqrt{x+1}+\sqrt{4-x})^2=9$$

얻어진 식에 제곱근을 취하면, $\sqrt{x+1}+\sqrt{4-x}=3$이 된다.

III단계에서는 $\sqrt{x+1}+\sqrt{4-x}=3$의 양변에 같은 수를 더한다. 가령, 양변에 5를 더했다고 하자. 그러면, 다음과 같은 식을 얻을 수 있다.

$$\sqrt{x+1}+1+\sqrt{4-x}+4=8$$

$$\sqrt{x+1}+2+\sqrt{4-x}+3=8$$

$$\sqrt{x+1}+3+\sqrt{4-x}+2=8$$

$$\sqrt{x+1}+4+\sqrt{4-x}+1=8$$

이제, $\sqrt{x+1}+1+\sqrt{4-x}+4=8$을 $\sqrt{(\sqrt{x+1}+1)^2}+\sqrt{(\sqrt{4-x}+4)^2}=8$과 같이 변형시키고 제곱근 안을 정리하면, 다음 무리방정식을 얻을 수 있다.

$$\sqrt{x+2+2\sqrt{x+1}}+\sqrt{20-x+8\sqrt{4-x}}=8$$

나머지 식들로부터 같은 방법으로 다음과 같은 무리방정식을 얻을 수 있다.

$$\sqrt{x+5+4\sqrt{x+1}}+\sqrt{13-x+6\sqrt{4-x}}=8$$

$$\sqrt{x+10+6\sqrt{x+1}}+\sqrt{6-x+4\sqrt{4-x}}=8$$

$$\sqrt{x+17+8\sqrt{x+1}}+\sqrt{5-x+2\sqrt{4-x}}=8$$

이때, 얻어진 4개의 무리방정식은 모두 해로 $x=0, x=3$을 가진다.

이제, 다음 문제를 새로운 원래문제로 하여 문제를 더 만들어보자.

[**원래문제4**] 다음 방정식을 풀어라.

$$\sqrt[3]{x-2}+6\sqrt[3]{x-5}=5\sqrt[6]{(x-2)(x-5)}$$

이 문제는 양변을 세제곱하여 식을 정리한다고 생각할 수 있다. 양변을 세제곱하면 다음이 얻어진다.

$$(\sqrt[3]{x-2}+6\sqrt[3]{x-5})^3=(5\sqrt[6]{(x-2)(x-5)})^3$$

$$x-2+216x-1080+18\sqrt[3]{(x-2)(x-5)}\times(\sqrt[3]{x-2}+6\sqrt[3]{x-5})$$
$$=125\sqrt{(x-2)(x-5)}$$

$$217x-1082+18\sqrt[3]{(x-2)(x-5)}\times 5\sqrt[6]{(x-2)(x-5)}$$
$$=125\sqrt{(x-2)(x-5)}$$

$$217x-1082+90\sqrt{(x-2)(x-5)}=125\sqrt{(x-2)(x-5)}$$

얻어진 방정식의 양변에 제곱근이 있으므로, 좌변의 제곱근을 우변으로 이항하자. 이제, 양변을 제곱하면, 다음을 얻을 수 있다.

$$217x-1082=125\sqrt{(x-2)(x-5)}-90\sqrt{(x-2)(x-5)}$$

$$217x-1082=35\sqrt{(x-2)(x-5)}$$

$$47089x^2-469588x+1170724=1225(x^2-7x+10)$$

$$45864x^2-461013x+1158474=0$$

2차방정식 $45864x^2-461013x+1158474=0$을 인수분해 하자. 과연 가능할까? 어렵지만, 다음과 같이 인수분해 된다.

$$45864x^2-461013x+1158474=(63x-318)(728x-3643)$$

이로부터 방정식의 해 $x=\frac{318}{63}$, $x=\frac{3643}{728}$을 얻을 수 있다.

살펴본 풀이에서와 같이 식 $(217x-1082)^2$을 전개하여 정리하거나, 인수분해 $45864x^2-461013x+1158474=(63x-318)(728x-3643)$을 하는 것은 쉬운 일이 아니다.

다른 접근을 생각하자. [원래문제4]의 방정식을 보면, 좌변에는 두 항의 합 $\sqrt[3]{x-2}+\sqrt[3]{x-5}$가 있고, 우변에는 이 두 항의 곱 $\sqrt[6]{(x-2)(x-5)}$가 있다. 이러한 특징을 살려서 문제를 해결힐 수 있는 방법이 있을끼?

양변을 $\sqrt[6]{(x-2)(x-5)}$로 나누면, 우변에는 상수항만 남게 되고, 좌변도 약분되는 식들이 있다. 식이 어떻게 정리되는지 살펴보자.

$$\frac{\sqrt[3]{x-2}+6\sqrt[3]{x-5}}{\sqrt[6]{(x-2)(x-5)}}=5$$

$$\frac{\sqrt[3]{x-2}}{\sqrt[6]{(x-2)(x-5)}}+\frac{6\sqrt[3]{x-5}}{\sqrt[6]{(x-2)(x-5)}}=5$$

이제, 등식의 좌변에 있는 항들을 약분하면 다음을 얻을 수 있다.

$$\frac{\sqrt[6]{x-2}}{\sqrt[6]{x-5}}+\frac{6\sqrt[6]{x-5}}{\sqrt[6]{x-2}}=5,\qquad \sqrt[6]{\frac{x-2}{x-5}}+6\sqrt[6]{\frac{x-5}{x-2}}=5$$

얻어진 식으로부터 어렵지 않게 치환을 생각할 수 있다. $\sqrt[6]{\frac{x-5}{x-2}}=A$라 하자. 그러면, $\frac{1}{A}+6A=5, 6A^2-5A+1=0$이 얻어진다. $6A^2-5A+1=0$을 인수분해 하면 $(2A-1)(3A-1)=0$이 되고, $A=\frac{1}{2}, A=\frac{1}{3}$이다.

$\sqrt[6]{\frac{x-5}{x-2}}=A$로부터 $\sqrt[6]{\frac{x-5}{x-2}}=\frac{1}{2}$, $\sqrt[6]{\frac{x-5}{x-2}}=\frac{1}{3}$이 된다. $\sqrt[6]{\frac{x-5}{x-2}}=\frac{1}{2}$을 풀면, $\frac{x-5}{x-2}=\frac{1}{64}$이고 $64x-320=x-2$이므로 $x=\frac{318}{63}$이 된다. 한편, $\sqrt[6]{\frac{x-5}{x-2}}=\frac{1}{3}$을 계산하면, $x=\frac{3643}{728}$이 얻어진다.

[원래문제4]의 정의역은 $(x-2)(x-5)\geq 0$, $x\leq 2, x\geq 5$이다([원래문제4]의 정의역을 결정할 때에 고려되지 못한 것은 없는가? 이에 관련하여서는 뒤에서 살펴보기로 하자). 그러므로, $x=\frac{318}{63}$, $x=\frac{3643}{728}$은 모두 [원래문제4]의 해이다. 실제로, $x=\frac{318}{63}$, $x=\frac{3643}{728}$을 [원래문제4]에 대입해도 해가 된다는 것을 확인할 수 있다.

[원래문제4]의 각 항에 $x=\frac{318}{63}$을 대입하여 계산하면, 다음과 같다.

$$\sqrt[3]{x-2}=\sqrt[3]{\frac{318}{63}-2}=\sqrt[3]{\frac{318-126}{63}}=\frac{\sqrt[3]{192}}{\sqrt[3]{63}}=\frac{4\sqrt[3]{3}}{\sqrt[3]{63}}$$

$$6\sqrt[3]{x-5}=6\sqrt[3]{\frac{318}{63}-5}=6\sqrt[3]{\frac{318-315}{63}}=6\frac{\sqrt[3]{3}}{\sqrt[3]{63}}$$

$$5\sqrt[6]{(x-2)(x-5)}=5\sqrt{\sqrt[3]{(x-2)(x-5)}}=5\sqrt{\frac{4\sqrt[3]{3}}{\sqrt[3]{63}}\times\frac{\sqrt[3]{3}}{\sqrt[3]{63}}}=10\frac{\sqrt[3]{3}}{\sqrt[3]{63}}$$

이로부터 $x=\frac{318}{63}$이 [원래문제4]의 해라는 것을 직접 확인할 수 있다. $x=\frac{3643}{728}$도 같은 방법으로 [원래문제4]의 해라는 것을 확인할 수 있다.

이제, 연역적 문제만들기를 시도하자. 이를 위해, [원래문제4]의 문제해결 과정을 분석하여 다음과 같이 단계로 나누자.

1단계. 방정식의 양변을 우변에 있는 식 $\sqrt[6]{(x-2)(x-5)}$로 나누어서 식을 정리하여, $\sqrt[6]{\frac{x-5}{x-2}}$에 대한 등식을 만들었다.

2단계. $\sqrt[6]{\frac{x-5}{x-2}}=A$로 치환하여, A에 대한 2차방정식을 얻었다. 그런 다음, 2차방정식을 풀어 해 α, β를 구하였다.

3단계. $\sqrt[6]{\frac{x-5}{x-2}}=\alpha$, $\sqrt[6]{\frac{x-5}{x-2}}=\beta$를 풀어서 [원래문제4]의 해 x를 구하였다.

이제, 연역적 문제만들기를 시작하자. 문제해결 과정의 3단계에 상응하는 연역적 문제만들기 I단계를 실행하자. $\sqrt[6]{\frac{x-5}{x-2}}=\frac{1}{3}$, $\sqrt[6]{\frac{x-5}{x-2}}=\frac{1}{4}$이라 하자. 이때 $\sqrt[6]{\frac{x-5}{x-2}}=\frac{1}{3}$을 풀면 $x=\frac{3643}{728}$이고, $\sqrt[6]{\frac{x-5}{x-2}}=\frac{1}{4}$을 풀면 $x=\frac{20478}{4095}$이다. 결국, 해가 $x=\frac{3643}{728}$, $x=\frac{20478}{4095}$인 무리방정식을 만들 것이다.

연역적 문제만들기의 I단계에서는 식 $\sqrt[6]{\frac{x-5}{x-2}}$를 생각하고(여기서는 [원래문제4]와 같은 식으로 잡았다), 식 $\sqrt[6]{\frac{x-5}{x-2}}$가 가지는 값 $\frac{1}{3}, \frac{1}{4}$을 정하였다.

이제, 연역적 문제만들기의 II단계로 나아가자. $\sqrt[6]{\frac{x-5}{x-2}}=A$라 두고, $\frac{1}{3}, \frac{1}{4}$을 해로 가지는 A에 대한 2차방정식 $12A^2-7A+1=0$을 만들자. 이 2차방정식의 양변을 A로 나누면, $12A-7+\frac{1}{A}=0, 12A+\frac{1}{A}=7$을 얻는다.

연역적 문제만들기의 III단계에서는 $12A+\frac{1}{A}=7$에 $A=\sqrt[6]{\frac{x-5}{x-2}}$를 대입하자. 그러면, 다음 등식을 얻을 수 있다.

$$12\sqrt[6]{\frac{x-5}{x-2}}+\sqrt[6]{\frac{x-2}{x-5}}=7, \quad \frac{12\sqrt[6]{x-5}}{\sqrt[6]{x-2}}+\frac{\sqrt[6]{x-2}}{\sqrt[6]{x-5}}=7$$

등식의 좌변을 통분하자. 그러면, 다음을 얻을 수 있다.

$$\frac{12\sqrt[6]{(x-5)^2}+\sqrt[6]{(x-2)^2}}{\sqrt[6]{(x-2)(x-5)}}=7$$

이제, 분자의 제곱근을 정리하면, 다음을 얻을 수 있다.

$$\frac{12\sqrt[3]{x-5}+\sqrt[3]{x-2}}{\sqrt[6]{(x-2)(x-5)}}=7$$

분모를 우변으로 이항하면, 해가 $x=\frac{3643}{728}$, $x=\frac{20478}{4095}$인 무리방정식을 다음과 같이 만들 수 있다.

$$12\sqrt[3]{x-5}+\sqrt[3]{x-2}=7\sqrt[6]{(x-2)(x-5)}$$

이 문제의 정의역은 $x\le 2, x\ge 5$이다. 그러므로, $x=\frac{3643}{728}$, $x=\frac{20478}{4095}$은 모두 정의역에 포함되므로 해가 된다. 실제로, $x=\frac{3643}{728}$, $x=\frac{20478}{4095}$을 대입해도 해가 된다는 것을 확인할 수 있다. 가령, 각 항에 $x=\frac{20478}{4095}$을 대입하여 보자.

$$12\sqrt[3]{x-5}=12\sqrt[3]{\frac{20478}{4095}-5}=12\sqrt[3]{\frac{20478-20475}{4095}}=\frac{12\sqrt[3]{3}}{\sqrt[3]{4095}}$$

$$\sqrt[3]{x-2}=6\sqrt[3]{\frac{20478}{4095}-2}=\sqrt[3]{\frac{20478-8190}{4095}}=\sqrt[3]{\frac{12288}{4095}}=\frac{16\sqrt[3]{3}}{\sqrt[3]{4095}}$$

$$7\sqrt[6]{(x-2)(x-5)}=7\sqrt{\sqrt[3]{(x-2)(x-5)}}=7\sqrt{\frac{16\sqrt[3]{3}}{\sqrt[3]{4095}}\times\frac{\sqrt[3]{3}}{\sqrt[3]{4095}}}=\frac{28\sqrt[3]{3}}{\sqrt[3]{4095}}$$

이로부터 $x=\frac{20478}{4095}$이 방정식의 해라는 것을 확인할 수 있다. $x=\frac{3643}{728}$도 같은 방법으로 해가 된다는 것을 확인할 수 있다.

이제, 다른 문제를 만들어 보자. $\sqrt[6]{\frac{x-5}{x-2}}=2$, $\sqrt[6]{\frac{x-5}{x-2}}=3$이라 두자. 앞에서는 $\sqrt[6]{\frac{x-5}{x-2}}$의 값으로 분수를 잡았는데, 여기서는 자연수 $2,3$으로 문제를 만들자.

$\sqrt[6]{\frac{x-5}{x-2}}=2$를 풀면 $x=\frac{123}{63}$이고, $\sqrt[6]{\frac{x-5}{x-2}}=3$을 풀면 $x=\frac{1453}{728}$이다. 결국, 해가 $x=\frac{123}{63}$, $x=\frac{1453}{728}$인 무리방정식을 만들 것이다.

연역적 문제만들기의 II단계로 나가자. $\sqrt[6]{\frac{x-5}{x-2}}=A$라 두고, $2,3$을 해로 가지는 A에 대한 2차방정식 $A^2-5A+6=0$을 만들자. 이 2차방정식의 양변을 A로 나누면, $A-5+\frac{6}{A}=0, A+\frac{6}{A}=5$를 얻는다.

연역적 문제만들기의 III단계에서는 $A+\frac{6}{A}=5$에 $A=\sqrt[6]{\frac{x-5}{x-2}}$를 대입하고, 통분하여 정리하면 다음과 같은 등식을 얻을 수 있다.

$$\frac{\sqrt[3]{x-5}+6\sqrt[3]{x-2}}{\sqrt[6]{(x-2)(x-5)}}=5$$

그리고 분모를 우변으로 이항하면, 해가 $x=\frac{123}{63}$, $x=\frac{1453}{728}$인 다음의 무리방정식을 만들 수 있다.

$$\sqrt[3]{x-5}+6\sqrt[3]{x-2}=5\sqrt[6]{(x-2)(x-5)}$$

이 무리방정식의 정의역은 $x\leq 2, x\geq 5$이므로, $x=\frac{123}{63}$, $x=\frac{1453}{728}$이 무리방정식의 해가 된다고 결론지을 수 있다. 그러나, $x=\frac{123}{63}$, $x=\frac{1453}{728}$을 얻어진 무리방정식에 대입하여 확인하면, 등식이 성립하지 않으며 이 값들은 해가 되지 않는다. 왜 그럴까? 문제를 만드는 과정에서 어떤 오류가 있는가?

문제점은 정의역에 관련하여 찾을 수 있다. 일반적으로 $\sqrt[3]{x}$는 모든 x에 대해 정의되고, $\sqrt[6]{x}$는 $x\geq 0$에 대해 정의된다. 그러므로, $\sqrt[3]{x-5}+6\sqrt[3]{x-2}=5\sqrt[6]{(x-2)(x-5)}$의 정의역으로 $(x-2)(x-5)\geq 0, x\leq 2, x\geq 5$를 생각했던 것이다.

그러나, 정의역과 관련하여 한 가지 고려되지 않은 것이 있다. 무리방정식의 우변이 음이 아니므로, 좌변도 음의 값을 가지면 안된다. x가 2보다 작으면 좌변의 값이 음이 된다. 그러므로 $x\geq 5$인 근들만이 방정식을 만족시킨다. 해 $x=\frac{123}{63}$, $x=\frac{1453}{728}$은 모두 2보다 작기 때문에, 방정식을 만족시키지 못한다.

[원래문제4]와 $\sqrt[6]{\frac{x-5}{x-2}}=\frac{1}{3}$, $\sqrt[6]{\frac{x-5}{x-2}}=\frac{1}{4}$로 놓고 만든 무리방정식의 해들은 모두 2보다 큰 값들이어서 문제가 발생하지 않았던 것이다.

그렇다면, 연역적 문제만들기의 II단계에서 A에 대한 2차방정식 $A^2-5A+6=0$로는 해가 존재하는 무리방정식을 만들 수가 없는 것일까? 이를 위해선, 연역적 문제만들기의 I단계에서 $\sqrt[6]{\frac{x-5}{x-2}}$를 다르게 잡아야 한다. $\sqrt[6]{\frac{x-5}{x-2}}$대신에 $\sqrt[6]{\frac{x+5}{x-2}}$를 잡고, 연역적 문제만들기를 진행하자.

연역적 문제만들기의 I단계에서 다음과 같이 잡자.

$$\sqrt[6]{\frac{x+5}{x-2}}=2, \quad \sqrt[6]{\frac{x+5}{x-2}}=3$$

이때, $\sqrt[6]{\frac{x+5}{x-2}}=2$로부터 $x=\frac{133}{63}$이고, $\sqrt[6]{\frac{x+5}{x-2}}=3$로부터 $x=\frac{1463}{728}$이다.

연역적 문제만들기의 II단계에서 $\sqrt[6]{\frac{x+5}{x-2}}=A$라 두고, $2, 3$을 해로 가지는 A에 대한 2차방정식 $A^2-5A+6=0$에서 $A+\frac{6}{A}=5$를 얻을 수 있다.

$A+\frac{6}{A}=5$에 대해 앞에서와 같이, 연역적 문제만들기의 III단계를 진행하면 다음 무리방정식을 얻을 수 있다.

$$\sqrt[3]{x+5}+6\sqrt[3]{x-2}=5\sqrt[6]{(x-2)(x+5)}$$

이제, $x=\frac{133}{63}$과 $x=\frac{1463}{728}$이 무리방정식의 해라는 것을 확인하자. 여기서는 $x=\frac{133}{63}$을 무리방정식에 대입하여 확인하고, $x=\frac{1463}{728}$에 대해서는 여러분이 직접 확인해 보기 바란다.

$$\sqrt[3]{x+5}=\sqrt[3]{\frac{133}{63}+5}=\sqrt[3]{\frac{448}{63}}=\frac{4\sqrt[3]{7}}{\sqrt[3]{63}}$$
$$6\sqrt[3]{x-2}=6\sqrt[3]{\frac{133}{63}-2}=\frac{6\sqrt[3]{7}}{\sqrt[3]{63}}$$
$$5\sqrt[6]{(x-2)(x+5)}=5\sqrt{\sqrt[3]{(x-2)(x-5)}}=5\sqrt{\frac{4\sqrt[3]{7}}{\sqrt[3]{63}}\times\frac{\sqrt[3]{7}}{\sqrt[3]{63}}}=\frac{10\sqrt[3]{7}}{\sqrt[3]{63}}$$

이로부터 $x=\frac{133}{63}$이 방정식의 해라는 것을 확인할 수 있다.

앞에서 연역적 문제만들기의 I단계에서 $\frac{x-5}{x-2}, \frac{x+5}{x-2}$에 대해 적당한 값을 생각하여 무리방정식을 만들었다. 여기서는 $\frac{x-5}{x+2}$인 경우에 대해 무리방정식을 만들어 보자. 다음과 같이 $\frac{x-5}{x+2}$의 값을 잡자.

$$\sqrt[6]{\frac{x-5}{x+2}}=\frac{1}{3}, \quad \sqrt[6]{\frac{x-5}{x+2}}=\frac{1}{4}$$

이때, $\sqrt[6]{\frac{x-5}{x+2}}=\frac{1}{3}$로부터 $x=\frac{3647}{728}$이고, $\sqrt[6]{\frac{x-5}{x+2}}=\frac{1}{4}$로부터 $x=\frac{20482}{4095}$가 얻어진다.

연역적 문제만들기의 II단계에서 $\sqrt[6]{\frac{x-5}{x+2}}=A$라 두고, $\frac{1}{3}, \frac{1}{4}$을 해로 가지는 A에 대한 2차방정식 $12A+\frac{1}{A}=7$을 얻을 수 있다.

$12A+\frac{1}{A}=7$에 대해 연역적 문제만들기의 III단계를 진행하면, 다음 무리방정식을 얻을 수 있다.

$$12\sqrt[3]{x-5}+\sqrt[3]{x+2}=7\sqrt[6]{(x+2)(x-5)}$$

이제, $x=\frac{3647}{728}$, $x=\frac{20482}{4095}$을 무리방정식에 대입하면 해가 된다는 것을 확인할 수 있다. 여러분이 직접 확인해 보기 바란다.

지금까지 만든 무리방정식은 $12\sqrt[3]{x-5}+\sqrt[3]{x+2}=7\sqrt[6]{(x+2)(x-5)}$와 같이 x의 계수가 모두 1이었다. 이제, x의 계수가 1이 아닌 경우에 대해 문제를 만들어 보자. 이를 위해, 연역적 문제만들기의 I단계에서 $\frac{x-5}{x-2}$와 같이 식을 잡지 않고, 가령 $\frac{3x-5}{2x-3}$와 같이 x의 계수가 1이 아닌 다른 수가 되도록 잡자. 그리고, 이 식의 값을 다음과 같이 놓자.

$$\sqrt[6]{\frac{3x-5}{2x-3}}=\frac{1}{2},\quad \sqrt[6]{\frac{3x-5}{2x-3}}=\frac{1}{3}$$

이때, $\sqrt[6]{\frac{3x-5}{2x-3}}=\frac{1}{2}$로부터 $x=\frac{317}{190}$이고, $\sqrt[6]{\frac{3x-5}{2x-3}}=\frac{1}{3}$로부터 $x=\frac{3642}{2185}$가 얻어진다.

연역적 문제만들기의 II단계에서 $\sqrt[6]{\frac{3x-5}{2x-3}}=A$라 두고, $\frac{1}{2},\frac{1}{3}$을 해로 가지는 A에 대한 2차방정식 $6A^2-5A+1=0$에서 $6A+\frac{1}{A}=5$를 얻을 수 있다.

$6A+\frac{1}{A}=5$에 대해 연역적 문제만들기의 III단계를 진행하자. 그러면 다음 무리방정식을 얻을 수 있다.

$$6\sqrt[3]{3x-5}+\sqrt[3]{2x-5}=5\sqrt[6]{(3x-5)(2x-3)}$$

무리방정식의 정의구역을 생각하자. $(3x-5)(2x-3)\geq 0$, 즉 $x\leq\frac{3}{2}, x\geq\frac{5}{3}$이고, 좌변에서 $x\geq\frac{5}{3}$이어야 한다. 결국, $x\geq\frac{5}{3}$이어야 한다. 앞의 연역적 문제만들기의 I단계에서 확인한 방정식의 해는 $x=\frac{317}{190}$, $x=\frac{3642}{2185}$였다. 이 해들은 $x\geq\frac{5}{3}$이다.

실제로, $x=\frac{317}{190}$, $x=\frac{3642}{2185}$를 방정식 $6\sqrt[3]{3x-5}+\sqrt[3]{2x-5}=5\sqrt[6]{(3x-5)(2x-3)}$

에 대입하여 확인할 수 있다. $x = \frac{3642}{2185}$인 경우를 계산하면, 다음과 같다.

$$
\begin{aligned}
6\sqrt[3]{3x-5} &= 6\sqrt[3]{\frac{3\times 3642}{2185}-5} = 6\sqrt[3]{\frac{10926-10925}{2185}} = \frac{6}{\sqrt[3]{2185}} \\
\sqrt[3]{2x-3} &= \sqrt[3]{\frac{2\times 3642}{2185}-3} = \sqrt[3]{\frac{7284-6555}{2185}} = \sqrt[3]{\frac{729}{2185}} = \frac{9}{\sqrt[3]{2185}} \\
5\sqrt[6]{(3x-5)(2x-3)} &= 5\sqrt{\frac{1}{\sqrt[3]{2185}}\times\frac{9}{\sqrt[3]{2185}}} = \frac{15}{\sqrt[3]{2185}}
\end{aligned}
$$

이로부터 $x = \frac{3642}{2185}$가 방정식의 해라는 것을 확인할 수 있고, $x = \frac{317}{190}$도 유사한 방법으로 확인할 수 있다.

제 7 장.

삼각함수

이 장에서는 학교수학에서 다루는 삼각함수의 기본 개념들, 공식들을 살펴보고, 이를 바탕으로 일반각의 삼각함수 값을 구하였고, 삼각함수 값에 관련된 등식들을 증명하였다.

3차방정식의 근과 계수의 관계를 이용하여, 삼각함수의 새로운 대칭식들을 만든 방법을 소개하였고, 이를 이용하여 다양한 대칭식들도 만들었다. 그리고 세 각에 대해 삼각함수 공식들을 적용하는 방법을 소개하고, 세 각의 삼각함수 공식들도 살펴보았다.

학교수학에서 삼각함수 단원은 식의 변환의 다양성, 삼각함수와 관련된 각들 사이의 관계 파악, 계산에 관련된 직관과 감각을 경험할 수 있는 부분이다. 독자들이 이 장에 제시된 식들을 다루고 공식들을 증명하면서 계산 능력도 기르고, 수학적인 감각도 기르기를 권장한다.

이 장은 다음 소단원으로 구성된다.

- 삼각함수의 기본 공식들
- 삼각함수 값
- 특수각이 아닌 각들의 삼각함수 등식
- 삼각함수의 3배각 공식과 등식
- 세 각의 삼각함수

1. 삼각함수의 기본 공식들

삼각함수에 대한 다음과 같은 공식들을 알고 있다.

$$\tan\alpha = \frac{\sin\alpha}{\cos\alpha}, \quad \sin^2\alpha + \cos^2\alpha = 1 \quad 1 + \tan^2\alpha = \sec^2\alpha$$

$1 + \tan^2\alpha = \sec^2\alpha$와 유사한 공식 $1 + \cot^2\alpha = \csc^2\alpha$는 다음과 같이 얻을 수 있다. 이때, $\csc\alpha = \frac{1}{\sin\alpha}$로 정의되며, $\cot\alpha = \frac{1}{\tan\alpha}$, $\sec\alpha = \frac{1}{\cos\alpha}$을 말한다.

$$1 + \cot^2\alpha = 1 + \left(\frac{\cos\alpha}{\sin\alpha}\right)^2 = \frac{\sin^2\alpha + \cos^2\alpha}{\sin^2\alpha} = \frac{1}{\sin^2\alpha} = \csc^2\alpha$$

이 공식들을 이용하여 삼각함수의 거듭제곱에 관련된 다양한 등식들을 증명할 수 있다. 가령, 다음을 증명할 수 있다.

$$(\sin\alpha + \csc\alpha)^2 + (\cos\alpha + \sec\alpha)^2 - (\tan^2\alpha + \cot^2\alpha) = 7$$

이 등식을 증명하기 위해, 제곱하여 정리하자. 그러면, 다음을 얻을 수 있다.

$$(\sin\alpha + \csc\alpha)^2 = \sin^2\alpha + 2 + \csc^2\alpha$$

$$(\cos\alpha + \sec\alpha)^2 = \cos^2\alpha + 2 + \sec^2\alpha$$

이제, 이들을 대입하여 식을 다음과 같이 정리하자.

$$\begin{aligned}(\sin\alpha + \csc\alpha)^2 + (\cos\alpha + \sec\alpha)^2 - (\tan^\alpha + \cot^2\alpha) &= \sin^2\alpha + 2 + \csc^2\alpha \\ &\quad + \cos^2\alpha + 2 + \sec^2\alpha - \tan^2\alpha - \cot^2\alpha \\ &= (\sin^2\alpha + \cos^2\alpha) + (\sec^2\alpha - \tan^2\alpha) + (\csc^2\alpha - \cot^2\alpha) + 4\end{aligned}$$

이로부터, $(\sin\alpha + \csc\alpha)^2 + (\cos\alpha + \sec\alpha)^2 - (\tan^2\alpha + \cot^2\alpha) = 7$이 증명된다.

삼각함수를 다룰 때도 다항식에서 배웠던 공식들이 사용된다. 예를 들어, 다음 식을 계산한다고 하자.

$$\sin^6\alpha + \cos^6\alpha + 3\sin^2\alpha\cos^2\alpha$$

이 식은 $a^3 + b^3 = (a+b)(a^2 - ab + b^2)$을 이용하여 정리하면 된다. 즉, $\sin^2\alpha = a, \cos^2\alpha = b$라고 생각하면, 다음과 같이 식을 변형시킬 수 있다.

$$\begin{aligned}
&\sin^6\alpha + \cos^6\alpha + 3\sin^2\alpha\cos^2\alpha \\
&\quad = (\sin^2\alpha + \cos^2\alpha)(\sin^4\alpha - \sin^2\alpha\cos^2\alpha + \cos^4\alpha) + 3\sin^2\alpha\cos^2\alpha \\
&\quad = \sin^4\alpha - \sin^2\alpha\cos^2\alpha + \cos^4\alpha + 3\sin^2\alpha\cos^2\alpha \\
&\quad = \sin^4\alpha + 2\sin^2\alpha\cos^2\alpha + \cos^4\alpha \\
&\quad = (\sin^2\alpha + \cos^2\alpha)^2 = 1
\end{aligned}$$

합차 공식

$\sin(\alpha \pm \beta), \cos(\alpha \pm \beta), \tan(\alpha \pm \beta)$에 대한 다음 공식도 알고 있다.

$$\sin(\alpha + \beta) = \sin\alpha\cos\beta + \cos\alpha\sin\beta$$

$$\sin(\alpha - \beta) = \sin\alpha\cos\beta - \cos\alpha\sin\beta$$

$$\cos(\alpha + \beta) = \cos\alpha\cos\beta - \sin\alpha\sin\beta$$

$$\cos(\alpha - \beta) = \cos\alpha\cos\beta + \sin\alpha\sin\beta$$

$$\tan(\alpha + \beta) = \frac{\tan\alpha + \tan\beta}{1 - \tan\alpha\tan\beta}$$

$$\tan(\alpha - \beta) = \frac{\tan\alpha - \tan\beta}{1 + \tan\alpha\tan\beta}$$

이 공식에서 몇 가지 공식들을 유도할 수 있다. $\sin(\alpha+\beta), \sin(\alpha-\beta)$에 대한 등식을 서로 더하면, $\sin(\alpha+\beta) + \sin(\alpha-\beta) = 2\sin\alpha\cos\beta$가 얻어진다. 같은 방법으로, $\sin(\alpha+\beta) - \sin(\alpha-\beta) = 2\cos\alpha\sin\beta$가 된다.

이제, $\alpha+\beta = A, \alpha-\beta = B$라 놓으면, $2\alpha = A+B, \alpha = \frac{A+B}{2}$, $2\beta = A-B, \beta = \frac{A-B}{2}$가 된다. 이로부터, 다음 공식이 유도된다.

$$\sin A + \sin B = 2\sin\frac{A+B}{2}\cos\frac{A-B}{2}$$

$$\sin A - \sin B = 2\cos\frac{A+B}{2}\sin\frac{A-B}{2}$$

같은 방법으로, cos에 대한 다음 공식을 유도할 수 있다.

$$\cos A+\cos B=2\cos\frac{A+B}{2}\cos\frac{A-B}{2}$$
$$\cos A-\cos B=-2\sin\frac{A+B}{2}\sin\frac{A-B}{2}$$

한편, $\sin(\alpha\pm\beta), \cos(\alpha\pm\beta)$에 대한 공식을 $\sin\alpha\cos\beta$, $\cos\alpha\sin\beta$, $\cos\alpha\cos\beta$, $\sin\alpha\sin\beta$에 대해 정리할 수 있다. $\sin(\alpha+\beta)$, $\sin(\alpha-\beta)$에 대한 공식을 서로 더하자. 그러면, 다음을 얻을 수 있다.

$$\sin(\alpha+\beta)+\sin(\alpha-\beta)=2\sin\alpha\cos\beta$$
$$\sin\alpha\cos\beta=\frac{1}{2}\{\sin(\alpha+\beta)+\sin(\alpha-\beta)\}$$

같은 방법으로, 다음 공식을 유도할 수 있다.

$$\cos\alpha\sin\beta=\frac{1}{2}\{\sin(\alpha+\beta)-\sin(\alpha-\beta)\}$$
$$\cos\alpha\cos\beta=\frac{1}{2}\{\cos(\alpha+\beta)+\cos(\alpha-\beta)\}$$
$$\sin\alpha\sin\beta=-\frac{1}{2}\{\cos(\alpha+\beta)-\cos(\alpha-\beta)\}$$

2배각 공식

2배각 공식을 살펴보자. $\sin(\alpha+\beta)=\sin\alpha\cos\beta+\cos\alpha\sin\beta$에서 $\alpha=\beta$로 놓으면, 다음 공식을 유도할 수 있다.

$$\sin 2\alpha=2\sin\alpha\cos\alpha$$

같은 방법으로, cos과 tan에 대한 다음 2배각 공식을 유도할 수 있다.

$$\cos 2\alpha=\cos^2\alpha-\sin^2\alpha=1-2\sin^2\alpha=2\cos^2\alpha-1,\quad \tan 2\alpha=\frac{2\tan\alpha}{1-\tan^2\alpha}$$

2배각 공식을 이용하여 정리할 수 있는 다음 등식을 살펴보자.

$$\cos\alpha\cos 2\alpha\cos 4\alpha\cos 8\alpha\cdots\cos 2^n\alpha$$

가령 $n=3$일 때 살펴보자. 즉, 식 $\cos\alpha\cos2\alpha\cos4\alpha\cos8\alpha$를 정리하자. 이 식의 분자와 분모에 $2\sin\alpha$를 곱하면, 사인 2배각 공식을 이용하여 다음과 같이 정리할 수 있다.

$$\begin{aligned}
&\cos\alpha\cos2\alpha\cos4\alpha\cos8\alpha\\
&\qquad\qquad=\frac{2\cos\alpha\sin\alpha\cos2\alpha\cos4\alpha\cos8\alpha}{2\sin\alpha}\\
&\qquad\qquad=\frac{\sin2\alpha\cos2\alpha\cos4\alpha\cos8\alpha}{2\sin\alpha}
\end{aligned}$$

다시, 분자와 분모에 2를 곱하고 사인 2배각 공식을 이용하자.

$$\begin{aligned}
&\frac{\sin2\alpha\cos2\alpha\cos4\alpha\cos8\alpha}{2\sin\alpha}\\
&\qquad\qquad=\frac{2\sin2\alpha\cos2\alpha\cos4\alpha\cos8\alpha}{2^2\sin\alpha}\\
&\qquad\qquad=\frac{\sin4\alpha\cos4\alpha\cos8\alpha}{2^2\sin\alpha}
\end{aligned}$$

이와 같은 과정을 반복하면 $\cos\alpha\cos2\alpha\cos4\alpha\cos8\alpha=\frac{\sin16\alpha}{2^4\sin\alpha}$가 되고, 이로부터 다음과 같은 일반화를 얻을 수 있다.

$$\cos\alpha\cos2\alpha\cos4\alpha\cos8\alpha\cdots\cos2^n\alpha=\frac{\sin2^{n+1}\alpha}{2^{n+1}\sin\alpha}$$

한편, $\sin2\alpha=2\sin\alpha\cos\alpha$를 $\sin\alpha=2\sin\frac{\alpha}{2}\cos\frac{\alpha}{2}$와 같이 쓸 수 있으므로, 이를 이용하면 $\sin\alpha$와 $\sin\frac{\alpha}{2}$사이의 관계를 더 탐구할 수 있다. $(\sin\frac{\alpha}{2}+\cos\frac{\alpha}{2})^2$을 계산해 보자.

$$\begin{aligned}
\left(\sin\frac{\alpha}{2}+\cos\frac{\alpha}{2}\right)^2&=\sin^2\frac{\alpha}{2}+2\sin\frac{\alpha}{2}\cos\frac{\alpha}{2}+\cos^2\frac{\alpha}{2}\\
&=1+2\sin\frac{\alpha}{2}\cos\frac{\alpha}{2}=1+\sin\alpha
\end{aligned}$$

이제, 양변에 제곱근을 취하면 다음을 얻을 수 있다.

$$\sin\frac{\alpha}{2}+\cos\frac{\alpha}{2}=\pm\sqrt{1+\sin\alpha}$$

같은 방법으로, 다음도 성립함을 알 수 있다.

$$\sin\frac{\alpha}{2}-\cos\frac{\alpha}{2}=\pm\sqrt{1-\sin\alpha}$$

얻어진 두 등식을 더하자. 그러면, 다음을 얻을 수 있다.

$$2\sin\frac{\alpha}{2} = \pm\sqrt{1+\sin\alpha} \pm \sqrt{1-\sin\alpha}$$

$\cos\frac{\alpha}{2}$도 유사한 방법으로 계산할 수 있다. 다음을 얻을 수 있다.

$$2\cos\frac{\alpha}{2} = \pm\sqrt{1+\sin\alpha} \mp \sqrt{1-\sin\alpha}$$

$\sin\frac{\alpha}{2}$와 $\cos\frac{\alpha}{2}$에 대한 두 식을 더하고 빼면, 다음과 같은 식을 얻을 수 있다.

$$\sin\frac{\alpha}{2} + \cos\frac{\alpha}{2} = \pm\sqrt{1+\sin\alpha},\quad \sin\frac{\alpha}{2} - \cos\frac{\alpha}{2} = \pm\sqrt{1-\sin\alpha}$$

가령, $\sin 22.5° + \cos 22.5°, \sin 22.5° - \cos 22.5°$를 구한다고 하자. 그러면, 얻어진 식으로부터 다음을 알 수 있다.

$$\sin 22.5° + \cos 22.5° = \sqrt{1+\sin 45°} = \frac{\sqrt{4+2\sqrt{2}}}{2}$$

$$\sin 22.5° - \cos 22.5° = -\sqrt{1-\sin 45°} = -\frac{\sqrt{4-2\sqrt{2}}}{2}$$

이로부터, $\sin 22.5°$, $\cos 22.5°$는 다음과 같다.

$$\sin 22.5° = \frac{\sqrt{4+2\sqrt{2}} - \sqrt{4-2\sqrt{2}}}{4},\quad \cos 22.5° = \frac{\sqrt{4+2\sqrt{2}} + \sqrt{4-2\sqrt{2}}}{4}$$

한편, $\tan 22.5° = \frac{\sin 22.5°}{\cos 22.5°}$이므로, 다음과 같이 구할 수 있다.

$$\tan 22.5° = \frac{\sqrt{4+2\sqrt{2}} - \sqrt{4-2\sqrt{2}}}{\sqrt{4+2\sqrt{2}} + \sqrt{4-2\sqrt{2}}} = \sqrt{2} - 1$$

살펴본 방법을 이용하면, 특수각 α에 대해 $\sin\frac{\alpha}{2}, \cos\frac{\alpha}{2}, \tan\frac{\alpha}{2}$의 값을 구할 수 있다.

각 α에 대한 삼각함수 값과 $\frac{\alpha}{2}$의 삼각함수 값 사이의 관계를 탐구하였다. 이제, α와 $\frac{\alpha}{2}$의 관계를 나타내는 다른 공식인 반각 공식을 살펴보자.

반각 공식

코사인 2배각 공식 $\cos 2\alpha = 1 - 2\sin^2\alpha$에서 $2\alpha = A$라 두면, $\cos A = 1 - 2\sin^2\frac{A}{2}$가 된다. 이로부터, 다음과 같은 사인 반각 공식이 얻어진다.

$$\sin^2\frac{A}{2} = \frac{1-\cos A}{2},\quad \sin\frac{A}{2} = \pm\sqrt{\frac{1-\cos A}{2}}$$

한편, $\cos 2\alpha = 2\cos^2\alpha - 1$에서 코사인 반각 공식이 다음과 같이 얻어진다.

$$\cos^2\frac{A}{2} = \frac{1+\cos A}{2}, \quad \cos\frac{A}{2} = \pm\sqrt{\frac{1+\cos A}{2}}$$

그리고, $\tan\frac{A}{2} = \frac{\sin\frac{A}{2}}{\cos\frac{A}{2}}$이 성립하므로, 다음을 알 수 있다.

$$\tan^2\frac{A}{2} = \frac{1-\cos A}{1+\cos A}, \quad \tan\frac{A}{2} = \pm\sqrt{\frac{1-\cos A}{1+\cos A}}$$

얻어진 반각 공식을 이용하여 다양한 등식을 증명할 수 있다. 예를 들어, 다음 등식을 증명한다고 하자.

$$1 + \tan\alpha\tan\frac{\alpha}{2} = \sec\alpha$$

$\tan\alpha = \frac{\sin\alpha}{\cos\alpha}$라는 것과 $\tan\frac{\alpha}{2} = \sqrt{\frac{1-\cos\alpha}{1+\cos\alpha}}$를 이용하자.

$$\begin{aligned}1 + \tan\alpha\tan\frac{\alpha}{2} &= 1 + \left(\frac{\sin\alpha}{\cos\alpha}\right)\left(\sqrt{\frac{1-\cos\alpha}{1+\cos\alpha}}\right)\\ &= 1 + \frac{\sin\alpha}{\cos\alpha}\sqrt{\frac{(1-\cos\alpha)^2}{1-\cos^2\alpha}}\\ &= 1 + \frac{\sin\alpha}{\cos\alpha}\sqrt{\frac{(1-\cos\alpha)^2}{\sin^2\alpha}}\\ &= 1 + \frac{1-\cos\alpha}{\cos\alpha} = \frac{1}{\cos\alpha} = \sec\alpha\end{aligned}$$

$\tan\frac{A}{2}$에 대한 식을 더 살펴보자. $\tan\frac{A}{2} = \frac{\sin\frac{A}{2}}{\cos\frac{A}{2}}$라는 것을 생각하자. 배각 공식과 반각 공식을 이용하면, 다음을 얻을 수 있다.

$$\tan\frac{A}{2} = \frac{\sin\frac{A}{2}}{\cos\frac{A}{2}} = \frac{\sin\frac{A}{2}\cdot 2\cos\frac{A}{2}}{\cos\frac{A}{2}\cdot 2\cos\frac{A}{2}} = \frac{\sin A}{2\cos^2\frac{A}{2}} = \frac{\sin A}{1+\cos A}$$

결국, $\tan\frac{A}{2} = \frac{\sin A}{1+\cos A}$가 성립한다. $\tan\frac{A}{2} = \frac{\sin A}{1+\cos A}$는 다음과 같이 변형시킬 수 있다.

$$\begin{aligned}\tan\frac{A}{2} &= \frac{\sin A}{1+\cos A} = \frac{\sin A(1-\cos A)}{(1+\cos A)(1-\cos A)} = \frac{\sin A(1-\cos A)}{1-\cos^2 A}\\ &= \frac{\sin A(1-\cos A)}{\sin^2 A} = \frac{1-\cos A}{\sin A}\end{aligned}$$

이로부터, 다음을 알 수 있다.

$$\tan\frac{A}{2}=\frac{\sin A}{1+\cos A}=\frac{1-\cos A}{\sin A}$$

$\tan\frac{A}{2}=\pm\sqrt{\frac{1-\cos A}{1+\cos A}}$에서는 $\tan\frac{A}{2}$를 $\cos A$를 이용하여 구했는데, $\tan\frac{A}{2}=\frac{\sin A}{1+\cos A}$에서는 $\tan\frac{A}{2}$를 $\sin A$, $\cos A$를 이용하여 구한다.

3배각 공식

$\sin 3\alpha, \cos 3\alpha, \tan 3\alpha$에 대한 3배각 공식을 살펴보자. 우선, $\sin 3\alpha$를 다음과 같이 유도할 수 있다.

$$\begin{aligned}\sin(2\alpha+\alpha)&=\sin 2\alpha\cos\alpha+\cos 2\alpha\sin\alpha\\&=2\sin\alpha\cos\alpha\cos\alpha+(1-2\sin^2\alpha)\sin\alpha\\&=2\sin\alpha(1-\sin^2\alpha)+\sin\alpha-2\sin^3\alpha\\&=2\sin\alpha-2\sin^3\alpha+\sin\alpha-2\sin^3\alpha\\&=3\sin\alpha-4\sin^3\alpha\end{aligned}$$

즉, $\sin 3\alpha=3\sin\alpha-4\sin^3\alpha$가 된다. 이제, 코사인 3배각 공식을 생각하자. 코사인 3배각 공식은 사인 3배각 공식과 유사한 방법으로 유도할 수 있다.

$$\begin{aligned}\cos(2\alpha+\alpha)&=\cos 2\alpha\cos\alpha-\sin 2\alpha\sin\alpha\\&=(2\cos^2\alpha-1)\cos\alpha-2\sin\alpha\cos\alpha\sin\alpha\\&=2\cos^3\alpha-\cos\alpha-2\sin^2\alpha\cos\alpha\\&=2\cos^3\alpha-\cos\alpha-2(1-\cos^2\alpha)\cos\alpha\\&=4\cos^3\alpha-3\cos\alpha\end{aligned}$$

이로부터, $\cos 3\alpha=4\cos^3\alpha-3\cos\alpha$가 됨을 알 수 있다. 탄젠트 3배각 공식도 사인 3배각 공식, 코사인 3배각 공식과 유사한 방법으로 유도할 수 있다. 탄젠트 3배각 공식은 다음과 같다.

$$\tan 3\alpha=\frac{3\tan\alpha-\tan^3\alpha}{1-3\tan^2\alpha}$$

사인 3배각 공식을 보면, $\sin^3 \alpha$를 $\sin \alpha$, $\sin 3\alpha$로 표현할 수 있음을 알 수 있다. 코사인 3배각 공식도 마찬가지이다. 사인 3배각 공식, 코사인 3배각 공식을 다음과 같이 쓸 수 있다.

$$\sin^3 \alpha = \frac{3\sin \alpha - \sin 3\alpha}{4}, \quad \cos^3 \alpha = \frac{3\cos \alpha + \cos 3\alpha}{4}$$

한편, 탄젠트 3배각 공식은 다음과 같이 쓸 수 있다.

$$\tan^3 \alpha = 3\tan^2 \alpha \tan 3\alpha + 3\tan \alpha - \tan 3\alpha$$

3배각 공식을 이용하면 삼각함수의 차수를 낮출 수 있다. 예를 들어, $\sin^3 2\alpha \cos^3 2\alpha$를 정리하여 차수를 낮춘다고 하자. 그러면, 사인 3배각 공식과 코사인 3배각 공식을 이용하여 다음과 같이 정리할 수 있다.

$$\begin{aligned}\sin^3 2\alpha \cos^3 2\alpha &= \left(\frac{3\sin 2\alpha - \sin 6\alpha}{4}\right)\left(\frac{3\cos 2\alpha + \cos 6\alpha}{4}\right)\\ &= \frac{9\sin 2\alpha \cos 2\alpha + 3\sin 2\alpha \cos 6\alpha - 3\sin 6\alpha \cos 2\alpha - \sin 6\alpha \cos 6\alpha}{16}\\ &= \frac{\frac{9}{2}\sin 4\alpha + 3(\sin 2\alpha \cos 6\alpha - \sin 6\alpha \cos 2\alpha) - \frac{1}{2}\sin 12\alpha}{16}\end{aligned}$$

이제, $\sin 2\alpha \cos 6\alpha - \sin 6\alpha \cos 2\alpha = \sin(-4)\alpha = -\sin 4\alpha$임을 생각하면, 다음을 얻을 수 있다.

$$\begin{aligned}&\frac{\frac{9}{2}\sin 4\alpha + 3(\sin 2\alpha \cos 6\alpha - \sin 6\alpha \cos 2\alpha) - \frac{1}{2}\sin 12\alpha}{16}\\ &= \frac{\frac{9}{2}\sin 4\alpha - 3\sin 4\alpha - \frac{1}{2}\sin 12\alpha}{16}\\ &= \frac{9\sin 4\alpha - 6\sin 4\alpha - \sin 12\alpha}{32}\\ &= \frac{3\sin 4\alpha - \sin 12\alpha}{32}\end{aligned}$$

결국, $\sin^3 2\alpha \cos^3 2\alpha$의 차수를 낮추어 $\sin 4\alpha$, $\sin 12\alpha$로 나타냈다. 방정식에서 차수를 낮추는 것이 중요했다는 것을 감안하면, 3배각 공식이나 2배각 공식, 반각 공식을 이용하여 식의 차수를 낮추는 것도 알아두면 유익할 것이다.

5배각 공식

2배각 공식과 3배각 공식을 이용하면 5배각 공식도 유도할 수 있다. 가령, 코사인 5배각 공식을 유도한다고 하자.

$$\begin{aligned}\cos(2\alpha+3\alpha) &= \cos 2\alpha\cos 3\alpha - \sin 2\alpha \sin 3\alpha \\ &= (2\cos^2\alpha - 1)(4\cos^3\alpha - 3\cos\alpha) - (2\sin\alpha\cos\alpha)(3\sin\alpha - 4\sin^3\alpha) \\ &= (8\cos^5\alpha - 10\cos^3\alpha + 3\cos\alpha) - (2\sin^2\alpha\cos\alpha)(3 - 4\sin^2\alpha) \\ &= (8\cos^5\alpha - 10\cos^3\alpha + 3\cos\alpha) - \{2(1-\cos^2\alpha)\cos\alpha\}\{3 - 4(1-\cos^2\alpha)\} \\ &= 16\cos^5\alpha - 20\cos^3\alpha + 5\cos\alpha\end{aligned}$$

코사인 5배각 공식의 식은 복잡하지만, $\cos 5\alpha = \cos(2\alpha + 3\alpha)$로 구할 수 있다는 것을 알아두는 것은 유익할 것이다. $\sin 5\alpha$의 식도 구해보기 바란다.

2. 삼각함수 값

특수각으로 $0°, 30°, 45°, 60°, 90°$에 대한 sin, cos, tan값을 배운다. 특수각들은 그 크기가 모두 3의 배수인데, 여기서는 $x = 3k$에 대해 $x°$의 삼각함수 값을 구해보자(k는 자연수이다). 즉, $3°, 6°, 9°, \cdots, 81°, 84°, 87°$에 대해 삼각함수 값을 구하자.

$15°, 75°$의 삼각함수 값 $\sin 15°, \sin 75°$의 값을 다음과 같이 사인 합차 공식을 이용해서 구할 수 있다.

$$\sin(45° \pm 30°) = \sin 45° \cos 30° \pm \cos 45° \sin 30°$$

$\sin 45° = \cos 45° = \frac{\sqrt{2}}{2}, \cos 30° = \frac{\sqrt{3}}{2}, \sin 30° = \frac{1}{2}$이기 때문에, $\sin 75°$를 다음과 같이 계산할 수 있다.

$$\begin{aligned}\sin 75° = \sin(45° + 30°) &= \sin 45° \cos 30° + \cos 45° \sin 30° \\ &= \frac{\sqrt{2}}{2}\cdot\frac{\sqrt{3}}{2} + \frac{\sqrt{2}}{2}\cdot\frac{1}{2} = \frac{\sqrt{6}+\sqrt{2}}{4}\end{aligned}$$

$\sin 15°$도 다음과 같이 계산할 수 있다.

$$\begin{aligned}\sin 15° &= \sin(45° - 30°) = \sin 45° \cos 30° - \cos 45° \sin 30° \\ &= \frac{\sqrt{2}}{2} \cdot \frac{\sqrt{3}}{2} - \frac{\sqrt{2}}{2} \cdot \frac{1}{2} = \frac{\sqrt{6} - \sqrt{2}}{4}\end{aligned}$$

결국, $\sin 15°$, $\sin 75°$는 다음과 같다.

$$\sin 15° = \frac{\sqrt{6} - \sqrt{2}}{4}, \quad \sin 75° = \frac{\sqrt{6} + \sqrt{2}}{4}$$

얻어진 $\sin 15°$와 $\sin 75°$의 값을 보면, $\sin 15° \sin 75° = \frac{1}{4}$이 된다는 것을 알 수 있다. 그런데, $\sin 15° \sin 75° = \frac{1}{4}$이 된다는 것은 $\sin 15°$와 $\sin 75°$의 값을 구체적으로 구하지 않고도 다음과 같이 증명할 수 있다.

$$\sin 15° \sin 75° = \sin 15° \sin(90° - 15°) = \sin 15° \cos 15° = \frac{1}{2} \sin 30° = \frac{1}{4}$$

한편, $\sin 15°$의 값을 반각 공식과 $\sin 30°$를 이용하여 구할 수도 있다. 반각 공식에 의해, $\sin^2 \frac{\alpha}{2} = \frac{1-\cos\alpha}{2}$가 성립한다. 이 공식을 이용하여 $\sin 15°$를 다음과 같이 구할 수 있다.

$$\begin{aligned}\sin^2 15° &= \frac{1 - \cos 30°}{2} = \frac{1 - \frac{\sqrt{3}}{2}}{2} = \frac{2 - \sqrt{3}}{4} \\ \sin 15° &= \sqrt{\frac{2 - \sqrt{3}}{4}} = \frac{\sqrt{2 - \sqrt{3}}}{2} = \frac{\sqrt{8 - 2\sqrt{12}}}{4} = \frac{\sqrt{6} - \sqrt{2}}{4}\end{aligned}$$

한편, $\cos(90° - \alpha) = \sin\alpha$가 성립하므로, $\cos 15°, \cos 75°$를 다음과 같이 구할 수 있다.

$$\cos 15° = \sin 75° = \frac{\sqrt{6} + \sqrt{2}}{4}, \quad \cos 75° = \sin 15° = \frac{\sqrt{6} - \sqrt{2}}{4}$$

얻어진 $\sin 15°$와 $\cos 15°$의 값을 보면, $\cos 15° - \sin 15° = \frac{\sqrt{2}}{2}$가 된다는 것을 알 수 있다. 이것은 반각에 관련하여 보았던 $\sin\frac{\alpha}{2} - \cos\frac{\alpha}{2} = \pm\sqrt{1 - \sin\alpha}$를 이용해서도 다음과 같이 증명할 수 있다.

$$\cos 15° - \sin 15° = \sqrt{1 - \sin 30°} = \sqrt{\frac{1}{2}} = \frac{\sqrt{2}}{2}$$

이제, $\tan\alpha = \frac{\sin\alpha}{\cos\alpha}$이므로, $\tan 15^\circ = \frac{\sqrt{6}-\sqrt{2}}{\sqrt{6}+\sqrt{2}} = 2-\sqrt{3}$이 된다. 그리고 $\tan(90^\circ - \alpha) = \cot\alpha$가 되므로, $\tan 75^\circ = \cot 15^\circ = \frac{1}{\tan 15^\circ} = \frac{1}{2-\sqrt{3}} = 2+\sqrt{3}$이 됨을 알 수 있다.

$\tan 15^\circ$의 값을 구하는 다른 방법을 살펴보자. $\sin 15^\circ, \cos 15^\circ$를 구했던 것처럼, $\tan 15^\circ = \tan(45^\circ - 30^\circ)$를 이용해서도 구할 수 있다.

한편, 탄젠트 2배각 공식 $\tan 2\alpha = \frac{2\tan\alpha}{1-\tan^2\alpha}$를 이용하여 $\tan 15^\circ$를 구할 수 있다. 이 식에 $\alpha = 15^\circ$를 대입하면, $\tan 30^\circ = \frac{2\tan 15^\circ}{1-\tan^2 15^\circ}$가 되며 다음 등식을 얻을 수 있다.

$$\frac{\sqrt{3}}{3} = \frac{2\tan 15^\circ}{1-\tan^2 15^\circ}$$

이로부터, 2차방정식 $\tan^2 15^\circ + 2\sqrt{3}\tan 15^\circ - 1 = 0$이 얻어진다. 2차방정식을 풀면, $\tan 15^\circ = 2-\sqrt{3}$이다.

반각 공식을 이용해서도 $\tan 15^\circ$를 구할 수 있다. $\tan^2\frac{\alpha}{2} = \frac{1-\cos\alpha}{1+\cos\alpha}$이므로, 다음을 얻을 수 있다.

$$\tan^2 15^\circ = \frac{1-\cos 30^\circ}{1+\cos 30^\circ} = \frac{1-\frac{\sqrt{3}}{2}}{1+\frac{\sqrt{3}}{2}} = \frac{2-\sqrt{3}}{2+\sqrt{3}} = (2-\sqrt{3})^2$$

이로부터 $\tan 15^\circ = 2-\sqrt{3}$이 된다.

이제, $\tan^2 15^\circ = \sec^2 15^\circ - 1$을 이용해서 $\tan 15^\circ$를 구해보자. $\sec 15^\circ = \frac{1}{\cos 15^\circ}$이므로, 다음을 알 수 있다.

$$\begin{aligned}\tan^2 15^\circ &= \left(\frac{4}{\sqrt{6}+\sqrt{2}}\right)^2 - 1 = \frac{4}{2+\sqrt{3}} - 1 \\ &= 7-4\sqrt{3} = 7-2\sqrt{12} \\ \tan 15^\circ &= \sqrt{7-2\sqrt{12}} = 2-\sqrt{3}\end{aligned}$$

$\tan 15^\circ$의 값을 다음 그림을 이용하여 구할 수도 있다. 밑각이 75°이고 $\overline{AB} = \overline{AC} = 1$인 이등변삼각형 ABC를 생각하자. 밑각에서 $\angle ABD = 60^\circ$가 되도록 선분 BD를 긋자. 그러면, $\angle ADB = \angle BDC = 90^\circ$인 직각삼각형 ABD, CBD가 얻어진다.

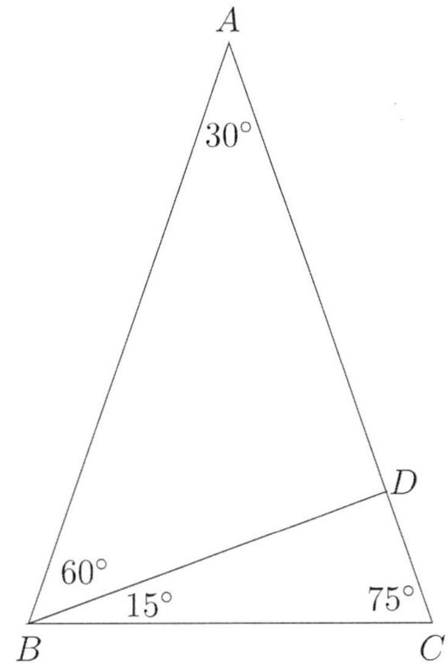

직각삼각형 ABD를 보자. $\sin 30^\circ = \frac{\overline{BD}}{1}$에서 $\overline{BD} = \frac{1}{2}$이다. 코사인을 이용하면 $\overline{AD} = \frac{\sqrt{3}}{2}$이므로, $\overline{CD} = 1 - \frac{\sqrt{3}}{2} = \frac{2-\sqrt{3}}{2}$이다. 삼각형 BDC에서 $\tan 15^\circ = \frac{\overline{CD}}{\overline{BD}}$이므로, $\tan 15^\circ = 2 - \sqrt{3}$이다.

한편, $\tan 75^\circ = \tan(90^\circ - 15^\circ) = \cot 15^\circ = \frac{1}{\tan 15^\circ}$이므로, $\tan 75^\circ$를 다음과 같이 구할 수 있다.

$$\tan 75^\circ = \frac{1}{\tan 15^\circ} = \frac{1}{2 - \sqrt{3}} = 2 + \sqrt{3}$$

$\tan 15^\circ = 2 - \sqrt{3}$이고 $\tan 75^\circ = 2 + \sqrt{3}$이므로, $\tan 15^\circ + \tan 75^\circ = \tan 15^\circ + \cot 15^\circ = 4$가 됨을 알 수 있다.

이 등식은 다음과 같은 방법으로도 구할 수 있다.

$$\begin{aligned}\tan 15^\circ + \cot 15^\circ &= \frac{\sin 15^\circ}{\cos 15^\circ} + \frac{\cos 15^\circ}{\sin 15^\circ} = \frac{\sin^2 15^\circ + \cos^2 15^\circ}{\cos 15^\circ \sin 15^\circ} \\ &= \frac{1}{\frac{1}{2}\sin 30^\circ} = 4\end{aligned}$$

$18^\circ, 72^\circ$의 삼각함수 값 $\sin 18^\circ$의 값은 각 18°가 $5 \times 18^\circ = 90^\circ$라는 것을 이용하여 구할 수 있다. 가령, $\alpha = 18^\circ$라 하면, $5\alpha = 90^\circ, 3\alpha = 90^\circ - 2\alpha$이다. 이러한 18°의 특징을 이용하면, $\sin 18^\circ$를 2차방정식, 3차방정식과 관련지을 수 있다.

우선, $\sin 18°$를 근으로 가지는 2차방정식을 만들어보자. $\sin 2\alpha = 2\sin\alpha\cos\alpha$인데, sin에 대한 이차식을 얻기 위해, $2\sin\alpha\cos\alpha$의 분자와 분모에 $\sin\alpha$를 곱하자. 그러면,

$$\sin 2\alpha = 2\sin\alpha\cos\alpha = \frac{2\sin^2\alpha\cos\alpha}{\sin\alpha}, \quad 2\sin^2\alpha = \frac{\sin\alpha\sin 2\alpha}{\cos\alpha}$$

가 된다. 이제 $\sin\alpha\sin 2\alpha$를 다음과 같이 변형시키자.

$$\sin\alpha\sin 2\alpha = -\frac{1}{2}\{\cos(\alpha+2\alpha) - \cos(\alpha-2\alpha)\} = \frac{1}{2}\{\cos\alpha - \cos 3\alpha\}$$

얻어진 식을 $2\sin^2\alpha = \frac{\sin\alpha\sin 2\alpha}{\cos\alpha}$에 대입하자. 그러면, 다음을 얻을 수 있다.

$$2\sin^2\alpha = \frac{\cos\alpha - \cos 3\alpha}{2\cos\alpha}$$

이제 $\alpha = 18°$일 때에 $3\alpha = 90° - 2\alpha$임을 생각하면,

$$2\sin^2\alpha = \frac{\cos\alpha - \cos 3\alpha}{2\cos\alpha} = \frac{\cos\alpha - \cos(90° - 2\alpha)}{2\cos\alpha} = \frac{\cos\alpha - \sin 2\alpha}{2\cos\alpha}$$

가 된다. 이로부터 다음을 알 수 있다.

$$4\sin^2\alpha = \frac{\cos\alpha - \sin 2\alpha}{\cos\alpha} = 1 - \frac{\sin 2\alpha}{\cos\alpha} = 1 - 2\sin\alpha$$

즉, $\sin\alpha$에 대한 2차방정식 $4\sin^2\alpha + 2\sin\alpha - 1 = 0$이 유도된다.

이제, $\sin\alpha = t$로 치환하면(이때 $0 < t < 1$이다), $4t^2 + 2t - 1 = 0$으로부터 $t = \frac{-1\pm\sqrt{5}}{4}$이다. 결국, 다음을 얻을 수 있다.

$$t = \sin 18° = \frac{-1+\sqrt{5}}{4}$$

$\sin^2 18° + \cos^2 18° = 1$이므로, $\sin 18° = \frac{-1+\sqrt{5}}{4}$를 대입하면 다음을 얻을 수 있다.

$$\cos 18° = \frac{\sqrt{10+2\sqrt{5}}}{4}$$

한편, $\tan 18°$는 $\tan 18° = \frac{\sin 18°}{\cos 18°}$를 이용하여, 다음과 같은 방법으로 구할 수 있다.

$$\begin{aligned}\tan 18° = \frac{\sin 18°}{\cos 18°} &= \frac{\frac{-1+\sqrt{5}}{4}}{\frac{\sqrt{10+2\sqrt{5}}}{4}} = \frac{-1+\sqrt{5}}{\sqrt{10+2\sqrt{5}}} \\ &= \frac{\sqrt{6-2\sqrt{5}}}{\sqrt{10+2\sqrt{5}}} = \sqrt{\frac{6-2\sqrt{5}}{10+2\sqrt{5}}} = \sqrt{\frac{(6-2\sqrt{5})(10-2\sqrt{5})}{(10+2\sqrt{5})(10-2\sqrt{5})}} \\ &= \sqrt{\frac{80-32\sqrt{5}}{80}} = \sqrt{\frac{10-4\sqrt{5}}{10}} = \sqrt{\frac{5-2\sqrt{5}}{5}}\end{aligned}$$

결국, $\tan 18° = \sqrt{\frac{5-2\sqrt{5}}{5}}$가 된다는 것을 알 수 있다.

한편, $\sin 72°$와 $\cos 72°$는 다음과 같이 구할 수 있다.

$$\sin 72° = \cos 18° = \frac{\sqrt{10+2\sqrt{5}}}{4}, \quad \cos 72° = \sin 18° = \frac{-1+\sqrt{5}}{4}$$

그리고 $\tan 72° = \frac{\sqrt{10+2\sqrt{5}}}{-1+\sqrt{5}}$이다.

$\sin 18°$를 근으로 가지는 2차방정식을 만들어서 $\sin 18°$의 값을 구했는데, $\sin 18°$를 근으로 가지는 3차방정식도 만들 수 있다. $\alpha = 18°$일 때에 다음이 성립한다.

$$\sin 3\alpha = \sin(90° - 2\alpha) = \cos 2\alpha, \quad \sin 3\alpha = \cos 2\alpha$$

사인 3배각 공식에 의해, $\sin 3\alpha = 3\sin\alpha - 4\sin^3\alpha$이다. 이제, $\sin 3\alpha = \cos 2\alpha$를 다시 쓰면, $3\sin\alpha - 4\sin^3\alpha = 1 - 2\sin^2\alpha$가 된다. $\sin\alpha = t$로 치환하면(이때 $0 < t < 1$이다), $4t^3 - 2t^2 - 3t + 1 = 0, (t-1)(4t^2+2t-1) = 0$이 된다. $t \neq 1$이므로, $4t^2 + 2t - 1 = 0$이며, 방금 전에 살펴본 2차방정식이 얻어진다.

$54°, 36°$의 삼각함수 값 $\sin 18°$를 구할 때에 $3\alpha = 90° - 2\alpha$임을 이용해, $\sin 3\alpha = \cos 2\alpha$로 변형시켜 $\sin\alpha$에 대한 식을 유도했다. 이 방법을 다른 각의 삼각함수를 구할 때 이용할 수 있을까? $3\alpha + 2\alpha = 90°$를 이용했기 때문에, $90° \times 3 = 270°$를 조사해 보자. 즉, $5\beta = 270°$가 되는 $\beta = 54°$에 대해 조사하자.

$3\beta = 270° - 2\beta$이기 때문에, 다음 식을 생각할 수 있다.

$$2\sin^2\beta = \frac{\cos\beta - \cos 3\beta}{2\cos\beta} = \frac{\cos\beta - \cos(270° - 2\beta)}{2\cos\beta} = \frac{\cos\beta + \sin 2\beta}{2\cos\beta}$$

결국, $4\sin^2\beta = 1 + \frac{\sin 2\beta}{\cos\beta}$가 얻어졌고, 다음을 알 수 있다.

$$4\sin^2 54° = 1 + 2\sin 54°, \quad 4\sin^2 54° - 2\sin 54° - 1 = 0$$

이제, $\sin 54°$에 대한 2차방정식을 풀면, $\sin 54° = \frac{1+\sqrt{5}}{4}$가 된다. 그리고 $\cos 36° = \sin 54° = \frac{1+\sqrt{5}}{4}$이다.

한편, $\sin^2 54° + \cos^2 54° = 1$을 이용하자. 그러면, 다음을 알 수 있다.

$$\cos 54° = \sqrt{1 - \sin^2 54°} = \sqrt{1 - \frac{(1+\sqrt{5})^2}{16}} = \frac{1}{4}\sqrt{10 - 2\sqrt{5}}$$

이로부터 $\sin 36° = \frac{1}{4}\sqrt{10 - 2\sqrt{5}}$임을 알 수 있다.

이제, $36°$에 관련된 등식들을 살펴보자. 우선, $\cos 36° \cos 72° = \frac{1}{4}$이 된다는 것을 보이자. 식 $\cos 36° \cos 72°$의 분자와 분모에 $2\sin 36°$를 곱하고 사인 배각 공식을 이용하면, 다음과 같이 정리할 수 있다.

$$\begin{aligned}\cos 36° \cos 72° &= \frac{2\cos 36° \cos 72° \sin 36°}{2\sin 36°} = \frac{\sin 72° \cos 72°}{2\sin 36°} \\ &= \frac{\sin 144°}{4\sin 36°} = \frac{\sin 36°}{4\sin 36°} = \frac{1}{4}\end{aligned}$$

한편, $\cos 36° - \cos 72° = \frac{1}{2}$이 된다. 이 등식은 코사인 합차 공식을 이용하여 증명을 시작할 수 있다.

$$\cos 36° - \cos 72° = -2\sin\frac{108°}{2}\sin\frac{-36°}{2} = 2\sin 54° \sin 18°$$

이제, 얻어진 식의 분자와 분모에 $2\cos 18° \cos 54°$를 곱하여, 배각 공식을 이용하여 식을 정리하자.

$$2\sin 54° \sin 18° = \frac{4\sin 18° \cos 18° \sin 54° \cos 54°}{2\cos 18° \cos 54°} = \frac{\sin 36° \sin 108°}{2\cos 18° \cos 54°}$$

$\cos 18° = \sin(90° + 18°) = \sin 108°$이고 $\cos 54° = \sin(90° + 54°) = \sin 144° = \sin 36°$이므로, 다음 등식이 성립한다.

$$\frac{\sin 36° \sin 108°}{2\cos 18° \cos 54°} = \frac{\sin 36° \sin 108°}{2\sin 108° \sin 36°} = \frac{1}{2}$$

삼각함수 등식의 증명은 등식에 포함된 각들의 특성에 근거하여 진행되는 경우가 많다. 등식 $\cos 36° - \cos 72° = \frac{1}{2}$에서는 각 36°와 72°가 중요한 역할을 한다.

$\cos 36° - \cos 72° = \frac{1}{2}$의 증명을 분석해 보자. 이 증명에서는 (1) 코사인 합차 공식을 이용하여, 코사인 36°, 72°에서 사인 54°, 18°가 얻어졌다. 이때 분자와 분모에 $2\cos 18° \cos 54°$를 곱해, 분자에는 사인과 코사인의 54°, 18°가 있고, 분모에는 코사인 54°, 18°가 있게 된다. (2) 배각 공식에 의해 분자에는 사인 108°, 36°가 만들어졌다. (3) $\cos\alpha = \sin(90° + \alpha)$에 의해, 분모에 있는 $\cos 18°$가 $\sin 108°$가 되고 $\cos 54°$는 $\sin 36°$가 되어, 원하는 등식이 증명되었다.

$\cos 36° - \cos 72° = \frac{1}{2}$의 증명에 나타난 각 36°와 72°에 관련된 각들 사이의 관련성을 그림으로 나타내면 다음과 같다.

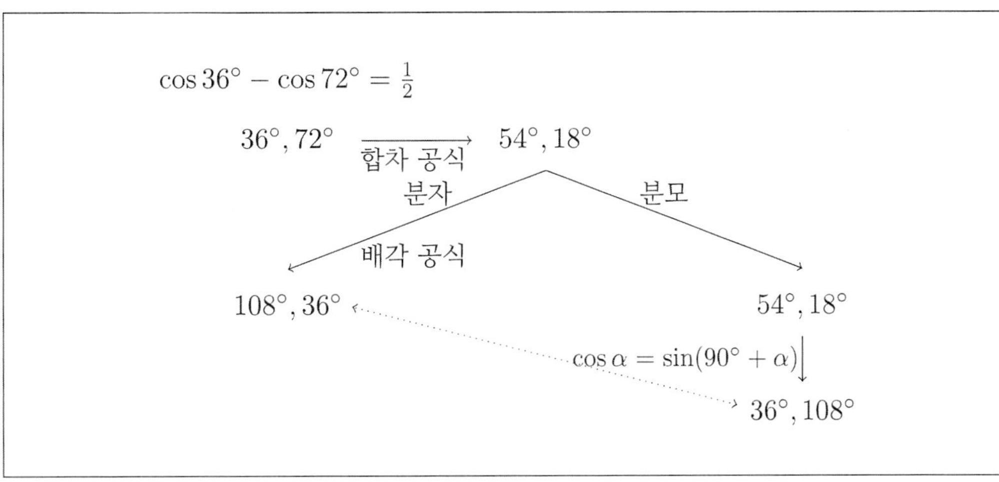

한편, $72° + 108° = 180°$이므로 $\cos 72° = -\cos 108°$가 된다는 것을 생각하면, 등식 $\cos 36° - \cos 72° = \frac{1}{2}$로부터 $\cos 36° + \cos 108° = \frac{1}{2}$이라는 것을 알 수 있다.

그리고 $36° + 144° = 180°$이므로 $\cos 36° = -\cos 144°$이고 $\cos 108° = -\cos 72°$라는 것을 생각하면, 등식 $\cos 36° + \cos 108° = \frac{1}{2}$로부터 $\cos 72° + \cos 144° = -\frac{1}{2}$이라는 것도 알 수 있다.

$3^\circ, 87^\circ$의 삼각함수 값 $15^\circ, 18^\circ$의 삼각함수 값을 구했다. $3^\circ = 18^\circ - 15^\circ$라는 것을 이용하면, 3°의 사인값을 구할 수 있다.

$$\begin{aligned}
\sin 3^\circ &= \sin(18^\circ - 15^\circ) = \sin 18^\circ \cos 15^\circ - \cos 18^\circ \sin 15^\circ \\
&= \frac{-1+\sqrt{5}}{4} \cdot \frac{\sqrt{6}+\sqrt{2}}{4} - \frac{\sqrt{10+2\sqrt{5}}}{4} \cdot \frac{\sqrt{6}-\sqrt{2}}{4} \\
&= \frac{-\sqrt{6}-\sqrt{2}+\sqrt{30}+\sqrt{10}}{16} - \frac{\sqrt{2}\sqrt{5+\sqrt{5}}}{4} \cdot \frac{\sqrt{6}-\sqrt{2}}{4} \\
&= \frac{-\sqrt{6}-\sqrt{2}+\sqrt{30}+\sqrt{10}}{16} + \frac{\sqrt{2}\sqrt{5+\sqrt{5}}}{4} \cdot \frac{\sqrt{2}}{4} - \frac{\sqrt{2}\sqrt{5+\sqrt{5}}}{4} \cdot \frac{\sqrt{6}}{4} \\
&= \frac{-\sqrt{6}-\sqrt{2}+\sqrt{30}+\sqrt{10}}{16} + \frac{\sqrt{5+\sqrt{5}}}{8} - \frac{\sqrt{12}\sqrt{5+\sqrt{5}}}{16} \\
&= \frac{-\sqrt{6}-\sqrt{2}+\sqrt{30}+\sqrt{10}}{16} + \frac{\sqrt{5+\sqrt{5}}}{8} - \frac{\sqrt{15+3\sqrt{5}}}{8}
\end{aligned}$$

이때, $\sqrt{30}-\sqrt{6}$과 $\sqrt{10}-\sqrt{2}$를 다음과 같이 더 변형할 수 있다.

$$\sqrt{30}-\sqrt{6} = \sqrt{2}(\sqrt{15}-\sqrt{3}) = \sqrt{2}\sqrt{18-2\sqrt{45}} = 2\sqrt{9-3\sqrt{5}}$$

$$\sqrt{10}-\sqrt{2} = \sqrt{2}(\sqrt{5}-1) = \sqrt{2}\sqrt{6-2\sqrt{5}} = 2\sqrt{3-\sqrt{5}}$$

결국, $\sin 3^\circ$를 다음과 같이 쓸 수 있다.

$$\sin 3^\circ = \frac{\sqrt{9-3\sqrt{5}}}{8} + \frac{\sqrt{3-\sqrt{5}}}{8} + \frac{\sqrt{5+\sqrt{5}}}{8} - \frac{\sqrt{15+3\sqrt{5}}}{8}$$

한편, $\sin^2 3^\circ + \cos^2 3^\circ = 1$을 이용하면, $\cos 3^\circ$를 구할 수 있지만, 식의 계산이 너무 복잡하게 된다. 그러므로, $\sin 3^\circ$를 구했던 것처럼, $\cos 3^\circ = \cos(18^\circ - 15^\circ) = \cos 18^\circ \cos 15^\circ + \sin 18^\circ \sin 15^\circ$임을 이용하자.

$$\begin{aligned}
\cos 3^\circ &= \cos 18^\circ \cos 15^\circ + \sin 18^\circ \sin 15^\circ \\
&= \frac{\sqrt{10+2\sqrt{5}}}{4} \cdot \frac{\sqrt{6}+\sqrt{2}}{4} + \frac{-1+\sqrt{5}}{4} \cdot \frac{\sqrt{6}-\sqrt{2}}{4} \\
&= \frac{\sqrt{6}\sqrt{10+2\sqrt{5}}+\sqrt{2}\sqrt{10+2\sqrt{5}}}{16} + \frac{-\sqrt{6}+\sqrt{2}+\sqrt{30}-\sqrt{10}}{16} \\
&= \frac{2\sqrt{15+3\sqrt{5}}+2\sqrt{5+\sqrt{5}}}{16} + \frac{(\sqrt{30}-\sqrt{6})-(\sqrt{10}-\sqrt{2})}{16} \\
&= \frac{\sqrt{15+3\sqrt{5}}}{8} + \frac{\sqrt{5+\sqrt{5}}}{8} + \frac{\sqrt{9-3\sqrt{5}}}{8} - \frac{\sqrt{3-\sqrt{5}}}{8}
\end{aligned}$$

$\sin 3°, \cos 3°$의 값을 구했다. $\sin 3° = \cos 87°, \cos 3° = \sin 87°$이므로 $\sin 87°$, $\cos 87°$의 값을 다음과 같이 구할 수 있다.

$$\sin 87° = \frac{\sqrt{15+3\sqrt{5}}}{8} + \frac{\sqrt{5+\sqrt{5}}}{8} + \frac{\sqrt{9-3\sqrt{5}}}{8} - \frac{\sqrt{3-\sqrt{5}}}{8}$$

$$\cos 87° = \frac{\sqrt{9-3\sqrt{5}}}{8} + \frac{\sqrt{3-\sqrt{5}}}{8} + \frac{\sqrt{5+\sqrt{5}}}{8} - \frac{\sqrt{15+3\sqrt{5}}}{8}$$

$6°, 84°$의 삼각함수 값 $\sin 3°$, $\cos 3°$의 값을 구했기 때문에, 배각 공식을 이용하면 $\sin 6°$의 값을 구할 수 있다. 그러나, $\sin 3°$, $\cos 3°$의 식이 복잡하기 때문에, 이 방법은 효과적이지 않을 것이다.

앞에서 $\sin 36°, \cos 36°$를 구했고 $\sin 30°, \cos 30°$의 값을 알고 있다. 이러한 경우에 합차 공식을 이용하면, 다음과 같이 $\sin 6°$를 구할 수 있다.

$$\begin{aligned}
\sin 6° &= \sin(36° - 30°) = \sin 36° \cos 30° - \cos 36° \sin 30° \\
&= \frac{1}{4}\sqrt{10-2\sqrt{5}} \cdot \frac{\sqrt{3}}{2} - \frac{1+\sqrt{5}}{4} \cdot \frac{1}{2} \\
&= \frac{\sqrt{30-6\sqrt{5}}}{8} - \frac{1+\sqrt{5}}{8} \\
&= \frac{\sqrt{30-6\sqrt{5}}}{8} - \frac{\sqrt{6+2\sqrt{5}}}{8}
\end{aligned}$$

$\cos 84° = \sin 6°$이므로, $\cos 84°$를 다음과 같이 쓸 수 있다.

$$\cos 84° = \frac{\sqrt{30-6\sqrt{5}}}{8} - \frac{\sqrt{6+2\sqrt{5}}}{8}$$

한편, $\cos 6°$는 다음과 같이 구할 수 있다.

$$\begin{aligned}
\cos 6° &= \cos(36° - 30°) = \cos 36° \cos 30° + \sin 36° \sin 30° \\
&= \frac{1+\sqrt{5}}{4} \cdot \frac{\sqrt{3}}{2} + \frac{\sqrt{10-2\sqrt{5}}}{4} \cdot \frac{1}{2} \\
&= \frac{\sqrt{3}+\sqrt{15}}{8} + \frac{\sqrt{10-2\sqrt{5}}}{8} \\
&= \frac{\sqrt{18+2\sqrt{45}}}{8} + \frac{\sqrt{10-2\sqrt{5}}}{8} \\
&= \frac{\sqrt{18+6\sqrt{5}}}{8} + \frac{\sqrt{10-2\sqrt{5}}}{8}
\end{aligned}$$

$\sin 84^\circ = \cos 6^\circ$이므로, $\sin 84^\circ$를 다음과 같이 쓸 수 있다.

$$\sin 84^\circ = \frac{\sqrt{18+6\sqrt{5}}}{8} + \frac{\sqrt{10-2\sqrt{5}}}{8}$$

$9^\circ, 81^\circ$의 삼각함수 값 $\sin 36^\circ$, $\cos 36^\circ$, $\sin 45^\circ$, $\cos 45^\circ$의 값을 알고 있다. 그러므로, 합차 공식을 이용하여 다음과 같이 $\sin 9^\circ$를 구할 수 있다.

$$\begin{aligned}
\sin 9^\circ = \sin(45^\circ - 36^\circ) &= \sin 45^\circ \cos 36^\circ - \cos 45^\circ \sin 36^\circ \\
&= \frac{\sqrt{2}}{2} \cdot \frac{1+\sqrt{5}}{4} - \frac{\sqrt{2}}{2} \cdot \frac{\sqrt{10-2\sqrt{5}}}{4} \\
&= \frac{\sqrt{2}(1+\sqrt{5})}{8} - \frac{2\sqrt{5-\sqrt{5}}}{8} \\
&= \frac{\sqrt{2}\sqrt{6+2\sqrt{5}}}{8} - \frac{2\sqrt{5-\sqrt{5}}}{8} \\
&= \frac{\sqrt{3+\sqrt{5}}}{4} - \frac{\sqrt{5-\sqrt{5}}}{4}
\end{aligned}$$

$\cos 81^\circ = \sin 9^\circ$이므로, $\cos 81^\circ$를 다음과 같이 쓸 수 있다.

$$\cos 81^\circ = \frac{\sqrt{3+\sqrt{5}}}{4} - \frac{\sqrt{5-\sqrt{5}}}{4}$$

한편, $\cos 9^\circ$를 $\sin 9^\circ$에서와 같은 방법으로 다음과 같이 구할 수 있다.

$$\begin{aligned}
\cos 9^\circ = \cos(45^\circ - 36^\circ) &= \cos 45^\circ \cos 36^\circ + \sin 45^\circ \sin 36^\circ \\
&= \frac{\sqrt{2}}{2} \cdot \frac{1+\sqrt{5}}{4} + \frac{\sqrt{2}}{2} \cdot \frac{\sqrt{10-2\sqrt{5}}}{4} \\
&= \frac{\sqrt{2}(1+\sqrt{5})}{8} + \frac{2\sqrt{5-\sqrt{5}}}{8} \\
&= \frac{\sqrt{2}\sqrt{6+2\sqrt{5}}}{8} + \frac{2\sqrt{5-\sqrt{5}}}{8} \\
&= \frac{\sqrt{3+\sqrt{5}}}{4} + \frac{\sqrt{5-\sqrt{5}}}{4}
\end{aligned}$$

$\sin 81^\circ = \cos 9^\circ$이므로, $\sin 81^\circ$를 다음과 같이 쓸 수 있다.

$$\sin 81^\circ = \frac{\sqrt{3+\sqrt{5}}}{4} + \frac{\sqrt{5-\sqrt{5}}}{4}$$

이제, $\sin 9°, \cos 9°$를 다른 방법으로 구해보자. 이를 위해, 다음 등식을 생각하자.

$$\sin\frac{\alpha}{2}+\cos\frac{\alpha}{2}=\pm\sqrt{1+\sin\alpha}$$
$$\sin\frac{\alpha}{2}-\cos\frac{\alpha}{2}=\pm\sqrt{1-\sin\alpha}$$

$\sin 18°$를 구했기 때문에, $\sin 9°, \cos 9°$에 대한 등식을 다음과 같이 쓸 수 있다.

$$\sin 9°+\cos 9°=\sqrt{1+\sin 18°}=\sqrt{1+\frac{\sqrt{5}-1}{4}}=\frac{\sqrt{3+\sqrt{5}}}{2}$$
$$\sin 9°-\cos 9°=-\sqrt{1-\sin 18°}=-\sqrt{1-\frac{\sqrt{5}-1}{4}}=-\frac{\sqrt{5-\sqrt{5}}}{2}$$

얻어진 $\sin 9°+\cos 9°$와 $\sin 9°-\cos 9°$의 식을 연립하자. 그러면, $\sin 9°, \cos 9°$의 값을 구할 수 있다.

이제, $\tan 9°$를 구해보자. $\tan 9°=\frac{\sin 9°}{\cos 9°}$이므로, 다음과 같이 계산할 수 있다.

$$\begin{aligned}\tan 9° &= \frac{\frac{\sqrt{3+\sqrt{5}}-\sqrt{5-\sqrt{5}}}{4}}{\frac{\sqrt{3+\sqrt{5}}+\sqrt{5-\sqrt{5}}}{4}}=\frac{\sqrt{3+\sqrt{5}}-\sqrt{5-\sqrt{5}}}{\sqrt{3+\sqrt{5}}+\sqrt{5-\sqrt{5}}}\\ &=\frac{3+\sqrt{5}+5-\sqrt{5}-2\sqrt{15-3\sqrt{5}+5\sqrt{5}-5}}{3+\sqrt{5}-5+\sqrt{5}}\end{aligned}$$

얻어진 식을 정리하면 $\tan 9°$를 다음과 같이 얻을 수 있다.

$$\tan 9°=\frac{4-\sqrt{10+2\sqrt{5}}}{\sqrt{5}-1}$$

$\tan 9°$에 관련된 문제를 살펴보자. 가령, 다음 등식을 증명한다고 하자.

$$\tan 9°-\tan 63°+\tan 81°-\tan 27°=4$$

$\tan\alpha=\frac{\sin\alpha}{\cos\alpha}$를 이용하자. 그러면, 등식의 좌변을 다음과 같이 정리할 수 있다.

$$\begin{aligned}&\tan 9°-\tan 63°+\tan 81°-\tan 27°=\tan 9°+\tan 81°-(\tan 63°+\tan 27°)\\ &=\frac{\sin 9°}{\cos 9°}+\frac{\sin 81°}{\cos 81°}-\left(\frac{\sin 63°}{\cos 63°}+\frac{\sin 27°}{\cos 27°}\right)\\ &=\frac{\sin 9°\cos 81°+\cos 9°\sin 81°}{\cos 9°\cos 81°}-\frac{\sin 63°\cos 27°+\cos 63°\sin 27°}{\cos 63°\cos 27°}\\ &=\frac{\sin(9°+81°)}{\cos 9°\cos 81°}-\frac{\sin(63°+27°)}{\cos 63°\cos 27°}\\ &=\frac{1}{\cos 9°\cos 81°}-\frac{1}{\cos 63°\cos 27°}\end{aligned}$$

이제, 얻어진 식의 분모에서 $\cos 81^\circ = \sin 9^\circ, \cos 63^\circ = \sin 27^\circ$로 바꾸고, 배각 공식을 사용하면 다음을 얻을 수 있다.

$$\begin{aligned}\frac{1}{\cos 9^\circ \cos 81^\circ} - \frac{1}{\cos 63^\circ \cos 27^\circ} &= \frac{1}{\cos 9^\circ \sin 9^\circ} - \frac{1}{\sin 27^\circ \cos 27^\circ} \\ &= \frac{2}{\sin 18^\circ} - \frac{2}{\sin 54^\circ} = \frac{2(\sin 54^\circ - \sin 18^\circ)}{\sin 18^\circ \sin 54^\circ} \\ &= \frac{2 \cdot 2 \sin 18^\circ \cos 36^\circ}{\sin 18^\circ \sin 54^\circ} = \frac{4 \cos 36^\circ}{\sin 54^\circ}\end{aligned}$$

$\cos 36^\circ = \sin 54^\circ$임을 감안하면, 다음을 얻을 수 있다.

$$\frac{4 \cos 36^\circ}{\sin 54^\circ} = \frac{4 \sin 54^\circ}{\sin 54^\circ} = 4$$

이 문제에서 9°와 81°, 27°와 63° 사이의 관계를 이용하여 문제를 해결할 수 있었다. 삼각함수에 대한 문제를 풀 때에, 주어진 수치들 사이의 관계에 주목하는 것은 문제를 이해하고 해결하는 과정에서 중요한 부분이 된다.

수학에서 문제를 읽는 것은 소설이나 수필을 읽는 것과는 다를 것이다. 수학에서는 문제를 읽으면서 문제의 수학적 뼈대(틀), 주어진 수치들에 주목하면서 읽어야 한다.

이제, $\tan 9^\circ - \tan 63^\circ + \tan 81^\circ - \tan 27^\circ = 4$를 다른 방법으로 증명해 보자. 여기서는 $\tan 63^\circ = \cot 27^\circ, \tan 81^\circ = \cot 9^\circ$로 바꾸어 증명을 시작하자. 다음을 얻을 수 있다.

$$\tan 9^\circ - \tan 63^\circ + \tan 81^\circ - \tan 27^\circ = \tan 9^\circ - \cot 27^\circ + \cot 9^\circ - \tan 27^\circ$$

$\tan \alpha = \frac{\sin \alpha}{\cos \alpha}, \cot \alpha = \frac{\cos \alpha}{\sin \alpha}$를 이용하면, 다음을 유도할 수 있다.

$$\begin{aligned}\tan 9^\circ + \cot 9^\circ &= \frac{\sin 9^\circ}{\cos 9^\circ} + \frac{\cos 9^\circ}{\sin 9^\circ} = \frac{\sin^2 9^\circ + \cos^2 9^\circ}{\cos 9^\circ \sin 9^\circ} = \frac{2}{\sin 18^\circ} \\ \tan 27^\circ + \cot 27^\circ &= \frac{\sin 27^\circ}{\cos 27^\circ} + \frac{\cos 27^\circ}{\sin 27^\circ} = \frac{\sin^2 27^\circ + \cos^2 27^\circ}{\cos 27^\circ \sin 27^\circ} = \frac{2}{\sin 54^\circ}\end{aligned}$$

결국, $\tan 9^\circ - \tan 63^\circ + \tan 81^\circ - \tan 27^\circ = \frac{2}{\sin 18^\circ} - \frac{2}{\sin 54^\circ}$가 된다. 나머지 증명 과정은 위에서 살펴본 것과 같이 진행하면 된다.

$12°, 78°$의 삼각함수 값 $\sin 30°, \cos 30°, \sin 18°, \cos 18°$의 값을 알고 있다. 그러므로, 합차 공식을 이용하여 다음과 같이 $\sin 12°$를 구할 수 있다.

$$\begin{aligned}\sin 12° = \sin(30° - 18°) &= \sin 30° \cos 18° - \cos 30° \sin 18° \\ &= \frac{1}{2} \cdot \frac{\sqrt{10 + 2\sqrt{5}}}{4} - \frac{\sqrt{3}}{2} \cdot \frac{-1 + \sqrt{5}}{4} \\ &= \frac{\sqrt{10 + 2\sqrt{5}}}{8} - \frac{\sqrt{3}(-1 + \sqrt{5})}{8} \\ &= \frac{\sqrt{10 + 2\sqrt{5}}}{8} - \frac{\sqrt{3}\sqrt{6 - 2\sqrt{5}}}{8} \\ &= \frac{\sqrt{10 + 2\sqrt{5}}}{8} - \frac{\sqrt{18 - 6\sqrt{5}}}{8}\end{aligned}$$

$\cos 78° = \sin 12°$이므로, $\cos 78°$를 다음과 같이 쓸 수 있다.

$$\cos 78° = \frac{\sqrt{10 + 2\sqrt{5}}}{8} - \frac{\sqrt{18 - 6\sqrt{5}}}{8}$$

한편, $\cos 12°$는 $\sin 12°$와 유사한 방법으로, 다음과 같이 구할 수 있다.

$$\begin{aligned}\cos 12° = \cos(30° - 18°) &= \cos 30° \cos 18° + \sin 30° \sin 18° \\ &= \frac{\sqrt{3}}{2} \cdot \frac{\sqrt{10 + 2\sqrt{5}}}{4} + \frac{1}{2} \cdot \frac{-1 + \sqrt{5}}{4} \\ &= \frac{\sqrt{30 + 6\sqrt{5}}}{8} + \frac{-1 + \sqrt{5}}{8} \\ &= \frac{\sqrt{30 + 6\sqrt{5}}}{8} + \frac{\sqrt{6 - 2\sqrt{5}}}{8}\end{aligned}$$

$\sin 78° = \cos 12°$이므로, $\sin 78°$를 다음과 같이 쓸 수 있다.

$$\sin 78° = \frac{\sqrt{30 + 6\sqrt{5}}}{8} + \frac{\sqrt{6 - 2\sqrt{5}}}{8}$$

$12°$에 관련된 문제를 살펴보자. 다음 등식을 증명한다고 하자.

$$\frac{\cos 12°}{1 - \sin 12°} = \tan 51°$$

$\cos 12° = \cos(102° - 90°) = \sin 102°$, $\sin 12° = \sin(102° - 90°) = -\cos 102°$가 된다는 것을 생각하면, 다음을 얻을 수 있다.

$$\frac{\cos 12°}{1 - \sin 12°} = \frac{\sin 102°}{1 + \cos 102°}$$

$\frac{\sin\alpha}{1+\cos\alpha}$의 형태로 식이 변형되었다. 이제, $\tan\frac{\alpha}{2} = \frac{\sin\alpha}{1+\cos\alpha}$를 이용하여 다음과 같이 증명할 수 있다.

$$\frac{\sin 102^\circ}{1+\cos 102^\circ} = \tan\frac{102^\circ}{2} = \tan 51^\circ$$

12°에 대한 다른 등식을 증명하자.

$$\cos 12^\circ \cos 24^\circ \cos 36^\circ \cos 48^\circ \cos 60^\circ \cos 72^\circ \cos 84^\circ = \left(\frac{1}{2}\right)^7$$

이 등식을 증명하기 위해, 등식의 좌변을 다음과 같이 쓰자.

$$\frac{1}{2}(\cos 12^\circ \cos 48^\circ)(\cos 24^\circ \cos 84^\circ)(\cos 36^\circ \cos 72^\circ)$$

이제, 합차 공식을 이용하면, 다음을 얻을 수 있다.

$$\begin{aligned}\cos 12^\circ \cos 48^\circ &= \frac{1}{2}(\cos 60^\circ + \cos 36^\circ)\\ \cos 24^\circ \cos 84^\circ &= \frac{1}{2}(\cos 108^\circ + \cos 60^\circ)\\ \cos 36^\circ \cos 72^\circ &= \frac{1}{2}(\cos 108^\circ + \cos 36^\circ)\end{aligned}$$

얻어진 식을 대입하며 정리하면,다음과 같다.

$$\begin{aligned}&\frac{1}{2}(\cos 12^\circ \cos 48^\circ)(\cos 24^\circ \cos 84^\circ)(\cos 36^\circ \cos 72^\circ)\\ &\quad= \frac{(\cos 60^\circ + \cos 36^\circ)(\cos 108^\circ + \cos 60^\circ)(\cos 108^\circ + \cos 36^\circ)}{16}\\ &\quad= \frac{\left(\frac{1}{2} + \cos 36^\circ\right)\left(-\sin 18^\circ + \frac{1}{2}\right)(-\sin 18^\circ + \cos 36^\circ)}{16}\end{aligned}$$

앞에서 $\cos 36^\circ = \frac{1+\sqrt{5}}{4}$, $\sin 18^\circ = \frac{-1+\sqrt{5}}{4}$임을 구하였다. 이 값을 대입하자. 그러면, 다음을 구할 수 있다.

$$\begin{aligned}&\frac{\left(\frac{1}{2} + \cos 36^\circ\right)\left(-\sin 18^\circ + \frac{1}{2}\right)(-\sin 18^\circ + \cos 36^\circ)}{16}\\ &\quad= \frac{\left(\frac{1}{2} + \frac{1+\sqrt{5}}{4}\right)\left(-\frac{-1+\sqrt{5}}{4} + \frac{1}{2}\right)\left(-\frac{-1+\sqrt{5}}{4} + \frac{1+\sqrt{5}}{4}\right)}{16}\\ &\quad= \frac{\left(\frac{3+\sqrt{5}}{4}\right)\left(\frac{3-\sqrt{5}}{4}\right)\frac{2}{4}}{16} = \frac{1}{2^7} = \left(\frac{1}{2}\right)^7\end{aligned}$$

$\sin 21°$, $\sin 24°$, $\sin 27°$의 값 $\sin 21°$, $\sin 24°$, $\sin 27°$의 값을 구하자. $21°, 24°, 27°$를 삼각함수 값을 이미 구한 각들로 분할하자. 그러면, 다음을 생각할 수 있다.

$$\sin 21° = \sin(36° - 15°), \quad \sin 24° = \sin(54° - 30°)$$

$$\sin 27° = \sin(45° - 18°)$$

$\sin 36°, \cos 36°, \sin 15°, \cos 15°$, $\sin 54°, \cos 54°, \sin 18°, \cos 18°$를 알기 때문에, 합차 공식을 이용하면 $\sin 21°$, $\sin 24°$, $\sin 27°$의 값을 구할 수 있다. 여기서는 계산 과정을 생략하였으며, 그 결과는 다음과 같다.

$$\sin 21° = \frac{1}{8}\left(\sqrt{3+\sqrt{5}} + \sqrt{15-3\sqrt{5}} + \sqrt{5-\sqrt{5}} - \sqrt{9+3\sqrt{5}}\right)$$
$$\sin 24° = \frac{1}{8}\left(\sqrt{18+6\sqrt{5}} - \sqrt{10-2\sqrt{5}}\right)$$
$$\sin 27° = \frac{1}{4}\left(\sqrt{5+\sqrt{5}} - \sqrt{3-\sqrt{5}}\right)$$

$33°, 36°, \cdots, 84°, 87°$에 대한 삼각함수 값 $\sin 30°$까지의 각들 중에서 $3k$에 해당하는 다음 각들의 삼각함수 값을 구하였다(k는 자연수).

$$3°,\ 6°,\ 9°,\ 12°,\ 15°,\ 18°,\ 21°,\ 24°,\ 27°$$

그리고 $30°$에 대한 삼각함수 값을 알기 때문에, 결국 $30°$까지의 각들에 대해 $3k$에 해당하는 각들의 삼각함수 값을 모두 구한 것이 된다.

앞에서 일부 각들에 대해서는 탄젠트 값의 계산이 복잡하기 때문에, 그 계산 과정과 결과를 구체적으로 제시하지 않았다. 그러나, $\tan\alpha = \frac{\sin\alpha}{\cos\alpha}$이기 때문에, $\sin\alpha$와 $\cos\alpha$를 구했다는 것은 이론적으로는(실제로는 계산하지 않았지만) $\tan\alpha$의 값을 구할 수 있다는 것을 의미한다.

$30°$까지의 삼각함수 값들을 이용하여 다음의 각들의 삼각함수 값을 구해보자.

$$33°,\ 36°,\ 39°,\ 42°,\ 45°,\ 48°,\ 51°,\ 54°,\ 57°$$

우선, 다음의 사인값을 먼저 구하자.

$$\sin 33°,\ \sin 36°,\ \sin 39°,\ \sin 42°,\ \sin 45°,\ \sin 48°,\ \sin 51°,\ \sin 54°,\ \sin 57°$$

첫 번째 방법은 다음의 합차 공식을 이용하는 것이다.

$$\sin(30^\circ + \alpha) = \sin 30^\circ \cos\alpha + \cos 30^\circ \sin\alpha$$

이때, α는 $3^\circ, 6^\circ, 9^\circ \cdots, 27^\circ$이다. 이미 $\sin\alpha, \cos\alpha$값을 알고 있기 때문에 합차 공식에 의해 $\sin(30^\circ + \alpha)$를 구할 수 있다.

두 번째 방법은 $\sin(30^\circ + \alpha)$을 구하기 위해, $3^\circ \le \alpha \le 27^\circ$에 대해 $\sin\alpha$ 값만 이용하는 방법이다. 우선, 다음 두 식을 생각하여, 이들을 연립하자.

$$\sin(30^\circ + \alpha) = \sin 30^\circ \cos\alpha + \cos 30^\circ \sin\alpha$$

$$\sin(30^\circ - \alpha) = \sin 30^\circ \cos\alpha - \cos 30^\circ \sin\alpha$$

그러면, 다음을 얻을 수 있다.

$$\sin(30^\circ + \alpha) - \sin(30^\circ - \alpha) = 2\cos 30^\circ \sin\alpha$$

$$\begin{aligned}\sin(30^\circ + \alpha) &= 2\cos 30^\circ \sin\alpha + \sin(30^\circ - \alpha)\\ &= \sqrt{3}\sin\alpha + \sin(30^\circ - \alpha)\end{aligned}$$

이제, 얻어진 식에 $\alpha = 3^\circ$를 대입하면, $\sin 33^\circ = \sqrt{3}\sin 3^\circ + \sin 27^\circ$가 된다. 이와 같은 방법을 이용하면, $\sin 33^\circ$에서 $\sin 57^\circ$까지를 $\sin 3^\circ$에서 $\sin 27^\circ$까지를 이용해서 구할 수 있다.

$33^\circ, 36^\circ, 39^\circ, \cdots, 54^\circ, 57^\circ$에 대한 코사인 값을 구하기 위해, 사인에서와 유사하게 생각할 수 있다. 다음과 같이 합차 공식을 생각하여, 이들을 연립하면 된다.

$$\cos(30^\circ + \alpha) = \cos 30^\circ \cos\alpha - \sin 30^\circ \sin\alpha$$

$$\cos(30^\circ - \alpha) = \cos 30^\circ \cos\alpha + \sin 30^\circ \sin\alpha$$

$$\cos(30^\circ + \alpha) + \cos(30^\circ - \alpha) = 2\cos 30^\circ \cos\alpha$$

$$\begin{aligned}\cos(30^\circ + \alpha) &= 2\cos 30^\circ \cos\alpha - \cos(30^\circ - \alpha)\\ &= \sqrt{3}\cos\alpha - \cos(30^\circ - \alpha)\end{aligned}$$

이제, $63°, 66°, 69°, \cdots, 84°, 87°$에 대한 삼각함수 값도 유사한 방법으로 구할 수 있다. 결국, $3°, 6°, 9°, \cdots, 24°, 27°$에 대한 삼각함수 값을 이용하면, $3°, 6°, 9°, \cdots, 84°, 87°$에 대한 삼각함수 값을 구할 수 있다.

3. 특수각이 아닌 각들의 삼각함수 등식

특수각이 아닌 각들에 관련된 다양한 등식들이 있다. 여기서는 2배각 공식과 합차 공식을 이용하여 증명할 수 있는 몇몇 등식들을 살펴보자.

2배각 공식

2배각 공식을 이용하여 얻을 수 있는 등식을 살펴보자.

다음 등식을 증명하자.

$$\sin 7.5° \cos 7.5° (\cos^2 7.5° - \sin^2 7.5°) = \frac{1}{8}$$

이 등식을 증명하기 전에 $7.5°$에 대해 생각하자. $7.5° = \frac{180°}{24}$이므로, $7.5° \times 2 \times 2 = 30°$라는 것을 염두에 두어야 한다. 그러면, $\sin 7.5° \cos 7.5°$를 사인 2배각 공식에 관련시킬 수 있을 것이다. 그리고 $\cos^2 7.5° - \sin^2 7.5°$는 식의 뼈대를 보면 코사인 2배각 공식에 관련시킬 수 있다. 이제, 2배각 공식을 이용하여 다음과 같이 식을 변형시키자.

$$\begin{aligned}\sin 7.5° \cos 7.5° (\cos^2 7.5° - \sin^2 7.5°) &= \frac{2\sin 7.5° \cos 7.5° (\cos^2 7.5° - \sin^2 7.5°)}{2} \\ &= \frac{\sin(2 \times 7.5°)\{\cos(2 \times 7.5°)\}}{2} = \frac{\sin 15° \cos 15°}{2} \\ &= \frac{2\sin 15° \cos 15°}{4} = \frac{\sin 30°}{4} = \frac{1}{8}\end{aligned}$$

살펴본 것과 같이, 사인 2배각 공식을 사용하려면, $\sin\alpha\cos\alpha$ 앞에 2가 있어야 한다. 없는 경우에는 분자와 분모에 2를 곱해서 문제를 해결할 수 있다.

이제, 다른 등식을 증명하자.

$$\sin 10° \sin 20° \sin 30° \sin 40° \cos 10° \cos 20° \cos 30° \cos 40° = \frac{3}{256}$$

사인 2배각 공식을 이용하기 위해, 등식의 좌변을 다음과 같이 쓰자.

$$\sin 10^\circ \cos 10^\circ \sin 20^\circ \cos 20^\circ \sin 30^\circ \cos 30^\circ \sin 40^\circ \cos 40^\circ$$

이제, 다음 등식을 생각하자.

$$\sin 10^\circ \cos 10^\circ = \frac{\sin 20^\circ}{2}, \quad \sin 20^\circ \cos 20^\circ = \frac{\sin 40^\circ}{2}$$
$$\sin 30^\circ \cos 30^\circ = \frac{\sin 60^\circ}{2}, \quad \sin 40^\circ \cos 40^\circ = \frac{\sin 80^\circ}{2}$$

그러면, 다음을 얻을 수 있다.

$$\sin 10^\circ \sin 20^\circ \sin 30^\circ \sin 40^\circ \cos 10^\circ \cos 20^\circ \cos 30^\circ \cos 40^\circ$$
$$= \frac{\sin 20^\circ \sin 40^\circ \sin 60^\circ \sin 80^\circ}{16} = \frac{\sqrt{3}\sin 20^\circ \sin 40^\circ \sin 80^\circ}{32}$$

이때, $\sin 20^\circ \sin 40^\circ = -\frac{1}{2}(\cos 60^\circ - \cos 20^\circ) = \frac{1}{2}(\cos 20^\circ - \frac{1}{2})$, $\cos 20^\circ \sin 80^\circ = \frac{1}{2}(\sin 100^\circ + \sin 60^\circ)$이므로, 다음을 알 수 있다.

$$\begin{aligned}\frac{\sqrt{3}\sin 20^\circ \sin 40^\circ \sin 80^\circ}{32} &= \frac{\sqrt{3}(\cos 20^\circ - \frac{1}{2})\sin 80^\circ}{64}\\ &= \frac{\sqrt{3}\{\cos 20^\circ \sin 80^\circ - \frac{1}{2}\sin 80^\circ\}}{64}\\ &= \frac{\sqrt{3}\{\frac{1}{2}(\sin 100^\circ + \sin 60^\circ) - \frac{1}{2}\sin 80^\circ\}}{64}\\ &= \frac{\sqrt{3}\{\sin 100^\circ + \sin 60^\circ - \sin 80^\circ\}}{128}\\ &= \frac{\sqrt{3}\sin 60^\circ}{128} = \frac{3}{256}\end{aligned}$$

살펴본 등식의 증명에서는 2배각 공식 뿐만 아니라, 삼각함수의 곱을 합차로 고치는 식의 변형, $\sin 100^\circ = \sin 80^\circ$라는 것이 필요했다.

이제, 다른 등식을 더 증명하자.

$$\frac{4\sin 23^\circ \sin 44^\circ \sin 67^\circ}{\sin 92^\circ} = 1$$

이 등식에서도 $23^\circ, 44^\circ, 67^\circ$사이의 관련성을 파악해야 한다. $2 \times 23^\circ + 44^\circ = 90^\circ$이고 $23^\circ + 67^\circ = 90^\circ$가 된다는 것을 염두에 두고 문제를 해결하자.

2배각 공식을 이용하기 위해, $\sin 67° = \sin(90° - 23°) = \cos 23°$로 바꾸자. 그러면, 2배각 공식을 이용하여 다음과 같이 식을 변형할 수 있다.

$$\begin{aligned}\frac{4\sin 23° \sin 44° \sin 67°}{\sin 92°} &= \frac{4\sin 23° \sin 44° \cos 23°}{\sin 92°} \\ &= \frac{2\sin 46° \sin 44°}{\sin 92°}\end{aligned}$$

이제, $\sin 44° = \cos 46°$임을 생각하면, 다음을 얻을 수 있다.

$$\frac{2\sin 46° \sin 44°}{\sin 92°} = \frac{2\sin 46° \cos 46°}{\sin 92°} = \frac{\sin 92°}{\sin 92°} = 1$$

여기서는 2배각 공식을 이용하여 비교적 간단하게 증명할 수 있었지만, 23°, 44°, 67°사이의 관련성을 파악하여 문제해결에 적용할 수 있는 능력이 필요했다.

다음 등식을 증명하자.

$$\sin 10° \sin 30° \sin 50° \sin 70° = \frac{1}{16}$$

이 등식의 증명에서는 처음에 탐색의 방향을 결정하는데 어려움이 발생할 수 있다. 특히 각이 $10°, 30°, 50°, 70°$로 되어있기 때문에, 2배각 공식과 연결짓기도 쉽지 않다. 2배각 공식을 이용하려면, 각들이 2배씩 증가하는 형태이어야 하기 때문이다.

주어진 등식을 2배각 공식을 이용할 수 있도록 변형할 수는 없을까? 주어진 각들 $10°, 30°, 50°, 70°$를 90°와 관련지어 생각하면 다음을 알 수 있다.

$$10° = 90° - 80°,\ 30° = 90° - 60°,\ 50° = 90° - 40°,\ 70° = 90° - 20°$$

이것을 이용하기 위해, 다음을 생각하자.

$$\sin 10° = \cos 80°,\ \ \sin 30° = \cos 60°,\ \ \sin 50° = \cos 40°,\ \ \sin 70° = \cos 20°$$

이제, 주어진 식을 다음과 같이 쓸 수 있다.

$$\begin{aligned}\sin 10° \sin 30° \sin 50° \sin 70° &= \cos 20° \cos 40° \cos 60° \cos 80° \\ &= \frac{1}{2}\cos 20° \cos 40° \cos 80°\end{aligned}$$

분자와 분모에 $2\sin 20°$를 곱하면, 2배각 공식을 사용하여 다음과 같이 계산할 수 있다.

$$\begin{aligned}\frac{1}{2}\cos 20°\cos 40°\cos 80° &= \frac{2\sin 20°\cos 20°\cos 40°\cos 80°}{4\sin 20°}\\ &= \frac{\sin 40°\cos 40°\cos 80°}{4\sin 20°}\\ &= \frac{\sin 80°\cos 80°}{8\sin 20°}\\ &= \frac{\sin 160°}{16\sin 20°}\end{aligned}$$

$\sin 160° = \sin 20°$이므로, $\sin 10°\sin 30°\sin 50°\sin 70° = \frac{1}{16}$이 증명된다.

이제, 다음과 같은 물음을 생각하자. 식 $\sin 10°\sin 30°\sin 50°\sin 70°$를 2배각 공식을 이용하여 정리하였는데, 다음 식도 2배각 공식을 이용하여 정리할 수 있을까?

$$\cos 10°\cos 30°\cos 50°\cos 70°$$

$\sin 10°\sin 30°\sin 50°\sin 70°$를 정리했던 것과 유사한 방법으로, 다음과 같이 식을 정리하려고 시도할 수 있다.

$$\begin{aligned}&\cos 10°\cos 30°\cos 50°\cos 70°\\ &\qquad= \cos(90°-80°)\cos(90°-60°)\cos(90°-40°)\cos(90°-20°)\\ &\qquad= \sin 80°\sin 60°\sin 40°\sin 20°\\ &\qquad= \sin 20°\sin 40°\sin 60°\sin 80°\end{aligned}$$

분자와 분모에 $2\cos 20°$를 곱한 다음, 2배각 공식을 사용할 수 있는지 확인하자.

$$\begin{aligned}\sin 20°\sin 40°\sin 60°\sin 80° &= \frac{2\cos 20°\sin 20°\sin 40°\sin 60°\sin 80°}{2\cos 20°}\\ &= \frac{\sin 40°\sin 40°\sin 60°\sin 80°}{2\cos 20°}\end{aligned}$$

더 이상 2배각 공식을 사용할 수 없으며, $\sin 10°\sin 30°\sin 50°\sin 70°$를 정리할 때와 같은 방법은 더 이상 유효하지 않다. $\cos 10°\cos 30°\cos 50°\cos 70°$를 어떤 방법으로 정리할 것인지는 뒤에서 살펴보도록 하자.

다음 등식을 증명하자.

$$\cos 20^\circ \cos 80^\circ \cos 140^\circ \cos 150^\circ = \frac{\sqrt{3}}{16}$$

이 등식에서도 각 $20^\circ, 80^\circ, 140^\circ, 150^\circ$에 주목하자. $180^\circ - 150^\circ = 30^\circ, 80^\circ = 4 \times 20^\circ, 180^\circ - 140^\circ = 40^\circ$ 등과 같이 생각할 수 있다.

우선, $\cos 20^\circ \cos 80^\circ \cos 140^\circ \cos 150^\circ$의 분자와 분모에 $2 \sin 20^\circ$를 곱하자. 그러면, 다음을 얻을 수 있다.

$$\begin{aligned}\cos 20^\circ \cos 80^\circ \cos 140^\circ \cos 150^\circ &= \frac{2 \sin 20^\circ \cos 20^\circ \cos 80^\circ \cos 140^\circ \cos 150^\circ}{2 \sin 20^\circ} \\ &= \frac{\sin 40^\circ \cos 80^\circ \cos 140^\circ \cos 150^\circ}{2 \sin 20^\circ}\end{aligned}$$

한편, $\cos 140^\circ = -\cos 40^\circ$이므로, 다음을 알 수 있다.

$$\begin{aligned}\frac{\sin 40^\circ \cos 80^\circ \cos 140^\circ \cos 150^\circ}{2 \sin 20^\circ} &= -\frac{\sin 40^\circ \cos 40^\circ \cos 80^\circ \cos 150^\circ}{2 \sin 20^\circ} \\ &= -\frac{\sin 80^\circ \cos 80^\circ \cos 150^\circ}{4 \sin 20^\circ} \\ &= -\frac{\sin 160^\circ \cos 150^\circ}{8 \sin 20^\circ} \\ &= \frac{\sqrt{3} \sin 160^\circ}{16 \sin 20^\circ}\end{aligned}$$

$\sin 160^\circ = \sin 20^\circ$라는 것을 생각하면, 다음 등식을 유도할 수 있다.

$$\cos 20^\circ \cos 80^\circ \cos 140^\circ \cos 150^\circ = \frac{\sqrt{3}}{16}$$

살펴본 등식의 증명 방법과 유사한 방법으로 다음 등식을 증명할 수 있다.

$$\cos \frac{\pi}{7} \cos \frac{4\pi}{7} \cos \frac{5\pi}{7} = \frac{1}{8}$$

합차 공식

합차 공식을 이용하여 정리할 수 있는 삼각함수의 등식들을 살펴보자.

다음 등식을 증명하자.

$$\frac{1}{2 \sin 10^\circ} - 2 \cos 20^\circ = 1$$

등식의 좌변을 통분하여, 합차 공식을 이용하여 정리하자.

$$\frac{1}{2\sin 10^\circ} - 2\cos 20^\circ = \frac{1 - 4\cos 20^\circ \sin 10^\circ}{2\sin 10^\circ} = \frac{1 - 2(\sin 30^\circ - \sin 10^\circ)}{2\sin 10^\circ}$$

이제, $\sin 30^\circ = \frac{1}{2}$이라는 것을 생각하면, $\frac{1}{2\sin 10^\circ} - 2\cos 20^\circ = 1$이 증명된다.

이 등식은 다른 방법으로도 증명할 수 있다. 등식의 양변에 $2\sin 10^\circ$를 곱하여 정리하면, 다음을 얻을 수 있다.

$$1 - 4\sin 10^\circ \cos 20^\circ - 2\sin 10^\circ = 0$$

코사인 2배각 공식에 의해 $\cos 20^\circ = 1 - 2\sin^2 10^\circ$이므로, 다음을 얻을 수 있다.

$$\begin{aligned} 1 - 4\sin 10^\circ \cos 20^\circ - 2\sin 10^\circ &= 1 - 4\sin 10^\circ(1 - 2\sin^2 10^\circ) - 2\sin 10^\circ \\ &= 1 - 4\sin 10^\circ + 8\sin^3 10^\circ - 2\sin 10^\circ = 1 - 6\sin 10^\circ + 8\sin^3 10^\circ \end{aligned}$$

결국, $1 - 6\sin 10^\circ + 8\sin^3 10^\circ = 0$을 증명하면 된다.

이제, $2\sin 30^\circ$에 사인 3배각 공식을 사용하면, 다음을 알 수 있다.

$$2\sin 30^\circ = 2(3\sin 10^\circ - 4\sin^3 10^\circ) = 6\sin 10^\circ - 8\sin^3 10^\circ$$

그런데, $2\sin 30^\circ = 1$이므로, $6\sin 10^\circ - 8\sin^3 10^\circ = 1$이 된다. 이로부터 등식이 증명된다.

다음 식의 값을 구하자.

$$\cos 55^\circ \cos 65^\circ \cos 185^\circ$$

우선, $55^\circ, 65^\circ, 185^\circ$의 특징을 생각하자. $55^\circ + 65^\circ = 120^\circ$, $65^\circ - 55^\circ = 10^\circ$, $185^\circ - 180^\circ = 5^\circ$ 등을 생각할 수 있다. $\cos 55^\circ \cos 65^\circ$에 대해 합차 공식을 이용하면, 다음과 같이 식을 정리할 수 있다.

$$\begin{aligned} \cos 55^\circ \cos 65^\circ \cos 185^\circ &= \frac{1}{2}(\cos 120^\circ + \cos 10^\circ)\cos 185^\circ \\ &= \frac{1}{2}\left(-\frac{1}{2} + \cos 10^\circ\right)(-\cos 5^\circ) \\ &= \frac{\cos 5^\circ}{4} - \frac{\cos 5^\circ \cos 10^\circ}{2} \end{aligned}$$

$\cos 5^\circ \cos 10^\circ$에 대해 합차 공식을 적용하여 정리하면, 다음과 같다.

$$\begin{aligned}\frac{\cos 5^\circ}{4} - \frac{\cos 5^\circ \cos 10^\circ}{2} &= \frac{\cos 5^\circ}{4} - \frac{\cos 15^\circ}{4} - \frac{\cos 5^\circ}{4} \\ &= -\frac{\cos 15^\circ}{4} = -\frac{\cos(45^\circ - 30^\circ)}{4} \\ &= -\frac{\cos 45^\circ \cos 30^\circ + \sin 45^\circ \sin 30^\circ}{4}\end{aligned}$$

$\cos 45^\circ$, $\cos 30^\circ$, $\sin 45^\circ$, $\sin 30^\circ$의 값을 대입하여 계산하면, 다음을 얻을 수 있다.

$$\cos 55^\circ \cos 65^\circ \cos 185^\circ = -\frac{1+\sqrt{3}}{8\sqrt{2}}$$

다음 등식을 증명하자.

$$\sin 20^\circ + 2\sin 40^\circ - \sin 100^\circ = \sin 40^\circ$$

등식을 변형시키기 위해, 각 $20^\circ, 40^\circ, 100^\circ$의 특징에 주목해야 한다. 어떤 특징이 있을까? 특수각을 중심으로 보면, $20^\circ = 30^\circ - 10^\circ, 40^\circ = 30^\circ + 10^\circ, 100^\circ = 90^\circ + 10^\circ$가 된다. 이것에 주목하여 문제를 해결하자.

$\sin 20^\circ = \sin(30^\circ - 10^\circ), \sin 40^\circ = \sin(30^\circ + 10^\circ), \sin 100^\circ = \sin(90^\circ + 10^\circ)$를 대입하여 식을 정리하면, 주어진 식의 좌변을 다음과 같이 쓸 수 있다.

$$\begin{aligned}&\sin(30^\circ - 10^\circ) + 2\sin(30^\circ + 10^\circ) - \sin(90^\circ + 10^\circ) \\ &\quad = \sin 30^\circ \cos 10^\circ - \cos 30^\circ \sin 10^\circ + 2\sin 30^\circ \cos 10^\circ + 2\cos 30^\circ \sin 10^\circ \\ &\qquad\qquad - \sin 90^\circ \cos 10^\circ - \cos 90^\circ \sin 10^\circ \\ &\quad = 3\sin 30^\circ \cos 10^\circ + \cos 30^\circ \sin 10^\circ - \cos 10^\circ\end{aligned}$$

$\sin 30^\circ = \frac{1}{2}, \cos 30^\circ = \frac{\sqrt{3}}{2}$를 대입하여 정리하면, 다음을 얻을 수 있다.

$$\frac{3}{2}\cos 10^\circ + \frac{\sqrt{3}}{2}\sin 10^\circ - \cos 10^\circ = \frac{1}{2}\cos 10^\circ + \frac{\sqrt{3}}{2}\sin 10^\circ$$

다시, $\frac{1}{2} = \sin 30^\circ, \frac{\sqrt{3}}{2} = \cos 30^\circ$를 대입하여 합차 공식을 이용하여 정리하자.

$$\sin 30^\circ \cos 10^\circ + \cos 30^\circ \sin 10^\circ = \sin(30^\circ + 10^\circ) = \sin 40^\circ$$

이제, 앞에서 살펴보았던 다음 등식을 증명해 보자.

$$\sin 20^\circ \sin 40^\circ \sin 60^\circ \sin 80^\circ = \frac{3}{16}$$

이 등식의 증명에서는 2배각 공식이 유익하지 않음을 확인하였다. 여기서는 합차 공식을 이용하여 식을 정리하자. $\sin 20^\circ \sin 40^\circ$에 대해 합차 공식을 사용하고 $\sin 60^\circ = \frac{\sqrt{3}}{2}$임을 생각하면, 다음을 얻을 수 있다.

$$\begin{aligned}\sin 20^\circ \sin 40^\circ \sin 60^\circ \sin 80^\circ &= \frac{\sqrt{3}\sin 20^\circ \sin 40^\circ \sin 80^\circ}{2}\\ &= \frac{\sqrt{3}(\cos 20^\circ - \cos 60^\circ)\sin 80^\circ}{4}\\ &= \frac{\sqrt{3}(\cos 20^\circ \sin 80^\circ - \cos 60^\circ \sin 80^\circ)}{4}\end{aligned}$$

$\cos 20^\circ \sin 80^\circ = \frac{1}{2}(\sin 100^\circ + \sin 60^\circ) = \frac{1}{2}(\sin 100^\circ + \frac{\sqrt{3}}{2})$이므로, 다음을 얻을 수 있다.

$$\begin{aligned}\frac{\sqrt{3}(\cos 20^\circ \sin 80^\circ - \cos 60^\circ \sin 80^\circ)}{4} &= \frac{\sqrt{3}\left(\frac{1}{2}\sin 100^\circ + \frac{\sqrt{3}}{4} - \frac{1}{2}\sin 80^\circ\right)}{4}\\ &= \frac{\sqrt{3}\left(\sin 100^\circ + \frac{\sqrt{3}}{2} - \sin 80^\circ\right)}{8} = \frac{3}{16}\end{aligned}$$

앞에서 $\sin 10^\circ \sin 30^\circ \sin 50^\circ \sin 70^\circ = \frac{1}{16}$을 증명하였다. 이 등식을 방금 전에 증명한 등식과 결합하면, 다음을 얻을 수 있다.

$$\frac{\sin 20^\circ \sin 40^\circ \sin 60^\circ \sin 80^\circ}{\sin 10^\circ \sin 30^\circ \sin 50^\circ \sin 70^\circ} = 3$$

다른 등식을 증명하자.

$$\sin 10^\circ + \sin 20^\circ + \sin 30^\circ + \sin 40^\circ + \sin 50^\circ = \frac{\sin 25^\circ}{2\sin 5^\circ}$$

이 등식을 증명하기 위해, 합차 공식을 이용하자. 가령, 등식의 좌변을 다음과 같이 쓴다고 하자.

$$(\sin 10^\circ + \sin 50^\circ) + (\sin 20^\circ + \sin 40^\circ) + \sin 30^\circ$$

$\sin 10^\circ + \sin 50^\circ$, $\sin 20^\circ + \sin 40^\circ$를 정리하면, 다음을 얻을 수 있다.

$$\sin 10^\circ + \sin 50^\circ = 2\sin 30^\circ \cos 20^\circ = \cos 20^\circ$$

$$\sin 20^\circ + \sin 40^\circ = 2\sin 30^\circ \cos 10^\circ = \cos 10^\circ$$

이 식을 대입하면, 다음을 얻을 수 있다.

$$(\sin 10^\circ + \sin 50^\circ) + (\sin 20^\circ + \sin 40^\circ) + \sin 30^\circ = \cos 20^\circ + \cos 10^\circ + \frac{1}{2}$$

그런데, 얻어진 식의 우변을 합차 공식을 이용하여 정리하면

$$\cos 20^\circ + \cos 10^\circ + \frac{1}{2} = 2\cos 15^\circ \cos 5^\circ + \frac{1}{2}$$

가 되어, 증명하려는 등식의 우변과 유사한 식을 얻기 어렵다.

다른 증명 방법을 찾아보자. 등식 우변의 분모에 있는 $2\sin 5^\circ$에 주목하자. 증명하려는 등식의 좌변에서 분자와 분모에 $2\sin 5^\circ$를 곱하자. 그러면, 다음을 얻을 수 있다.

$$\begin{aligned}&\sin 10^\circ + \sin 20^\circ + \sin 30^\circ + \sin 40^\circ + \sin 50^\circ \\ &\quad = \frac{2\sin 5^\circ \sin 10^\circ + 2\sin 5^\circ \sin 20^\circ + 2\sin 5^\circ \sin 30^\circ + 2\sin 5^\circ \sin 40^\circ}{2\sin 5^\circ} \\ &\qquad + \frac{2\sin 5^\circ \sin 50^\circ}{2\sin 5^\circ}\end{aligned}$$

합차 공식을 이용하면, $2\sin 5^\circ \sin 10^\circ = \cos 5^\circ - \cos 15^\circ$, $2\sin 5^\circ \sin 20^\circ = \cos 15^\circ - \cos 25^\circ$, $2\sin 5^\circ \sin 30^\circ = \cos 25^\circ - \cos 35^\circ$, $2\sin 5^\circ \sin 40^\circ = \cos 35^\circ - \cos 45^\circ$가 되며, $2\sin 5^\circ \sin 50^\circ = \cos 45^\circ - \cos 55^\circ$이다.

얻어진 식을 대입하면, 다음을 얻을 수 있다.

$$\sin 10^\circ + \sin 20^\circ + \sin 30^\circ + \sin 40^\circ + \sin 50^\circ = \frac{\cos 5^\circ - \cos 55^\circ}{2\sin 5^\circ}$$

이제, $\cos 5^\circ - \cos 55^\circ$에 합차 공식을 적용하면, $-2\sin 30^\circ \sin(-25)^\circ = \sin 25^\circ$가 되어 등식이 증명된다.

이 증명에서 흥미로운 것은 $\sin 10^\circ + \sin 20^\circ + \sin 30^\circ + \sin 40^\circ + \sin 50^\circ$를 정리하기 위해, 식의 분자와 분모에 $2\sin 5^\circ$를 곱하여 합차 공식을 이용했다는 것이다.

다른 등식을 살펴보자.

$$\cos 40^\circ + \cos 80^\circ + \cos 120^\circ + \cos 160^\circ = -\frac{1}{2}$$

앞에서 $\sin 10^\circ + \sin 20^\circ + \sin 30^\circ + \sin 40^\circ + \sin 50^\circ$를 정리하기 위해 사용했던 방법을 이용하자. 즉, 등식의 좌변에서 분자와 분모에 $2\sin 20^\circ$를 곱하자. 그러면, 다음을 얻을 수 있다.

$$\begin{aligned}&\cos 40^\circ + \cos 80^\circ + \cos 120^\circ + \cos 160^\circ \\ &\quad = \frac{2\sin 20^\circ \cos 40^\circ + 2\sin 20^\circ \cos 80^\circ + 2\sin 20^\circ \cos 120^\circ + 2\sin 20^\circ \cos 160^\circ}{2\sin 20^\circ}\end{aligned}$$

합차 공식을 이용하면, $2\sin 20^\circ \cos 40^\circ = \sin 60^\circ - \sin 20^\circ$, $2\sin 20^\circ \cos 80^\circ = \sin 100^\circ - \sin 60^\circ$, $2\sin 20^\circ \cos 120^\circ = \sin 140^\circ - \sin 100^\circ$, $2\sin 20^\circ \cos 160^\circ = \sin 180^\circ - \sin 140^\circ$가 된다.

얻어진 식을 대입하면, 다음을 얻을 수 있다.

$$\cos 40^\circ + \cos 80^\circ + \cos 120^\circ + \cos 160^\circ = \frac{\sin 180^\circ - \sin 20^\circ}{2\sin 20^\circ} = -\frac{1}{2}$$

이 결과는 다른 각들에 대해서도 일반화 할 수 있다. 가령, 같은 방법으로 다음이 성립한다는 것을 증명할 수 있다.

$$\begin{aligned}&\cos\frac{2\pi}{7} + \cos\frac{4\pi}{7} + \cos\frac{6\pi}{7} = -\frac{1}{2} \\ &\cos\frac{2\pi}{11} + \cos\frac{4\pi}{11} + \cos\frac{6\pi}{11} + \cos\frac{8\pi}{11} + \cos\frac{10\pi}{11} = -\frac{1}{2}\end{aligned}$$

결국, 다음이 성립함을 알 수 있다.

$$\cos\left(\frac{2\pi}{2n+1}\right) + \cos\left(\frac{4\pi}{2n+1}\right) + \cos\left(\frac{6\pi}{2n+1}\right) + \cdots + \cos\left(\frac{2n\pi}{2n+1}\right) = -\frac{1}{2}$$

다른 등식을 살펴보자.

$$\frac{1}{\sin 10^\circ} - \frac{\sqrt{3}}{\cos 10^\circ} = 4$$

분수의 형태로 주어졌기 때문에, 통분을 하자. 통분을 하면 분모가 $\sin 10^\circ \cos 10^\circ$가 되므로, 2배각 공식으로 증명을 시작할 수 있다.

$$\frac{1}{\sin 10^\circ} - \frac{\sqrt{3}}{\cos 10^\circ} = \frac{\cos 10^\circ - \sqrt{3}\sin 10^\circ}{\sin 10^\circ \cos 10^\circ} = \frac{2(\cos 10^\circ - \sqrt{3}\sin 10^\circ)}{\sin 20^\circ}$$

더 이상 식을 변형시키기가 어렵다. 얻어진 식의 분자 $\cos 10^\circ - \sqrt{3}\sin 10^\circ$에 주목하자. 합차 공식을 이용하려고 하는데, $\sqrt{3}$이 있어서 어려움이 발생한다.

$\sqrt{3}$의 의미를 생각하자. $\sqrt{3} = \tan 60^\circ$라는 것을 생각하자. 그러면, 다음과 같이 식을 변형시킬 수 있다.

$$\begin{aligned}\frac{2(\cos 10^\circ - \sqrt{3}\sin 10^\circ)}{\sin 20^\circ} &= \frac{2(\cos 10^\circ - \tan 60^\circ \sin 10^\circ)}{\sin 20^\circ} \\ &= \frac{2\left(\cos 10^\circ - \frac{\sin 60^\circ}{\cos 60^\circ}\sin 10^\circ\right)}{\sin 20^\circ} \\ &= \frac{2(\cos 10^\circ \cos 60^\circ - \sin 60^\circ \sin 10^\circ)}{\sin 20^\circ \cos 60^\circ} \\ &= \frac{2\cos(10^\circ + 60^\circ)}{\sin 20^\circ \cos 60^\circ} = \frac{2\cos 70^\circ}{\sin 20^\circ \cos 60^\circ}\end{aligned}$$

$\cos 70^\circ = \sin 20^\circ$라는 것을 생각하면, 얻어진 식의 값이 4가 된다는 것을 알 수 있다. 이 등식의 증명에 어려운 점은 $\sqrt{3} = \tan 60^\circ$로 놓고, 합차 공식을 사용하여 원하는 형태로 식을 변형시키는 것이었다.

4. 삼각함수의 3배각 공식과 등식

$\sin 18^\circ$를 구하기 위해, $\sin 3A = 3\sin A - 4\sin^3 A$를 이용했다. $\sin 3A$에 대한 공식을 이용하여, 삼각함수 등식을 만들어보자. $\sin 3A = 3\sin A - 4\sin^3 A$를 다음과 같이 $\sin A$에 대한 3차방정식으로 쓸 수 있다.

$$4\sin^3 A - 3\sin A + \sin 3A = 0$$

$A = 20^\circ, 40^\circ, -80^\circ$를 식 $4\sin^3 A - 3\sin A + \sin 3A = 0$에 대입하자. 그러면 다음을

얻을 수 있다.

$$4\sin^3 20^\circ - 3\sin 20^\circ + \frac{\sqrt{3}}{2} = 0$$
$$4\sin^3 40^\circ - 3\sin 40^\circ + \frac{\sqrt{3}}{2} = 0$$
$$4\sin^3(-80)^\circ - 3\sin(-80)^\circ + \frac{\sqrt{3}}{2} = 0$$

이때, 주목할 것은 $\sin(3\times 20^\circ) = \sin(3\times 40^\circ) = \sin\{3\times(-80)^\circ\} = \frac{\sqrt{3}}{2}$로 모두 같다는 것이다. 결국, $\sin 20^\circ, \sin 40^\circ, \sin(-80)^\circ$는 3차방정식 $4x^3 - 3x + \frac{\sqrt{3}}{2} = 0$의 근이라는 것을 알 수 있다.

이제, 3차방정식 $4x^3 - 3x + \frac{\sqrt{3}}{2} = 0$의 근과 계수의 관계를 이용하면, 다음 등식을 얻을 수 있다.

$$\alpha+\beta+\gamma = \sin 20^\circ + \sin 40^\circ - \sin 80^\circ = 0$$
$$\alpha\beta+\beta\gamma+\alpha\gamma = \sin 20^\circ \sin 40^\circ - \sin 20^\circ \sin 80^\circ - \sin 40^\circ \sin 80^\circ = -\frac{3}{4}$$
$$\alpha\beta\gamma = \sin 20^\circ \sin 40^\circ \sin(-80^\circ) = -\frac{\sqrt{3}}{8}$$

위에서 $\sin 20^\circ \sin 40^\circ \sin(-80^\circ) = -\frac{\sqrt{3}}{8}$은 다음과 같이 쓸 수 있다.

$$\sin 20^\circ \sin 40^\circ \sin 80^\circ = \frac{\sqrt{3}}{8}$$

다양한 대칭식들을 기본대칭다항식 $\alpha+\beta+\gamma, \alpha\beta+\beta\gamma+\alpha\gamma, \alpha\beta\gamma$로 나타낼 수 있다는 것을 감안하면, $\sin 20^\circ, \sin 40^\circ, \sin(-80)^\circ$에 대한 대칭식들을 위의 관계식을 이용하여 어렵지 않게 정리할 수 있다는 것을 알 수 있다.

예를 들어, $\sin^2 20^\circ + \sin^2 40^\circ + \sin^2 80^\circ$의 값을 구한다고 하자. 이를 위해, 우선 다음과 같은 대칭식을 생각하자.

$$x^2+y^2+z^2 = (x+y+z)^2 - 2(xy+yz+zx)$$

여기에 $x = \sin 20^\circ, y = \sin 40^\circ, z = \sin(-80)^\circ$를 대입하자. 그러면, 다음을 얻을

수 있다.

$$\begin{aligned}\sin^2 20^\circ + \sin^2 40^\circ + \sin^2(-80)^\circ &= (\sin 20^\circ + \sin 40^\circ + \sin(-80)^\circ)^2 \\ &\quad - 2(\sin 20^\circ \sin 40^\circ + \sin 20^\circ \sin(-80)^\circ + \sin 40^\circ \sin(-80)^\circ) \\ &= (\sin 20^\circ + \sin 40^\circ - \sin 80^\circ)^2 - 2(\sin 20^\circ \sin 40^\circ \\ &\quad - \sin 20^\circ \sin 80^\circ - \sin 40^\circ \sin 80^\circ)\end{aligned}$$

얻어진 식에 $\sin 20^\circ + \sin 40^\circ - \sin 80^\circ = 0, \sin 20^\circ \sin 40^\circ - \sin 20^\circ \sin 80^\circ - \sin 40^\circ \sin 80^\circ = -\frac{3}{4}$을 대입하자. 그러면, 다음을 구할 수 있다.

$$\sin^2 20^\circ + \sin^2 40^\circ + \sin^2 80^\circ = \frac{3}{2}$$

한편, $\sin^3 20^\circ + \sin^3 40^\circ - \sin^3 80^\circ$의 값을 구한다고 하자. 이를 위해, 다음 등식을 생각하자.

$$x^3 + y^3 + z^3 - 3xyz = (x + y + z)(x^2 + y^2 + z^2 - xy - yz - zx)$$

이제, $x = \sin 20^\circ, y = \sin 40^\circ, z = \sin(-80)^\circ$라 놓자. 그러면, $x + y + z = \sin 20^\circ + \sin 40^\circ - \sin 80^\circ = 0$이므로, 다음과 같이 $\sin^3 20^\circ + \sin^3 40^\circ - \sin^3 80^\circ$의 값을 구할 수 있다.

$$\sin^3 20^\circ + \sin^3 40^\circ - \sin^3 80^\circ = -3 \sin 20^\circ \sin 40^\circ \sin 80^\circ = -\frac{3\sqrt{3}}{8}$$

다음 식의 값을 구한다고 하자.

$$3(\sin 20^\circ + \sin 40^\circ)(\sin 40^\circ - \sin 80^\circ)(\sin 20^\circ - \sin 80^\circ)$$

이 식의 값을 구하기 위해, 다음 식을 이용하자.

$$(x + y + z)^3 - x^3 - y^3 - z^3 = 3(x + y)(y + z)(z + x)$$

식 $(x + y + z)^3 - x^3 - y^3 - z^3$의 인수분해는 다음과 같이 구할 수 있다.

$$\begin{aligned}(x + y + z)^3 - x^3 - y^3 - z^3 &= \{(x + y) + z\}^3 - x^3 - y^3 - z^3 \\ &= (x + y)^3 + 3(x + y)^2 z + 3(x + y)z^2 + z^3 - x^3 - y^3 - z^3 \\ &= (x + y)^3 + 3(x + y)^2 z + 3(x + y)z^2 - (x^3 + y^3)\end{aligned}$$

$x^3+y^3=(x+y)(x^2-xy+y^2)$으로 인수분해 되므로, 얻어진 식에서 공통인수로 $(x+y)$를 묶으면 다음과 같이 인수분해 할 수 있다.

$$\begin{aligned}(x+y)^3&+3(x+y)^2z+3(x+y)z^2-(x^3+y^3)\\&=(x+y)\{(x+y)^2+3(x+y)z+3z^2-(x^2-xy+y^2)\}\\&=(x+y)(3xy+3xz+3yz+3z^2)\\&=3(x+y)\{z^2+(x+y)z+xy\}\\&=3(x+y)(y+z)(z+x)\end{aligned}$$

이제, $x=\sin 20°, y=\sin 40°, z=\sin(-80)°$를 대입하자. 그러면, 구하는 식 $3(\sin 20°+\sin 40°)(\sin 40°-\sin 80°)(\sin 20°-\sin 80°)$는 위의 등식에서 우변에 해당한다. 그러므로 구하는 값은 다음 식의 값과 같다.

$$(\sin 20°+\sin 40°-\sin 80°)^3-(\sin^3 20°+\sin^3 40°-\sin^3 80°)$$

$\sin 20°+\sin 40°-\sin 80°=0$이고 $\sin^3 20°+\sin^3 40°-\sin^3 80°=-\frac{3\sqrt{3}}{8}$이므로, 다음을 알 수 있다.

$$3(\sin 20°+\sin 40°)(\sin 40°-\sin 80°)(\sin 20°-\sin 80°)=\frac{3\sqrt{3}}{8}$$

이제, 다른 각들에 대한 등식을 만들어 보자. 여기서는 $\sin 15°=\frac{\sqrt{6}-\sqrt{2}}{4}$라는 것을 이용하자. 이를 위해, 다음을 생각하면 된다.

$$\sin(3\times 5°)=\sin(3\times 55°)=\sin\{3\times(-65)°\}=\sin 15°=\frac{\sqrt{6}-\sqrt{2}}{4}$$

그러므로, $\sin 5°$, $\sin 55°$, $\sin(-65)°$를 $4\sin^3 A-3\sin A+\sin 3A=0$에 A대신 대입하자. 그러면, 다음을 얻을 수 있다.

$$\begin{aligned}&4\sin^3 5°-3\sin 5°+\frac{\sqrt{6}-\sqrt{2}}{4}=0\\&4\sin^3 55°-3\sin 55°+\frac{\sqrt{6}-\sqrt{2}}{4}=0\\&4\sin^3(-65)°-3\sin(-65)°+\frac{\sqrt{6}-\sqrt{2}}{4}=0\end{aligned}$$

결국, $\sin 5°$, $\sin 55°$, $\sin(-65)°$는 3차방정식 $4x^3 - 3x + \frac{\sqrt{6}-\sqrt{2}}{4} = 0$의 해라는 것을 알 수 있다. 여기에 근과 계수의 관계를 이용하면, 다음 등식을 얻을 수 있다.

$$\sin 5° + \sin 55° + \sin(-65)° = 0$$

$$\sin 5° \sin 55° + \sin 55° \sin(-65)° + \sin 5° \sin(-65)° = -\frac{3}{4}$$

$$\sin 5° \sin 55° \sin(-65)° = -\frac{\sqrt{6}-\sqrt{2}}{16} = \frac{\sqrt{2}-\sqrt{6}}{16}$$

$\sin(-65)° = -\sin 65°$를 이용하여 위의 식들을 다시 쓰면, 다음과 같다.

$$\sin 5° + \sin 55° - \sin 65° = 0$$

$$\sin 5° \sin 55° - \sin 55° \sin 65° - \sin 5° \sin 65° = -\frac{3}{4}$$

$$\sin 5° \sin 55° \sin 65° = \frac{\sqrt{6}-\sqrt{2}}{16}$$

$\sin 5°, \sin 55°, \sin 65°$에 대한 등식들을 유도하자. 이를 위해, 앞에서 다루었던 다음 등식들을 이용하자.

$$x^2 + y^2 + z^2 = (x+y+z)^2 - 2(xy + yz + zx)$$

$$x^3 + y^3 + z^3 - 3xyz = (x+y+z)(x^2 + y^2 + z^2 - xy - yz - zx)$$

$$(x+y+z)^3 - x^3 - y^3 - z^3 = 3(x+y)(y+z)(z+x)$$

여기에 $x = \sin 5°, y = \sin 55°, z = \sin 65°$를 대입하고, 근과 계수의 관계에서 얻어진 등식들을 이용하자. 그러면, 다음 등식들을 얻을 수 있다.

$$\begin{aligned}&\sin^2 5° + \sin^2 55° + \sin^2 65° \\ &\qquad = -2(\sin 5° \sin 55° - \sin 55° \sin 65° - \sin 5° \sin 65°) = \frac{3}{2}\end{aligned}$$

$$\sin^3 5° + \sin^3 55° - \sin^3 65° + 3 \sin 5° \sin 55° \sin 65° = 0$$

$$\sin^3 5° + \sin^3 55° - \sin^3 65° = -3 \sin 5° \sin 55° \sin 65° = \frac{3(\sqrt{2}-\sqrt{6})}{16}$$

$$\begin{aligned}&3(\sin 5° + \sin 55°)(\sin 55° - \sin 65°)(\sin 5° - \sin 65°) \\ &\qquad = -(\sin^3 5° + \sin^3 55° - \sin^3 65°) = \frac{3(\sqrt{6}-\sqrt{2})}{16}\end{aligned}$$

이제, 코사인 3배각 공식 $\cos 3A = 4\cos^3 A - 3\cos A$, $4\cos^3 A - 3\cos A - \cos 3A = 0$을 생각하자. 코사인 3배각 공식을 이용하여, 등식을 만들자.

이를 위해, $\cos 3A$ 값이 같아지는 각을 찾는다. $A = 20°, 100°, 140°$를 생각하자. 그러면 $\cos 3A = \cos 60° = \cos 300° = \cos 420° = \frac{1}{2}$이 된다. 이제, $A = 20°, 100°, 140°$를 $4\cos^3 A - 3\cos A - \cos 3A = 0$에 대입하자. 그러면, 다음을 얻을 수 있다.

$$4\cos^3 20° - 3\cos 20° - \frac{1}{2} = 0$$
$$4\cos^3 100° - 3\cos 100° - \frac{1}{2} = 0$$
$$4\cos^3 140° - 3\cos 140° - \frac{1}{2} = 0$$

그러면, $\cos 20°, \cos 100°, \cos 140°$는 3차방정식 $4x^3 - 3x - \frac{1}{2} = 0$의 근이다. 근과 계수의 관계를 생각하면, 다음 등식을 얻을 수 있다.

$$\cos 20° + \cos 100° + \cos 140° = 0$$
$$\cos 20° \cos 100° + \cos 20° \cos 140° + \cos 100° \cos 140° = -\frac{3}{4}$$
$$\cos 20° \cos 100° \cos 140° = \frac{1}{8}$$

$\cos 20°, \cos 100°, \cos 140°$에 대한 등식을 만들어 보자. 이를 위해, 다음 대칭다항식을 생각하자.

$$(x+y+z)(xy+yz+zx) - xyz = (x+y)(y+z)(z+x)$$

이 등식의 타당성은 양변을 전개하여 비교하면 확인할 수 있다. 이제, $x = \cos 20°$, $y = \cos 100°$, $z = \cos 140°$를 대입하고, 근과 계수의 관계에서 얻어진 등식들을 이용하자. 그러면, 다음 등식들을 얻을 수 있다.

$$(\cos 20° + \cos 100°)(\cos 100° + \cos 140°)(\cos 20° + \cos 140°)$$
$$= -\cos 20° \cos 100° \cos 140° = -\frac{1}{8}$$

이제, 다음 등식을 이용하여 $\cos 20°, \cos 100°, \cos 140°$에 대한 식을 만들자.

$$x^3 + y^3 + z^3 - 3xyz = (x+y+z)(x^2+y^2+z^2-xy-yz-zx)$$

$x = \cos 20°$, $y = \cos 100°$, $z = \cos 140°$를 대입하여 정리하면, 다음 등식을 얻을 수 있다.

$$\cos^3 20° + \cos^3 100° + \cos^3 140° = 3\cos 20° \cos 100° \cos 140° = \frac{3}{8}$$

결국, 다음과 같은 $\cos 20°, \cos 100°, \cos 140°$에 대한 등식을 만들었다.

$$(\cos 20° + \cos 100°)(\cos 100° + \cos 140°)(\cos 20° + \cos 140°) = -\frac{1}{8}$$
$$\cos^3 20° + \cos^3 100° + \cos^3 140° = 3\cos 20° \cos 100° \cos 140° = \frac{3}{8}$$

이 두 등식을 연립하면, 다음과 같은 새로운 등식을 얻을 수 있다.

$$\begin{aligned}&\cos^3 20° + \cos^3 100° + \cos^3 140° \\ &\qquad = -3(\cos 20° + \cos 100°)(\cos 100° + \cos 140°)(\cos 20° + \cos 140°)\end{aligned}$$

다음 등식을 이용하여, $\cos 20°, \cos 100°, \cos 140°$에 대한 식을 만들어 보자.

$$x^2 + y^2 + z^2 = (x + y + z)^2 - 2(xy + yz + zx)$$

여기에 $x = \cos 20°$, $y = \cos 100°$, $z = \cos 140°$를 대입하여 정리하면, 다음 등식을 얻을 수 있다.

$$\cos^2 20° + \cos^2 100° + \cos^2 140° = \frac{3}{2}$$

한편, $x + y + z = 0$일 때 다음 등식이 성립한다.

$$2(x^4 + y^4 + z^4) = (x^2 + y^2 + z^2)^2$$

이 등식과 위에서 얻어진 결과를 이용하면, 다음을 구할 수 있다.

$$2(\cos^4 20° + \cos^4 100° + \cos^4 140°) = \left(\frac{3}{2}\right)^2 = \frac{9}{4}$$
$$\cos^4 20° + \cos^4 100° + \cos^4 140° = \frac{9}{8}$$

등식 $2(x^4 + y^4 + z^4) = (x^2 + y^2 + z^2)^2$의 증명을 살펴보자. $x + y + z = 0$에서 $z = -x - y$를 $2(x^4 + y^4 + z^4)$에 대입하자. 그러면, 다음이 성립한다.

$$2(x^4 + y^4 + z^4) = 2\{x^4 + y^4 + (x + y)^4\}$$

여기서 $x^4+y^4=(x^2+y^2)^2-2x^2y^2=\{(x+y)^2-2xy\}^2-2x^2y^2=(x+y)^4-4xy(x+y)^2+2x^2y^2$가 된다. 이를 이용하면, 다음과 같이 식을 정리할 수 있다.

$$\begin{aligned}2\{x^4+y^4+(x+y)^4\}&=2\{2(x+y)^4-4xy(x+y)^2+2x^2y^2\}\\&=4\{(x+y)^2-xy\}^2=4(x^2+y^2+xy)^2\\&=4\left(\frac{2x^2+2y^2+2xy}{2}\right)^2=(2x^2+2y^2+2xy)^2\\&=\{x^2+y^2+(x+y)^2\}^2=(x^2+y^2+z^2)^2\end{aligned}$$

이제, 다른 각들을 살펴보자. $\cos 36^\circ=\frac{1+\sqrt{5}}{4}$라는 것을 알고 있다. $\cos 3A=\cos 36^\circ$가 되는 $A=12^\circ$에 대해 코사인 3배각 공식을 적용하자. 12°이외에 $\cos 3A=\cos 36^\circ$가 되는 다른 A값을 생각하면, $A=108^\circ, A=132^\circ$가 있다.

$A=12^\circ, 108^\circ, 132^\circ$를 $4\cos^3 A-3\cos A-\cos 3A=0$에 대입하자. 그러면, 다음을 얻을 수 있다.

$$\begin{aligned}4\cos^3 12^\circ-3\cos 12^\circ-\frac{1+\sqrt{5}}{4}&=0\\4\cos^3 108^\circ-3\cos 108^\circ-\frac{1+\sqrt{5}}{4}&=0\\4\cos^3 132^\circ-3\cos 132^\circ-\frac{1+\sqrt{5}}{4}&=0\end{aligned}$$

$\cos 12^\circ, \cos 108^\circ, \cos 132^\circ$는 3차방정식 $4x^3-3x-\frac{1+\sqrt{5}}{4}=0$의 근이다. 그러므로 근과 계수의 관계를 생각하면, 다음 등식을 얻을 수 있다.

$$\cos 12^\circ+\cos 108^\circ+\cos 132^\circ=0$$

$$\cos 12^\circ\cos 108^\circ+\cos 12^\circ\cos 132^\circ+\cos 108^\circ\cos 132^\circ=-\frac{3}{4}$$

$$\cos 12^\circ\cos 108^\circ\cos 132^\circ=\frac{1+\sqrt{5}}{16}$$

위의 등식을 이용하여 $\cos 12^\circ, \cos 108^\circ, \cos 132^\circ$에 대한 몇 가지 식들을 유도하자. 우선, 다음 식의 값을 구하자.

$$\frac{1}{\cos 12^\circ}+\frac{1}{\cos 108^\circ}+\frac{1}{\cos 132^\circ}$$

이 식을 통분하여, 근과 계수의 관계의 등식들을 이용하면 다음을 얻을 수 있다.

$$\begin{aligned}&\frac{1}{\cos 12^\circ}+\frac{1}{\cos 108^\circ}+\frac{1}{\cos 132^\circ}\\&\quad=\frac{\cos 12^\circ\cos 108^\circ+\cos 12^\circ\cos 132^\circ+\cos 108^\circ\cos 132^\circ}{\cos 12^\circ\cos 108^\circ\cos 132^\circ}\\&\quad=-\frac{12}{1+\sqrt{5}}=3(1-\sqrt{5})\end{aligned}$$

이제, 다음 식의 값을 구하자.

$$\frac{1}{\cos 12^\circ\cos 108^\circ}+\frac{1}{\cos 12^\circ\cos 132^\circ}+\frac{1}{\cos 108^\circ\cos 132^\circ}$$

이 식을 통분하여, $\cos 12^\circ+\cos 108^\circ+\cos 132^\circ=0$인 것을 생각하면 다음을 얻을 수 있다.

$$\begin{aligned}&\frac{1}{\cos 12^\circ\cos 108^\circ}+\frac{1}{\cos 12^\circ\cos 132^\circ}+\frac{1}{\cos 108^\circ\cos 132^\circ}\\&\qquad=\frac{\cos 12^\circ+\cos 108^\circ+\cos 132^\circ}{\cos 12^\circ\cos 108^\circ\cos 132^\circ}=0\end{aligned}$$

다음 식을 계산하자.

$$\frac{1}{\cos^2 12^\circ}+\frac{1}{\cos^2 108^\circ}+\frac{1}{\cos^2 132^\circ}$$

식을 간단히 계산하기 위해, $\cos 12^\circ=x, \cos 108^\circ=y, \cos 132^\circ=z$라 두자. 그러면, 다음과 같이 식을 정리할 수 있다.

$$\begin{aligned}\frac{1}{x^2}+\frac{1}{y^2}+\frac{1}{z^2}&=\frac{y^2z^2+x^2z^2+x^2y^2}{x^2y^2z^2}\\&=\frac{(yz+xz+xy)^2-2xyz(x+y+z)}{x^2y^2z^2}\end{aligned}$$

다시 $x=\cos 12^\circ, y=\cos 108^\circ, z=\cos 132^\circ$를 대입하면 다음을 얻을 수 있다.

$$\begin{aligned}&\frac{1}{\cos^2 12^\circ}+\frac{1}{\cos^2 108^\circ}+\frac{1}{\cos^2 132^\circ}\\&\quad=\frac{(\cos 12^\circ\cos 108^\circ+\cos 12^\circ\cos 132^\circ+\cos 108^\circ\cos 132^\circ)^2}{(\cos 12^\circ\cos 108^\circ\cos 132^\circ)^2}\\&\qquad-\frac{2\cos 12^\circ\cos 108^\circ\cos 132^\circ(\cos 12^\circ+\cos 108^\circ+\cos 132^\circ)}{(\cos 12^\circ\cos 108^\circ\cos 132^\circ)^2}\\&\quad=\frac{\left(-\frac{3}{4}\right)^2}{\left(\frac{1+\sqrt{5}}{4}\right)^2}=\frac{9}{6+2\sqrt{5}}\end{aligned}$$

결국, 다음을 알 수 있다.

$$\frac{1}{\cos^2 12^\circ}+\frac{1}{\cos^2 108^\circ}+\frac{1}{\cos^2 132^\circ}=\frac{9}{6+2\sqrt{5}}$$

이제, 탄젠트에 대한 등식들을 구해보자. 탄젠트 3배각 공식

$$\tan 3A=\frac{3\tan A-\tan^3 A}{1-3\tan^2 A}$$

를 생각하여, $\tan A$에 대한 내림차순으로 다음과 같이 변형시키자.

$$\tan 3A(1-3\tan^2 A)=3\tan A-\tan^3 A$$

$$\tan^3 A-3\tan 3A\tan^2 A-3\tan A+\tan 3A=0$$

$A=10^\circ, 70^\circ, -50^\circ$에 대한 $\tan 3A$의 값이 $\frac{\sqrt{3}}{3}$으로 모두 같다. $\tan 3A=\frac{\sqrt{3}}{3}$를 대입하면, 다음을 얻을 수 있다.

$$\tan^3 A-3\left(\frac{\sqrt{3}}{3}\right)\tan^2 A-3\tan A+\frac{\sqrt{3}}{3}=0$$

$$\sqrt{3}\tan^3 A-3\tan^2 A-3\sqrt{3}\tan A+1=0$$

그러면, $\tan 10^\circ$, $\tan 70^\circ$, $\tan(-50)^\circ$는 3차방정식 $\sqrt{3}x^3-3x^2-3\sqrt{3}x+1=0$의 근이다. 근과 계수의 관계를 생각하면, 다음 등식을 얻을 수 있다.

$$\tan 10^\circ+\tan 70^\circ+\tan(-50)^\circ=\sqrt{3}$$

$$\tan 10^\circ\tan 70^\circ+\tan 10^\circ\tan(-50)^\circ+\tan 70^\circ\tan(-50)^\circ=-3$$

$$\tan 10^\circ\tan 70^\circ\tan(-50)^\circ=-\frac{\sqrt{3}}{3}$$

이때, $\tan(-50)^\circ=-\tan 50^\circ$이라는 것을 생각하면, 다음을 얻을 수 있다.

$$\tan 10^\circ+\tan 70^\circ-\tan 50^\circ=\sqrt{3}$$

$$\tan 10^\circ\tan 70^\circ-\tan 10^\circ\tan 50^\circ-\tan 70^\circ\tan 50^\circ=-3$$

$$\tan 10^\circ\tan 70^\circ\tan 50^\circ=\frac{\sqrt{3}}{3}$$

얻어진 결과를 이용하여, 다음 식의 값을 구하자.

$$\frac{1}{\tan 10^\circ} + \frac{1}{\tan 70^\circ} + \frac{1}{\tan(-50^\circ)}$$

이 식을 통분하여, 다음과 같이 구할 수 있다.

$$\frac{\tan 10^\circ \tan 70^\circ + \tan 10^\circ \tan(-50)^\circ + \tan 70^\circ \tan(-50)^\circ}{\tan 10^\circ \tan 70^\circ \tan(-50)^\circ} = 3\sqrt{3}$$

얻어진 식은 다음과 같이 쓸 수 있다.

$$\frac{1}{\tan 10^\circ} + \frac{1}{\tan 70^\circ} - \frac{1}{\tan 50^\circ} = 3\sqrt{3}$$

한편, $\sin^2 20^\circ + \sin^2 40^\circ + \sin^2 80^\circ$의 값을 구하기 위해, 등식 $x^2 + y^2 + z^2 = (x+y+z)^2 - 2(xy+yz+zx)$을 이용했다. 여기서는 $\tan^2 10^\circ + \tan^2 70^\circ + \tan^2 50^\circ$의 값을 두 가지 방법으로 구해보자.

우선, $x^2+y^2+z^2 = (x+y+z)^2 - 2(xy+yz+zx)$을 이용하자. $x = \tan 10^\circ, y = \tan 70^\circ, z = \tan(-50)^\circ$라 놓으면, 다음을 얻을 수 있다.

$$\begin{aligned}\tan^2 10^\circ + \tan^2 70^\circ + \tan^2 50^\circ &= (\tan 10^\circ + \tan 70^\circ + \tan(-50)^\circ)^2 \\ &\quad - 2(\tan 10^\circ \tan 70^\circ + \tan 10^\circ \tan(-50)^\circ + \tan 70^\circ \tan(-50)^\circ) \\ &= 3 - 2(-3) = 9\end{aligned}$$

이로부터 $\tan^2 10^\circ + \tan^2 70^\circ + \tan^2 50^\circ = 9$가 됨을 알 수 있다.

한편, 다른 방법으로 $\tan^2 10^\circ + \tan^2 70^\circ + \tan^2 50^\circ$의 값을 구하자. 이를 위해, 탄젠트 3배각 공식 $\tan 3A = \frac{3\tan A - \tan^3 A}{1-3\tan^2 A}$의 양변을 제곱하자.

$$\tan^2 3A = \left(\frac{3\tan A - \tan^3 A}{1-3\tan^2 A}\right)^2 = \frac{9\tan^2 A - 6\tan^4 A + \tan^6 A}{1 - 6\tan^2 A + 9\tan^4 A}$$

$A = 10^\circ, 70^\circ, -50^\circ$에 대해 $\tan 3A = \frac{\sqrt{3}}{3}$이므로,

$$\frac{9\tan^2 A - 6\tan^4 A + \tan^6 A}{1 - 6\tan^2 A + 9\tan^4 A} = \frac{1}{3}$$

이 된다. 이 식을 정리하면, 다음과 같다.

$$3\tan^6 A - 27\tan^4 A + 33\tan^2 A - 1 = 0$$

이 식을 $\tan^2 A$로 정리하자.

$$3(\tan^2 A)^3 - 27(\tan^2 A)^2 + 33\tan^2 A - 1 = 0$$

이로부터, $\tan^2 A$는 3차방정식 $3x^3 - 27x^2 + 33x - 1 = 0$의 근이 됨을 알 수 있다. 결국, $\tan^2 10°, \tan^2 70°, \tan^2(-50°) = \tan^2 50°$가 이 3차방정식의 근이다.

근과 계수의 관계를 이용하면, 다음을 얻을 수 있다.

$$\tan^2 10° + \tan^2 70° + \tan^2 50° = 9$$

$$\tan^2 10° \tan^2 70° + \tan^2 10° \tan^2 50° + \tan^2 70° \tan^2 50° = -11$$

$$\tan^2 10° \tan^2 70° \tan^2 50° = \frac{1}{3}$$

$10°, 70°, -50°$이 아닌 다른 각에 대한 탄젠트 등식을 만들어 보자. $A = 5°$, $65°$, $-55°$라 두면, 이들에 대해 $\tan 3A = 2 - \sqrt{3}$이다. $\tan 5°, \tan 65°, \tan(-55)°$를 해로 가지는 3차방정식을 만들자.

탄젠트 3배각 공식으로부터 $\tan A$에 대한 다음 3차방정식을 얻을 수 있다.

$$\tan^3 A - 3\tan 3A \tan^2 A - 3\tan A + \tan 3A = 0$$

$\tan 3A = 2 - \sqrt{3}$을 대입하면, 다음을 얻을 수 있다.

$$\tan^3 A - 3(2 - \sqrt{3})\tan^2 A - 3\tan A + 2 - \sqrt{3} = 0$$

$\tan 5°$, $\tan 65°$, $\tan(-55)°$는 3차방정식 $x^3 - 3(2 - \sqrt{3})x^2 - 3x + 2 - \sqrt{3} = 0$의 해가 된다. 근과 계수의 관계를 생각하면, 다음 등식을 얻을 수 있다.

$$\tan 5° + \tan 65° + \tan(-55)° = 3(2 - \sqrt{3})$$

$$\tan 5° \tan 65° + \tan 5° \tan(-55)° + \tan 65° \tan(-55)° = -3$$

$$\tan 5° \tan 65° \tan(-55)° = \sqrt{3} - 2$$

이때, $\tan(-55)^\circ = -\tan 55^\circ$이라는 것을 생각하면, 다음을 얻을 수 있다.

$$\tan 5^\circ + \tan 65^\circ - \tan 55^\circ = 3(2-\sqrt{3})$$

$$\tan 5^\circ \tan 65^\circ - \tan 5^\circ \tan 55^\circ - \tan 65^\circ \tan 55^\circ = -3$$

$$\tan 5^\circ \tan 65^\circ \tan 55^\circ = 2-\sqrt{3}$$

이 식들로부터 다양한 등식들을 만들 수 있다. 가령, $\tan^2 5^\circ + \tan^2 65^\circ + \tan^2 55^\circ$를 구한다고 하자. 이것은 $x^2+y^2+z^2 = (x+y+z)^2 - 2(xy+yz+xz)$를 이용하여 다음과 같이 구할 수 있다.

$$\begin{aligned}
&\tan^2 5^\circ + \tan^2 65^\circ + \tan^2(-55)^\circ \\
&\quad = (\tan 5^\circ + \tan 65^\circ + \tan(-55)^\circ)^2 - 2(\tan 5^\circ \tan 65^\circ \\
&\qquad\qquad + \tan 5^\circ \tan(-55)^\circ + \tan 65^\circ \tan(-55)^\circ) \\
&\quad = \{3(2-\sqrt{3})\}^2 - 2(-3) = 69 - 36\sqrt{3}
\end{aligned}$$

이로부터, 다음을 알 수 있다.

$$\tan^2 5^\circ + \tan^2 65^\circ + \tan^2 55^\circ = 69 - 36\sqrt{3}$$

앞에서 다루었던 다양한 대칭다항식들을 이용하면, $\tan 5^\circ$, $\tan 65^\circ$, $\tan(-55)^\circ$에 대한 등식들을 만들 수 있다. 이때 염두에 둘 것은 $\tan 5^\circ$, $\tan 65^\circ$, $\tan(-55)^\circ$에 대해 세 항의 합 $\tan 5^\circ + \tan 65^\circ + \tan(-55)^\circ$, 두 항의 곱들의 합 $\tan 5^\circ \tan 65^\circ + \tan 5^\circ \tan(-55)^\circ + \tan 65^\circ \tan(-55)^\circ$, 세 항의 곱 $\tan 5^\circ \tan 65^\circ \tan(-55)^\circ$, 즉 $\tan 5^\circ$, $\tan 65^\circ$, $\tan(-55)^\circ$에 대한 기본대칭다항식을 이용하기 때문에, 다항식들도 $x^3+y^3+z^3-3xyz = (x+y+z)(x^2+y^2+z^2-xy-yz-zx)$와 같은 대칭식을 생각해야 한다는 것이다.

이 책에서는 증명을 소개하지 않았지만, x, y, z에 대한 대칭다항식은 기본대칭다항식인 $x+y+z$, $xy+yz+zx$, xyz로 나타낼 수 있다는 것이 알려져 있다. 그러므로, x, y, z에 대한 대칭다항식을 기본대칭다항식으로 나타낸 다음, $x = \tan 5^\circ$, $y = \tan 65^\circ$,

$z = \tan(-55)^\circ$로 치환하여 $\tan 5^\circ$, $\tan 65^\circ$, $\tan(-55)^\circ$에 대한 기본대칭다항식의 값을 대입하면, $\tan 5^\circ$, $\tan 65^\circ$, $\tan(-55)^\circ$에 대한 다항식을 얻을 수 있는 것이다.

5. 세 각의 삼각함수

각 α, β에 대한 삼각함수 등식, 부등식을 증명하고 문제를 풀었다. 종종 α, β, γ와 같이 세 각을 다루어야 하는 경우가 있다. 특히, 삼각형이 세 각을 가지며, 삼각형의 각들의 규칙성을 탐구하는데 삼각함수 공식들이 중요한 도구가 된다는 것을 감안하면, 각이 3개일 경우에 삼각함수 공식들을 어떻게 적용하고 탐구할 것인가를 고민하는 것은 의미있을 것이다.

가령, α, β, γ에 대한 다음 등식을 증명한다고 하자.

$$\cos(\alpha+\beta+\gamma) + \cos\alpha + \cos\beta + \cos\gamma = 4\cos\left(\frac{\alpha+\beta}{2}\right)\cos\left(\frac{\alpha+\gamma}{2}\right)\cos\left(\frac{\beta+\gamma}{2}\right)$$

$\cos(\alpha+\beta) = \cos\alpha\cos\beta - \sin\alpha\sin\beta$가 된다는 것을 알고 있다. 그렇다면, $\cos(\alpha+\beta+\gamma)$와 같이 각이 3개가 포함된 경우에는 어떻게 접근해야 할까?

접근 방법은 단순하다. 각이 2개인 경우와 유사하게 문제를 해결할 수 있다. 여기서는 $\{\cos(\alpha+\beta+\gamma)+\cos\gamma\} + \{\cos\alpha + \cos\beta\}$로 묶어서 합차 공식을 이용하자. 그러면, 다음을 얻을 수 있다.

$$\begin{aligned}
&\{\cos(\alpha+\beta+\gamma)+\cos\gamma\} + \{\cos\alpha+\cos\beta\} \\
&\qquad = 2\cos\frac{\alpha+\beta+2\gamma}{2}\cos\frac{\alpha+\beta}{2} + 2\cos\frac{\alpha+\beta}{2}\cos\frac{\alpha-\beta}{2} \\
&\qquad = 2\cos\frac{\alpha+\beta}{2}\left(\cos\frac{\alpha+\beta+2\gamma}{2} + \cos\frac{\alpha-\beta}{2}\right) \\
&\qquad = 4\cos\frac{\alpha+\beta}{2}\cos\frac{\alpha+\gamma}{2}\cos\frac{\beta+\gamma}{2}
\end{aligned}$$

살펴본 것처럼, α, β, γ를 포함한 식이 있다고 하여 특별히 다른 취급 방법이 있는 것은 아니다. α, β에 대해 알고 있는 삼각함수 공식들을 α, β, γ에 적용하여 문제를 해결하면 된다.

세 각의 합차 공식

두 각 α, β에 대해 삼각함수의 합차 공식을 배웠다. 여기서는 세 각 α, β, γ에 대해 $\sin(\alpha+\beta+\gamma), \cos(\alpha+\beta+\gamma), \tan(\alpha+\beta+\gamma)$를 구하는 식을 알아보자.

$\sin(\alpha+\beta+\gamma) = \sin\{(\alpha+\beta)+\gamma\}$로 생각할 수 있으므로, 다음과 같이 식을 전개할 수 있다.

$$\begin{aligned}\sin(\alpha+\beta+\gamma) &= \sin\{(\alpha+\beta)+\gamma\} = \sin(\alpha+\beta)\cos\gamma + \cos(\alpha+\beta)\sin\gamma \\ &= (\sin\alpha\cos\beta + \cos\alpha\sin\beta)\cos\gamma + (\cos\alpha\cos\beta - \sin\alpha\sin\beta)\sin\gamma \\ &= \sin\alpha\cos\beta\cos\gamma + \cos\alpha\sin\beta\cos\gamma + \cos\alpha\cos\beta\sin\gamma - \sin\alpha\sin\beta\sin\gamma\end{aligned}$$

이로부터, 다음을 알 수 있다.

$$\begin{aligned}&\sin(\alpha+\beta+\gamma) \\ &\quad = \sin\alpha\cos\beta\cos\gamma + \cos\alpha\sin\beta\cos\gamma + \cos\alpha\cos\beta\sin\gamma - \sin\alpha\sin\beta\sin\gamma\end{aligned}$$

한편, $\cos(\alpha+\beta+\gamma)$도 다음과 같이 쓸 수 있다.

$$\cos(\alpha+\beta+\gamma) = \cos\{(\alpha+\beta)+\gamma\}$$

사인과 코사인 합차 공식을 이용하면, 다음과 같이 식을 전개할 수 있다.

$$\begin{aligned}\cos(\alpha+\beta+\gamma) &= \cos\{(\alpha+\beta)+\gamma\} = \cos(\alpha+\beta)\cos\gamma - \sin(\alpha+\beta)\sin\gamma \\ &= (\cos\alpha\cos\beta - \sin\alpha\sin\beta)\cos\gamma - (\sin\alpha\cos\beta + \cos\alpha\sin\beta)\sin\gamma \\ &= \cos\alpha\cos\beta\cos\gamma - \sin\alpha\sin\beta\cos\gamma - \sin\alpha\cos\beta\sin\gamma - \cos\alpha\sin\beta\sin\gamma\end{aligned}$$

이로부터, 다음을 알 수 있다.

$$\begin{aligned}&\cos(\alpha+\beta+\gamma) \\ &\quad = \cos\alpha\cos\beta\cos\gamma - \sin\alpha\sin\beta\cos\gamma - \sin\alpha\cos\beta\sin\gamma - \cos\alpha\sin\beta\sin\gamma\end{aligned}$$

$\tan(\alpha+\beta+\gamma)$는 $\tan(\alpha+\beta+\gamma) = \tan\{(\alpha+\beta)+\gamma\}$와 같이 식을 변형시켜 구할 수도 있고, $\tan(\alpha+\beta+\gamma) = \frac{\sin(\alpha+\beta+\gamma)}{\cos(\alpha+\beta+\gamma)}$에서 분자와 분모를 $\cos\alpha\cos\beta\cos\gamma$로 나누어

구할 수도 있다. 여기서는 $\tan(\alpha+\beta+\gamma)=\frac{\sin(\alpha+\beta+\gamma)}{\cos(\alpha+\beta+\gamma)}$를 이용하여 구해보자.

$$\begin{aligned}&\tan(\alpha+\beta+\gamma)\\&\quad=\frac{\sin\alpha\cos\beta\cos\gamma+\cos\alpha\sin\beta\cos\gamma+\cos\alpha\cos\beta\sin\gamma-\sin\alpha\sin\beta\sin\gamma}{\cos\alpha\cos\beta\cos\gamma-\sin\alpha\sin\beta\cos\gamma-\sin\alpha\cos\beta\sin\gamma-\cos\alpha\sin\beta\sin\gamma}\end{aligned}$$

여기서 분자와 분모를 $\cos\alpha\cos\beta\cos\gamma$로 나누자. 그러면, 분자는 다음과 같이 정리할 수 있다.

$$\begin{aligned}&\frac{\sin\alpha\cos\beta\cos\gamma+\cos\alpha\sin\beta\cos\gamma+\cos\alpha\cos\beta\sin\gamma-\sin\alpha\sin\beta\sin\gamma}{\cos\alpha\cos\beta\cos\gamma}\\&\quad=\tan\alpha+\tan\beta+\tan\gamma-\tan\alpha\tan\beta\tan\gamma\end{aligned}$$

분모는 다음과 같이 정리된다.

$$\begin{aligned}&\frac{\cos\alpha\cos\beta\cos\gamma-\sin\alpha\sin\beta\cos\gamma-\sin\alpha\cos\beta\sin\gamma-\cos\alpha\sin\beta\sin\gamma}{\cos\alpha\cos\beta\cos\gamma}\\&\quad=1-\tan\alpha\tan\beta-\tan\alpha\tan\gamma-\tan\beta\tan\gamma\end{aligned}$$

결국, 다음을 얻을 수 있다.

$$\tan(\alpha+\beta+\gamma)=\frac{\tan\alpha+\tan\beta+\tan\gamma-\tan\alpha\tan\beta\tan\gamma}{1-\tan\alpha\tan\beta-\tan\alpha\tan\gamma-\tan\beta\tan\gamma}$$

살펴본 사인과 코사인의 합차 공식을 $\tan\alpha, \tan\beta, \tan\gamma$가 포함되도록 변형해 보자. 이를 위해, 우선 두 각 α, β에 대한 합차 공식을 $\tan\alpha, \tan\beta$가 포함되도록 변형시키자.

$\sin(\alpha+\beta)=\sin\alpha\cos\beta+\cos\alpha\sin\beta$인데, 등식의 우변을 $\cos\alpha\cos\beta$로 묶어내자. 그러면, 다음을 얻을 수 있다.

$$\begin{aligned}\sin(\alpha+\beta)&=\sin\alpha\cos\beta+\cos\alpha\sin\beta\\&=\cos\alpha\cos\beta\left(\frac{\sin\alpha}{\cos\alpha}+\frac{\sin\beta}{\cos\beta}\right)\\&=\cos\alpha\cos\beta(\tan\alpha+\tan\beta)\end{aligned}$$

코사인에 대해서도 유사한 방법으로 식을 변형시켜, 다음을 얻을 수 있다.

$$\cos(\alpha+\beta)=\cos\alpha\cos\beta-\sin\alpha\sin\beta=\cos\alpha\cos\beta(1-\tan\alpha\tan\beta)$$

이제, $\sin(\alpha+\beta+\gamma)$에 대해 살펴보자. $\sin(\alpha+\beta+\gamma)$에 대한 공식에서 우변을 $\cos\alpha\cos\beta\cos\gamma$로 묶어내자. 그러면, 다음을 얻을 수 있다.

$$\begin{aligned}&\sin(\alpha+\beta+\gamma)\\&\quad=\cos\alpha\cos\beta\cos\gamma\left(\frac{\sin\alpha}{\cos\alpha}+\frac{\sin\beta}{\cos\beta}+\frac{\sin\gamma}{\cos\gamma}-\frac{\sin\alpha\sin\beta\sin\gamma}{\cos\alpha\cos\beta\cos\gamma}\right)\\&\quad=\cos\alpha\cos\beta\cos\gamma(\tan\alpha+\tan\beta+\tan\gamma-\tan\alpha\tan\beta\tan\gamma)\end{aligned}$$

$\cos(\alpha+\beta+\gamma)$도 $\sin(\alpha+\beta+\gamma)$와 같은 방법으로 정리하면, 다음을 얻을 수 있다.

$$\begin{aligned}&\cos(\alpha+\beta+\gamma)\\&\quad=\cos\alpha\cos\beta\cos\gamma\{(1-(\tan\alpha\tan\beta+\tan\alpha\tan\gamma+\tan\beta\tan\gamma)\}\end{aligned}$$

삼각형에서 세 각의 삼각함수

삼각형의 세 각 α,β,γ에서는 $\alpha+\beta+\gamma=180^\circ$이므로, $\alpha=180^\circ-(\beta+\gamma)$이다. 이로부터 $\sin\alpha=\sin(\beta+\gamma),\cos\alpha=-\cos(\beta+\gamma),\tan\alpha=-\tan(\beta+\gamma)$가 된다.

이제부터 α,β,γ는 삼각형 ABC의 세 각을 나타낸다고 하자. 몇 가지 등식을 증명하자.

$$\sin\alpha+\sin\beta+\sin\gamma=4\cos\frac{\alpha}{2}\cos\frac{\beta}{2}\cos\frac{\gamma}{2}$$

삼각형에서는 $\alpha+\beta+\gamma=180^\circ$이므로 $\sin\gamma=\sin(\alpha+\beta)$로 나타내어 합차 공식을 이용하여 정리하자.

$$\begin{aligned}\sin\alpha+\sin\beta+\sin\gamma&=\sin\alpha+\sin\beta+\sin(\alpha+\beta)\\&=2\sin\frac{\alpha+\beta}{2}\cos\frac{\alpha-\beta}{2}+\sin(\alpha+\beta)\\&=2\sin\frac{\alpha+\beta}{2}\cos\frac{\alpha-\beta}{2}+2\sin\frac{\alpha+\beta}{2}\cos\frac{\alpha+\beta}{2}\\&=2\sin\frac{\alpha+\beta}{2}\left(\cos\frac{\alpha-\beta}{2}+\cos\frac{\alpha+\beta}{2}\right)\end{aligned}$$

이때, $\sin\frac{\alpha+\beta}{2}=\sin\frac{180^\circ-\gamma}{2}=\cos\frac{\gamma}{2}$이고, $\cos\frac{\alpha-\beta}{2}+\cos\frac{\alpha+\beta}{2}$에 합차 공식을 적용하면 $2\cos\frac{\alpha}{2}\cos\frac{\beta}{2}$가 된다. 그러므로 다음을 알 수 있다.

$$2\sin\frac{\alpha+\beta}{2}\left(\cos\frac{\alpha-\beta}{2}+\cos\frac{\alpha+\beta}{2}\right)=4\cos\frac{\alpha}{2}\cos\frac{\beta}{2}\cos\frac{\gamma}{2}$$

위에 기술한 증명 방법과 유사한 방법으로, 다음 등식을 증명할 수 있다.

$$\sin\alpha + \sin\beta - \sin\gamma = 4\sin\frac{\alpha}{2}\sin\frac{\beta}{2}\cos\frac{\gamma}{2}$$

세 각 α, β, γ에 대한 등식의 증명에 익숙하지 않는 경우가 있는데, 걱정할 필요는 없다. 두 각에 대한 합차 공식이나 세 각에 대한 합차 공식을 이용하면 그리 어렵지 않게 증명할 수 있다. 살펴본 증명 방법과 유사하게 다음을 증명할 수 있다.

다음 등식을 증명하자.

$$\cos\alpha + \cos\beta + \cos\gamma = 1 + 4\sin\frac{\alpha}{2}\sin\frac{\beta}{2}\sin\frac{\gamma}{2}$$

앞에서와 마찬가지로, $\cos\alpha + \cos\beta + \cos\gamma$에서 $\cos\alpha + \cos\beta = 2\cos\frac{\alpha+\beta}{2}\cos\frac{\alpha-\beta}{2}$로 변형시키고, $\cos\gamma = \cos 2\left(\frac{\gamma}{2}\right)$라 놓고 배각공식을 이용하자. 그러면, 다음을 얻을 수 있다.

$$\begin{aligned}\cos\alpha + \cos\beta + \cos\gamma &= 2\cos\frac{\alpha+\beta}{2}\cos\frac{\alpha-\beta}{2} + \left(1 - 2\sin^2\frac{\gamma}{2}\right)\\ &= 2\cos\frac{\alpha+\beta}{2}\cos\frac{\alpha-\beta}{2} - 2\cos^2\frac{\gamma}{2} + 1\\ &= 2\cos\frac{\alpha+\beta}{2}\cos\frac{\alpha-\beta}{2} - 2\cos^2\frac{\alpha+\beta}{2} + 1\end{aligned}$$

얻어진 식에서 $2\cos\frac{\alpha+\beta}{2}$를 공통인수로 묶어서 인수분해를 하여, 합차 공식을 이용하자.

$$\begin{aligned}&2\cos\frac{\alpha+\beta}{2}\cos\frac{\alpha-\beta}{2} - 2\cos^2\frac{\alpha+\beta}{2} + 1\\ &= 2\cos\frac{\alpha+\beta}{2}\left(\cos\frac{\alpha-\beta}{2} - \cos\frac{\alpha+\beta}{2}\right) + 1\\ &= 2\cos\frac{\alpha+\beta}{2}\left(2\sin\frac{\alpha}{2}\sin\frac{\beta}{2}\right) + 1\\ &= 1 + 4\sin\frac{\alpha}{2}\sin\frac{\beta}{2}\sin\frac{\gamma}{2}\end{aligned}$$

살펴본 것과 유사하게 다음 등식을 증명할 수 있다. 여기서는 증명을 생략한다.

$$\cos\alpha + \cos\beta - \cos\gamma = 4\cos\frac{\alpha}{2}\cos\frac{\beta}{2}\sin\frac{\gamma}{2} - 1$$

다음 등식을 증명하자.

$$\tan\alpha + \tan\beta + \tan\gamma = \tan\alpha\tan\beta\tan\gamma$$

사인에 대한 세 각의 합차 공식에서 다음을 알 수 있다.

$$\begin{aligned}&\sin(\alpha+\beta+\gamma)\\ &\qquad = \cos\alpha\cos\beta\cos\gamma(\tan\alpha + \tan\beta + \tan\gamma - \tan\alpha\tan\beta\tan\gamma)\end{aligned}$$

이때, $\alpha+\beta+\gamma = 180°$를 대입하면, 등식의 우변에서 다음 등식이 유도된다.

$$\tan\alpha + \tan\beta + \tan\gamma = \tan\alpha\tan\beta\tan\gamma$$

이 등식은 세 각의 합차 공식을 이용하지 않고도 증명할 수 있다. 이를 증명하기 위해, $\tan(\alpha+\beta) = \frac{\tan\alpha+\tan\beta}{1-\tan\alpha\tan\beta}$를 생각하자. 이것을 다음과 같이 쓸 수 있다.

$$\tan\alpha + \tan\beta = \{1 - \tan\alpha\tan\beta\}\tan(\alpha+\beta)$$

위의 식과 $\tan\alpha + \tan\beta + \tan\gamma = (\tan\alpha + \tan\beta) + \tan\gamma$임을 이용하면, 다음과 같이 식을 변형시킬 수 있다.

$$\begin{aligned}(\tan\alpha + \tan\beta) + \tan\gamma &= \{1 - \tan\alpha\tan\beta\}\tan(\alpha+\beta) + \tan\gamma\\ &= \{1 - \tan\alpha\tan\beta\}\tan(180° - \gamma) + \tan\gamma\\ &= \{\tan\alpha\tan\beta - 1\}\tan\gamma + \tan\gamma\end{aligned}$$

얻어진 식에서 $\tan\gamma$를 공통인수로 묶어서 인수분해 하면, $\tan\alpha + \tan\beta + \tan\gamma = \tan\alpha\tan\beta\tan\gamma$가 유도된다.

다음 등식을 증명하자.

$$\tan\alpha\tan\beta + \tan\alpha\tan\gamma + \tan\beta\tan\gamma = 1$$

이 등식은 다음의 코사인에 대한 세 각의 합차 공식에서 곧바로 유도된다.

$$\begin{aligned}&\cos(\alpha+\beta+\gamma)\\ &\qquad = \cos\alpha\cos\beta\cos\gamma\{(1 - (\tan\alpha\tan\beta + \tan\alpha\tan\gamma + \tan\beta\tan\gamma)\}\end{aligned}$$

이때, $\alpha+\beta+\gamma=180°$이므로, $\cos(\alpha+\beta+\gamma)=0$을 생각하면 등식의 우변에서 다음을 알 수 있다.

$$1-(\tan\alpha\tan\beta+\tan\alpha\tan\gamma+\tan\beta\tan\gamma=0$$

$$\tan\alpha\tan\beta+\tan\alpha\tan\gamma+\tan\beta\tan\gamma=1$$

$\tan\alpha\tan\beta+\tan\alpha\tan\gamma+\tan\beta\tan\gamma=1$과 유사한 형태의 등식으로 코탄젠트에 대한 다음 등식이 있다.

$$\cot\alpha\cot\beta+\cot\alpha\cot\gamma+\cot\beta\cot\gamma=1$$

이 등식을 증명하자. 우선 $\cot\alpha=\frac{\cos\alpha}{\sin\alpha}$로 놓고, 식들을 통분하면 다음을 얻을 수 있다.

$$\begin{aligned}&\cot\alpha\cot\beta+\cot\alpha\cot\gamma+\cot\beta\cot\gamma\\&\quad=\frac{\cos\alpha\cos\beta}{\sin\alpha\sin\beta}+\frac{\cos\alpha\cos\gamma}{\sin\alpha\sin\gamma}+\frac{\cos\beta\cos\gamma}{\sin\beta\sin\gamma}\\&\quad=\frac{\sin\gamma\cos\alpha\cos\beta+\sin\beta\cos\alpha\cos\gamma+\sin\alpha\cos\beta\cos\gamma}{\sin\alpha\sin\beta\sin\gamma}\end{aligned}$$

이제, 사인에 대한 세 각의 합차 공식을 생각하자.

$$\begin{aligned}&\sin(\alpha+\beta+\gamma)\\&\quad=\sin\alpha\cos\beta\cos\gamma+\cos\alpha\sin\beta\cos\gamma+\cos\alpha\cos\beta\sin\gamma-\sin\alpha\sin\beta\sin\gamma\end{aligned}$$

이때, $\alpha+\beta+\gamma=180°$를 대입하면, 등식의 우변에서 다음 등식이 유도된다.

$$\sin\alpha\cos\beta\cos\gamma+\cos\alpha\sin\beta\cos\gamma+\cos\alpha\cos\beta\sin\gamma=\sin\alpha\sin\beta\sin\gamma$$

이것을 대입하면, 다음과 같은 증명을 얻을 수 있다.

$$\cot\alpha\cot\beta+\cot\alpha\cot\gamma+\cot\beta\cot\gamma=\frac{\sin\alpha\sin\beta\sin\gamma}{\sin\alpha\sin\beta\sin\gamma}=1$$

다음 등식을 증명하자.

$$\sin 2\alpha+\sin 2\beta+\sin 2\gamma=4\sin\alpha\sin\beta\sin\gamma$$

이 등식은 합차 공식을 이용하여 증명하자. 이를 위해, $\sin 2\alpha + \sin 2\beta + \cos 2\gamma$를 $(\sin 2\alpha + \sin 2\beta) + \cos 2\gamma$와 같이 쓰고, $\sin(\alpha + \beta) = \sin \gamma$라는 것을 생각하자. 그러면, 다음을 얻을 수 있다.

$$
\begin{aligned}
\sin 2\alpha + \sin 2\beta + \sin 2\gamma &= (\sin 2\alpha + \sin 2\beta) + \sin 2\gamma \\
&= 2\sin(\alpha + \beta)\cos(\alpha - \beta) + \sin 2\gamma \\
&= 2\sin\gamma\cos(\alpha - \beta) + 2\sin\gamma\cos\gamma
\end{aligned}
$$

$\cos\gamma = -\cos(\alpha + \beta)$인 것과 합차 공식을 이용하여 식을 정리하면, 다음을 얻을 수 있다.

$$
\begin{aligned}
&2\sin\gamma\cos(\alpha - \beta) + 2\sin\gamma\cos\gamma \\
&\qquad = 2\sin\gamma\{\cos(\alpha - \beta) - \cos(\alpha + \beta)\} \\
&\qquad = 2\sin\gamma\{-2\sin\alpha\sin(-\beta)\} \\
&\qquad = 4\sin\alpha\sin\beta\sin\gamma
\end{aligned}
$$

살펴본 방법으로 $\sin 2\alpha + \sin 2\beta + \sin 2\gamma = 4\sin\alpha\sin\beta\sin\gamma$가 증명되었다.

$\sin 2\alpha + \sin 2\beta + \sin 2\gamma = 4\sin\alpha\sin\beta\sin\gamma$를 증명했던 것과 유사한 방법으로 다음 등식들을 증명할 수 있다. 여기서는 이 증명은 생략하기로 한다.

$$
\begin{aligned}
\sin 2\alpha + \sin 2\beta - \sin 2\gamma &= 4\cos\alpha\cos\beta\sin\gamma \\
\sin 3\alpha + \sin 3\beta + \sin 3\gamma &= -4\cos\frac{3\alpha}{2}\cos\frac{3\beta}{2}\cos\frac{3\gamma}{2}
\end{aligned}
$$

다음 등식을 증명하자.

$$
\cos 2\alpha + \cos 2\beta + \cos 2\gamma = -4\cos\alpha\cos\beta\cos\gamma - 1
$$

증명을 위해, $\cos 2\alpha + \cos 2\beta + \cos 2\gamma$를 $(\cos 2\alpha + \cos 2\beta) + \cos 2\gamma$로 나타내고 합차

공식을 이용하자. 그리고 $\cos\gamma = -\cos(\alpha+\beta)$를 생각하면, 다음을 얻을 수 있다.

$$\begin{aligned}\cos 2\alpha + \cos 2\beta + \cos 2\gamma &= (\cos 2\alpha + \cos 2\beta) + \cos 2\gamma \\ &= 2\cos(\alpha+\beta)\cos(\alpha-\beta) + 2\cos^2\gamma - 1 \\ &= 2\cos(\alpha+\beta)\cos(\alpha-\beta) + 2\cos^2(\alpha+\beta) - 1 \\ &= 2\cos(\alpha+\beta)\{\cos(\alpha-\beta) + \cos(\alpha+\beta)\} - 1 \\ &= -2\cos\gamma(2\cos\alpha\cos\beta) - 1 = -4\cos\alpha\cos\beta\cos\gamma - 1\end{aligned}$$

살펴본 증명과 유사한 방법으로 다음을 증명할 수 있다.

$$\cos 2\alpha + \cos 2\beta - \cos 2\gamma = 1 - 4\sin\alpha\sin\beta\cos\gamma$$

탄젠트에 대한 등식을 증명하자.

$$\tan 2\alpha + \tan 2\beta + \tan 2\gamma = \tan 2\alpha\tan 2\beta\tan 2\gamma$$

이 등식은 $\tan\alpha+\tan\beta+\tan\gamma = \tan\alpha\tan\beta\tan\gamma$의 증명과 같은 방법으로 증명할 수 있다. 여기서는 증명을 생략한다.

이제, $\sin^2\alpha, \sin^2\beta, \sin^2\gamma$에 대한 다음 등식을 증명하자.

$$\sin^2\alpha + \sin^2\beta + \sin^2\gamma = 2(1 + \cos\alpha\cos\beta\cos\gamma)$$

2배각공식에 의해 $\cos 2\alpha = 1 - 2\sin^2\alpha$이므로, $\sin^2\alpha = \frac{1-\cos 2\alpha}{2}$이다. 그러므로, 다음을 얻을 수 있다.

$$\begin{aligned}\sin^2\alpha + \sin^2 + \sin^2\gamma &= \frac{1-\cos 2\alpha}{2} + \frac{1-\cos 2\beta}{2} + \frac{1-\cos 2\gamma}{2} \\ &= \frac{3-(\cos 2\alpha + \cos 2\beta + \cos 2\gamma)}{2}\end{aligned}$$

이제, $\cos 2\alpha + \cos 2\beta + \cos 2\gamma = -4\cos\alpha\cos\beta\cos\gamma - 1$을 이용하면, 다음을 얻을 수 있다.

$$\begin{aligned}\frac{3-(\cos 2\alpha + \cos 2\beta + \cos 2\gamma)}{2} &= \frac{4 + 4\cos\alpha\cos\beta\cos\gamma}{2} \\ &= 2(1 + \cos\alpha\cos\beta\cos\gamma)\end{aligned}$$

다른 등식을 증명하자.

$$\sin^2\alpha + \sin^2\beta - \sin^2\gamma = 2\sin\alpha\sin\beta\cos\gamma$$

이 등식의 증명은 우변으로부터 좌변을 유도하자. 사인 정리와 코사인 정리에 의해 $\sin\alpha = \frac{a}{2R}, \sin\beta = \frac{b}{2R}, \cos\gamma = \frac{a^2+b^2-c^2}{2ab}$이 성립하므로, 다음을 얻을 수 있다.

$$2\sin\alpha\sin\beta\cos\gamma = \frac{a^2+b^2-c^2}{4R^2}$$

이때, 사인 정리를 이용하면 다음이 성립한다.

$$\frac{a^2+b^2-c^2}{4R^2} = \left(\frac{a}{2R}\right)^2 + \left(\frac{b}{2R}\right)^2 - \left(\frac{c}{2R}\right)^2 = \sin^2\alpha + \sin^2\beta - \sin^2\gamma$$

살펴본 등식에 대한 다른 증명을 살펴보자. 이 증명 방법은 $\sin\gamma = \sin(\alpha+\beta)$라는 것과 합차 공식을 이용하는 것이다. $\sin\gamma = \sin(\alpha+\beta) = \sin\alpha\cos\beta + \cos\alpha\sin\beta$이므로, 양변을 제곱하면 다음을 얻을 수 있다.

$$\sin^2\gamma = \sin^2\alpha\cos^2\beta + 2\sin\alpha\cos\beta\cos\alpha\sin\beta + \cos^2\alpha\sin^2\beta$$

이제, $\cos^2\beta = 1-\sin^2\beta, \cos^2\alpha = 1-\sin^2\alpha$를 대입하자. 그러면, 다음을 얻을 수 있다.

$$\begin{aligned}\sin^2\gamma &= \sin^\alpha + \sin^2\beta - 2\sin^2\alpha\sin^2\beta + 2\sin\alpha\sin\beta\cos\alpha\cos\beta\\ &= \sin^2\alpha + \sin^2\beta + 2\sin\alpha\sin\beta(\cos\alpha\cos\beta - \sin\alpha\sin\beta)\\ &= \sin^2\alpha + \sin^2\beta + 2\sin\alpha\sin\beta\cos(\alpha+\beta)\end{aligned}$$

이로부터 $\sin^2\alpha + \sin^2\beta - \sin^2\gamma = 2\sin\alpha\sin\beta\cos\gamma$가 증명된다.

한편, $\cos^2\alpha$에 관련하여서는 다음 등식이 성립한다.

$$\cos^2\alpha + \cos^2\beta + \cos^2\gamma = 1 - 2\cos\alpha\cos\beta\cos\gamma$$

이 등식의 증명은 $\sin^2\alpha + \sin^2\beta + \sin^2\gamma = 2(1+\cos\alpha\cos\beta\cos\gamma)$의 증명과 유사하므로, 여기서는 증명을 생략한다.

$\sin^2 \frac{\alpha}{2}$에 관련된 다음 등식을 증명하자.

$$\sin^2 \frac{\alpha}{2} + \sin^2 \frac{\beta}{2} + \sin^2 \frac{\gamma}{2} = 1 - 2 \sin \frac{\alpha}{2} \sin \frac{\beta}{2} \sin \frac{\gamma}{2}$$

이 등식의 증명은 $\sin^2 \frac{\alpha}{2} = \frac{1-\cos\alpha}{2}$를 생각하면서 시작된다. 이 식을 대입하여 정리하면, 다음을 얻을 수 있다.

$$\begin{aligned}\sin^2 \frac{\alpha}{2} + \sin^2 \frac{\alpha}{2} + \sin^2 \frac{\alpha}{2} &= \frac{1-\cos\alpha}{2} + \frac{1-\cos\beta}{2} + \frac{1-\cos\gamma}{2} \\ &= \frac{3-(\cos\alpha + \cos\beta + \cos\gamma)}{2}\end{aligned}$$

이제, $\cos\alpha + \cos\beta + \cos\gamma = 1 + 4 \sin \frac{\alpha}{2} \sin \frac{\beta}{2} \sin \frac{\gamma}{2}$를 얻어진 식에 대입하면, 다음을 구할 수 있다.

$$\frac{3-(\cos\alpha + \cos\beta + \cos\gamma)}{2} = 1 - 2 \sin \frac{\alpha}{2} \sin \frac{\beta}{2} \sin \frac{\gamma}{2}$$

살펴본 것과 유사한 방법으로 다음 등식들을 증명할 수 있다.

$$\begin{aligned}\sin^2 \frac{\alpha}{2} + \sin^2 \frac{\beta}{2} - \sin^2 \frac{\gamma}{2} &= 1 - 2 \cos \frac{\alpha}{2} \cos \frac{\beta}{2} \sin \frac{\gamma}{2} \\ \cos^2 \frac{\alpha}{2} + \cos^2 \frac{\beta}{2} + \cos^2 \frac{\gamma}{2} &= 2 + 2 \sin \frac{\alpha}{2} \sin \frac{\beta}{2} \sin \frac{\gamma}{2} \\ \cos^2 \frac{\alpha}{2} + \cos^2 \frac{\beta}{2} - \cos^2 \frac{\gamma}{2} &= 2 \cos \frac{\alpha}{2} \cos \frac{\beta}{2} \sin \frac{\gamma}{2}\end{aligned}$$

찾아보기

| 저자약력 |

한 인 기

경상대학교 수학교육과 교수

저서 및 역서

- 수학사도 배우고 수학도 알고
- 교사를 위한 수학사
- 대수 · 기초해석 · 조합의 탐구문제들(상, 하)
- 평면기하학의 탐구문제들(1, 2)
- 증명방법으로 보는 다양한 부등식(1 ,2)
- 뇌를 자극하는 수학공부
- 학교수학의 점프
- 놀라운 수학나라 대탐험 등 다수

식도 배우고 수학도 알고

초판 발행 2020년 8월 31일
초판 1쇄 발행 2023년 8월 22일

지은이 한인기
펴낸이 오판근
펴낸곳 (주) 교우
주 소 서울시 동대문구 약령시로 8 교우빌딩 2층 (주)교우
전 화 02-925-2861 / **팩 스** 02-925-2860, **편집부** 02-925-2825
홈페이지&북스토어 www.kyowoo.co.kr / **이메일** kyowoo@kyowoo.co.kr

등 록 1994년 3월 24일 제1994-000013호
ISBN 979-11-251-0322-6 (93410)

Published by Kyowoo Co., Ltd. Printed in Korea

값 24,000원

교우미디어는 (주) 교우의 Imprint 사입니다.
수학정원·과학정원은 (주) 교우의 새로운 브랜드명입니다.